U0384600

教育部高等学校电子信息类专业教学指导委员会规划教材
高等学校电子信息类专业系列教材

“十三五”江苏省高等学校重点教材（编号：2018-2-144）

Introduction to the Speciality of Communications Engineering

通信工程专业导论

王玉峰　王小明　杨梅　林晓勇　编著
Wang Yufeng　Wang Xiaoming　Yang Mei　Lin Xiaoyong

清華大學出版社
北京

内 容 简 介

本书共分为 9 章，介绍信息与通信学科的基本知识体系，包括无线移动、光纤传输、网络交换和服务应用；热点的技术、应用和研究；科学研究方法以及创新的科学思维和实践的动手能力。

本书适合作为普通高等院校通信工程类、电子信息类等专业以及其他相近专业针对低年级所开设的专业导论课程教材，也可作为通信工程和信息技术爱好者的入门读物。

图书在版编目(CIP)数据

通信工程专业导论/王玉峰等编著. —北京：清华大学出版社，2020.7 (2024.8重印)
高等学校电子信息类专业系列教材
ISBN 978-7-302-55643-5

Ⅰ. ①通… Ⅱ. ①王… Ⅲ. ①通信工程—高等学校—教材 Ⅳ. ①TN91

中国版本图书馆 CIP 数据核字(2020)第 101121 号

责任编辑：赵 凯
封面设计：李召霞
责任校对：梁 毅
责任印制：刘 菲

出版发行：清华大学出版社
网 址：https://www.tup.com.cn，https://www.wqxuetang.com
地 址：北京清华大学学研大厦 A 座 **邮 编**：100084
社 总 机：010-83470000 **邮 购**：010-62786544
投稿与读者服务：010-62776969，c-service@tup.tsinghua.edu.cn
质量反馈：010-62772015，zhiliang@tup.tsinghua.edu.cn
课件下载：https://www.tup.com.cn，010-83470236
印 装 者：涿州汇美亿浓印刷有限公司
经 销：全国新华书店
开 本：185mm×260mm **印 张**：15 **字 数**：359 千字
版 次：2020 年 9 月第 1 版 **印 次**：2024 年 8 月第 8 次印刷
印 数：9001～11000
定 价：59.00 元

产品编号：079694-01

高等学校电子信息类专业系列教材

序
FOREWORD

我国电子信息产业销售收入总规模在2013年已经突破12万亿元，行业收入占工业总体比重已经超过9%。电子信息产业在工业经济中的支撑作用凸显，更加促进了信息化和工业化的高层次深度融合。随着移动互联网、云计算、物联网、大数据和石墨烯等新兴产业的爆发式增长，电子信息产业的发展呈现了新的特点，电子信息产业的人才培养面临着新的挑战。

（1）随着控制、通信、人机交互和网络互联等新兴电子信息技术的不断发展，传统工业设备融合了大量最新的电子信息技术，它们一起构成了庞大而复杂的系统，派生出大量新兴的电子信息技术应用需求。这些“系统级”的应用需求，迫切要求具有系统级设计能力的电子信息技术人才。

（2）电子信息系统设备的功能越来越复杂，系统的集成度越来越高。因此，要求未来的设计者应该具备更扎实的理论基础知识和更宽广的专业视野。未来电子信息系统的设计越来越要求软件和硬件的协同规划、协同设计和协同调试。

（3）新兴电子信息技术的发展依赖于半导体产业的不断推动，半导体厂商为设计者提供了越来越丰富的生态资源，系统集成厂商的全方位配合又加速了这种生态资源的进一步完善。半导体厂商和系统集成厂商所建立的这种生态系统，为未来的设计者提供了更加便捷却又必须依赖的设计资源。

教育部2012年颁布了新版《高等学校本科专业目录》，将电子信息类专业进行了整合，为各高校建立系统化的人才培养体系，培养具有扎实理论基础和宽广专业技能的、兼顾“基础”和“系统”的高层次电子信息人才给出了指引。

传统的电子信息学科专业课程体系呈现“自底向上”的特点，这种课程体系偏重对底层元器件的分析与设计，较少涉及系统级的集成与设计。近年来，国内很多高校对电子信息类专业课程体系进行了大力度的改革，这些改革顺应时代潮流，从系统集成的角度，更加科学合理地构建了课程体系。

为了进一步提高普通高校电子信息类专业教育与教学质量，贯彻落实《国家中长期教育改革和发展规划纲要（2010—2020年）》和《教育部关于全面提高高等教育质量若干意见》（教高【2012】4号）的精神，教育部高等学校电子信息类专业教学指导委员会开展了“高等学校电子信息类专业课程体系”的立项研究工作，并于2014年5月启动了《高等学校电子信息类专业系列教材》（教育部高等学校电子信息类专业教学指导委员会规划教材）的建设工作。其目的是为推进高等教育内涵式发展，提高教学水平，满足高等学校对电子信息类专业人才培养、教学改革与课程改革的需要。

本系列教材定位于高等学校电子信息类专业的专业课程，适用于电子信息类的电子信息工程、电子科学与技术、通信工程、微电子科学与工程、光电信息科学与工程、信息工程及其相近专业。经过编审委员会与众多高校多次沟通，初步拟定分批次（2014—2017 年）建设约 100 门课程教材。本系列教材将力求在保证基础的前提下，突出技术的先进性和科学的前沿性，体现创新教学和工程实践教学；将重视系统集成思想在教学中的体现，鼓励推陈出新，采用“自顶向下”的方法编写教材；将注重反映优秀的教学改革成果，推广优秀的教学经验与理念。

为了保证本系列教材的科学性、系统性及编写质量，本系列教材设立顾问委员会及编审委员会。顾问委员会由教指委高级顾问、特约高级顾问和国家级教学名师担任，编审委员会由教育部高等学校电子信息类专业教学指导委员会委员和一线教学名师组成。同时，清华大学出版社为本系列教材配置优秀的编辑团队，力求高水准出版。本系列教材的建设，不仅有众多高校教师参与，也有大量知名的电子信息类企业支持。在此，谨向参与本系列教材策划、组织、编写与出版的广大教师、企业代表及出版人员致以诚挚的感谢，并殷切希望本系列教材在我国高等学校电子信息类专业人才培养与课程体系建设中发挥切实的作用。

吕志伟 教授

前言

PREFACE

高等学校通信工程专业人才培养的目标是使受教育者成为电子、信息、通信或相关专业领域的职业工程师或可进入研究生阶段深造的高素质专业人才。通信工程专业导论课程致力于从信息的获取、传递和处理等方面介绍信息通信科学技术的本质和规律、通信网的基本组成、光纤通信以及无线通信系统基本原理及其发展趋势，是通信与信息相关专业必不可少的专业基础课程。本课程的教学目的是：帮助学生建立"全程全网"的通信系统架构的概念，了解无线移动、光纤通信、网络交换和应用开发专业方向的基础知识和技术特色，以及研究和应用的热点领域；同时培养学生的创新意识、协作精神和国际视野，使其具备在团队中分工协作、交流沟通的能力，甚至发挥领导作用；能够通过继续教育或其他渠道不断更新知识的能力。

但本课程一直没有合适的教材能够满足上述多方面的要求，急需一本适用的"通信工程导论"教材，系统地描述通信工程专业体系（从横向的功能模块组成——无线移动、光纤传输、网络交换和应用开发，到纵向的分层的思维方式）、各层各模块的基本概念、关键技术研究和应用热点，以及必备的科学和研究方法等，从而为通信工程及相关专业新生以后的学习、研究和工作提供方向性的指导。

本书内容由三个部分组成。

- **第一部分**：信息与通信学科的基本知识体系，从通信系统所包含的四个功能组件无线移动、光纤传输、网络交换和服务应用的角度出发，系统介绍基本概念、技术和架构。
- **第二部分**：当前技术应用和理论研究的热点问题，立足于通信（communication）和计算（computation）有机结合的思想，包括5G、雾联网（fog networking）、SDN（Software Defined Network）、物联网（Internet of Things，IoT）、大数据和人工智能在通信领域中的应用等，目的是引导学生保持对新技术新应用的热情和敏感，激发其学习和研究兴趣。
- **第三部分**：在分析大学阶段教学形式特点的基础上，对大学生应该如何学习，如何成为一名优秀大学生进行指导，如何做出本专业考研或就业方面的选择，并培养学生的自我学习和科学研究能力，为以后独立解决通信工程及相关领域的复杂工程问题（或进入研究生阶段深造）奠定坚实的基础。使学生掌握科学研究方法并提高创新的科学思维和实践的动手能力。

与已有的相关教材相比较，本教材的特色如下。

- 在教材的架构和内容组织方面，以浅近而系统的方式介绍信息通信系统的基本概念和知识（包括功能模块、分层体系、设计思想等），研究和应用热点、未来发展趋势以及对经济社会的推动作用。

- 由于针对于本科低年级学生，内容上重在“导”字，即指导学生了解和掌握专业术语、技术方案以及实现之间的渊源，（即从直观的现象到提炼出问题描述，再到解决问题的基本方法以及最后方案的性能和不足之处）；同时，通过对热点问题和研究方向的描述，可引导学生保持对新技术与应用的热情和敏感，激发其学习和研究兴趣。教材风格上力求高屋建瓴、深入浅出、条理清晰、结构完整。
- 本教材系统地讲述通信工程专业发展的脉络和远景，同时致力于培养学生自学的能力以及创新思维。

总体而言，相比于已经出版的同类教材，本教材具有完整的逻辑体系和科学的教学思路；系统地给出专业方向的脉络和远景；并通过指导和引导的方式，使学生建立起通信工程及其相关专业的系统观念；保持学生对新技术与应用的热情和敏感，激发其学习和研究的兴趣，并培养学生创新的科学思维。

本书可作为通信工程等电子信息类专业面向低年级所开设的专业导论课程用的教材，也可作为通信工程和信息技术爱好者的入门读物。

目录

CONTENTS

第1章 绪　论

CHAPTER 1

在社会信息化的进程中，信息已成为社会发展的重要资源，通信技术也快速发展，社会对通信人才的需求在不断增加。通信工程专业的低年级学生需要对通信工程的全貌有全面的了解。从系统的观念出发，掌握通信工程专业体系及相关领域（从横向的功能模块到纵向分层的思维方式）的基本概念，各层各模块的基本概念和关键技术、研究和应用热点，以及必备的科学研究和工程实践方法等。使学生能够对自己的专业有清晰的宏观把握，对所学专业的意义有深刻的理解，主动地构建自己的知识结构和能力结构，将来成为具有创新精神和实践能力的高素质专业人才。

1.1 通信工程专业介绍

在古代，人们通过驿站、飞鸽传书、烽火报警、符号、身体语言、眼神、触碰等方式进行信息传递。如今，随着科学技术的飞速发展，相继出现了无线电、固定电话、移动电话、互联网、社交网络等各种通信交互方式。通信技术拉近了人与人之间的距离，提高了经济的效率，深刻地改变了人类的生活、工作方式和社会面貌。

如图1.1所示，一次典型的通信过程的基本组成包含以下几个要素。

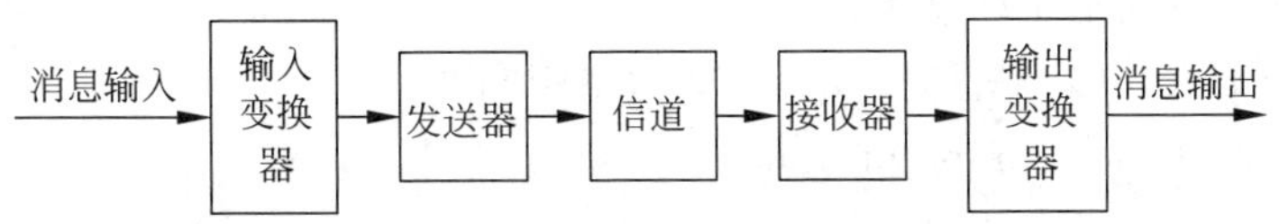

图1.1　简化的通信系统组成部分示意图

- 输入变换器(input transducer)：将由源端产生的消息转换成适合特定类型通信系统的信号形式。如在电子通信中，麦克风将语音波形转换为电压变化。
- 发送器(transmitter)：处理输入的信号来产生适合传输信道特性的信号。例如，传输中的信号处理通常涉及调制和编码等，发送器另外完成的功能还包括放大、滤波以及将调制的信号耦合到信道上。
- 信道(channel)：可以有多种形式，大气（或自由空间）、同轴电缆、光纤、波导等。由于噪声、干扰和扭曲，信号质量在信道中会有一定量降级。
- 接收器(receiver)：接收器的功能是从来自信道输出端的接收信号中提取出有效的（需要的）信号，并将其转换为适合输出变换器的形式。其他的功能还包括放大（接收的信号可能非常微弱)、解调和滤波等。

- 输出变换器(output transducer):输出变换器将加载于其输入端的电信号转变成系统用户需要的形式。例如,扬声器、个人计算机以及磁带机等都是输出变换器的形式。

简言之,通信过程是信源将信息以语言、文字或其他方式编码(encode),再透过沟通信道传递到信宿,由信宿自己解读(decode)出信源的信息。以电台为例,电台的员工(信源)将信息(如新闻)以声音编码,透过大气电波这种信道,传送到听众(信宿),听众在脑海中解读声音,从而得到信息。

上面简单的关于通信的描述,实际上包括两个层面的含义。一方面,广义的通信是指使得对象在发送者(sender)和接收者(receiver)(位于或远或近的两个地方)之间高效、安全不失真地传递的过程。此处的对象(object)可以是物流中的货物、电量、交通中参与者等,当传递的对象是信息/消息/数据时,才进入到传统通信的范畴;另一方面,需要以系统的观念来理解通信工程所涉及的学习、研究和工作对象,即通信系统分成若干功能子系统/组件(组件实现功能/提供服务,组件与组件之间通过物理的或虚拟的接口进行交互),它们协同工作来完成信息的传递。

注意,通常所说的数据通信和网络技术的区别在于:从技术上而言,数据通信多集中于信号的传输,包括编码、接口设计、信号完整性、复用等;而网络技术则侧重于拓扑结构以及用来互联设备的体系结构。

1.1.1 发展简史

通信的方式由口述传播经过多个阶段发展到目前的网络传播时代。

口述传播(oral communication);

文字传播(literal communication);

印刷传播(press communication);

1044 年,毕昇发明活字印刷术;

1450 年,德国人约翰·古腾堡发明金属活字印刷术;

电子传播(electronic communication);

1837 年,美国人摩斯发明电报机;

1857 年,横跨大西洋海底电报电缆完成;

1875 年,贝尔发明史上第一支电话;

1895 年,俄国人波波夫和意大利人马可尼同时研制成功了无线电接收机;

1895 年,法国的卢米埃尔兄弟,在巴黎首映第一部电影;

1912 年,泰坦尼克号沉船事件中,无线电的使用拯救了 700 多条人命;

1920 年,超外差式收音机首次投入市场;

1920 年,英国人贝亚德成功进行了电视画面的传送,被誉为电视发明人;

第二次世界大战爆发,电视发展事业中断,战火突显广播发送成本低、接收容易的特性,听众再次增加;

网络传播(internet communication);

1955 年,美国为了备战的需要,发明了第一部军用电子计算器;

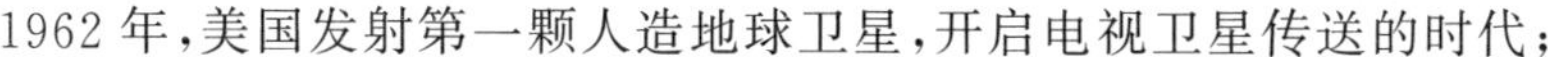

1962 年,美国发射第一颗人造地球卫星,开启电视卫星传送的时代;

1969 年,美军建立阿帕网(ARPANET),目的是预防遭受攻击时,通信中断;

1983 年,美国国防部将阿帕网分为军网和民网,渐渐扩大为今天的互联网;

1993 年,美国宣布兴建信息高速公路计划,整合计算机、电话、电视媒体;

2004 年,社交网络服务网站 Facebook(脸书)创立,现已是全球最大的社交网站;

2008 年,公众无线通信进入第三代商用系统;

2013 年,公众无线通信进入第四代商用系统;

2018 年,公众无线通信进入第五代商用系统。

1.1.2 通信工程的概念

通信工程是电子工程和无线电技术的一个重要分支,同时也是一门基础学科。该学科关注的是通信过程中信息传输和信号处理的原理和应用。通信工程研究的是以电磁波、声波或光波的形式把信息高效、安全以及尽量不失真的方式从发送端(信源)传输到一个或多个接收端(信宿)。接收端能否正确辨认信息,取决于传输中的损耗高低。信号处理是通信工程中一个重要环节,包括滤波、编码和解码等。

通信工程所关注的频段涉及甚广。低频段关注的技术是声学或低频技术。高频段关注的范围从微波或雷达系统到可见光的激光或镭射系统。微波到可见光中间的频段几乎都是通信工程的研究对象。除此之外,通信过程中所应用的媒介和技术,包括通信系统在陆上、水下、空中和宇宙空间中的应用,也非常丰富。

通信工程的基础建立在应用数学中的数理方程以及概率论。其理论起点是物质与波在傅里叶热扩散和麦克斯韦电动力学条件下观察到的传播现象。

世界上由人类创造的最大的通信系统是公共交换电话网。另一个正在迅速发展的大型通信系统——国际互联网——正逐步形成电话网的规模,并终将有一天取而代之。不可否认的是,从某种程度而言,如今通信工程正在与信息工程、网络工程、计算机应用等专业不断融合互补,国际互联网就是一个很好的例子。一方面通信系统常常是信息与应用技术的计算系统的一个重要组成部分;另一方面现代通信系统给信息工程予以理论和方法指导,并处于计算系统的核心位置。

1.1.3 通信工程的主要研究方向

从系统的角度而言,通信工程专业体系可以横向的分成功能模块:无线移动、光纤传输,网络交换和应用开发等;以及纵向的分层的设计(包括接口、协议和服务等),即分而治之(divide and conquer)的思维方式。具体而言:

- 无线移动方向:注重无线及移动通信原理和网络规划;
- 光纤传输方向:注重光通信系统、无线接入系统及其组网技术;
- 网络交换方向:注重通信网络中网络交换原理及其系统设计;
- 服务应用方向:注重各种通信和网络应用的设计、开发与实现。

目前国内高校和科研单位开设通信工程专业的主要教学和研究方向大致分为以下 6 个方面:

1. 无线通信理论与技术

主要研究无线通信系统关键技术(如:混合多址接入技术、移动通信网络规划、无线资源管理、蜂窝无线定位、扩频与CDMA通信、Massive MIMO、NOMA等)、通信与信息基础理论(如:多用户编码、信道编译码、自适应编码调制、扩频序列设计等)、专用移动通信(包括铁路、公路、水路、机场、码头等领域的专用移动通信系统)等。

2. 通信网络与移动计算

主要是围绕无线与移动多媒体局域网络、移动自组织网络、无线传感器网络、Device to Device、微微网、移动IP网络和UWB技术等方面的研究与开发。例如,具有QoS保障的无线网络MAC机制、移动Ad Hoc网络路由协议、移动IP和移动TCP协议等。

3. 通信系统与光通信器件

本方向主要研究内容包括高速光纤传输、新型光通信器件、波分复用与全光网络理论与技术,光放大器、光纤传感和光学薄膜技术与应用,光电功能器件和光放大传输系统模拟与仿真等。

4. 通信系统安全与保密

主要研究通信系统安全与保密的支撑技术(如:分组密码、流密码、公钥密码体制的设计与分析、安全协议的设计与分析、公钥基础结构PKI/CA的设计与优化等)、移动通信安全体系设计与分析(如:移动通信系统安全体系分析与改进、新一代移动通信系统安全体系设计等)、信息网络系统安全保障体系设计、安全产品开发等。

5. 智能信息处理系统理论与技术

围绕智能信息处理的基础理论和应用系统的关键技术,研究人工神经网络理论与应用、计算智能及应用(如量子优化计算、混沌优化计算等)、情感计算与智能交互技术,信息共享网络系统及其安全技术。

6. 通信波源及传输理论

该方向主要研究高功率光波、微波通信振荡器和放大器应用基础理论,光波、微波在光纤、光波导、微波波导中的传播特性及导波系统设计,光波、微波在自由空间的非线性传播及其电磁机理。

1.1.4 相近专业

与通信工程的相近专业是:电子工程、电子信息工程、计算机科学与技术、电子科学与技术、信息工程、信息科学技术、网络工程、广播电视工程、电磁场与无线技术等。

1. 电子工程专业

电子工程是面向电子领域的工程学。当今,其研究对象已经超出了电子领域。电子工程的应用形式涵盖了电动设备以及运用了控制技术、测量技术、调整技术、计算机技术,直至信息技术的各种电动开关。电子工程又称“弱电技术”或“信息技术”。可进一步细分为电测量技术、调整技术以及电子技术。

2. 信号处理专业

信号处理所关心的是信号的表示、变换和运算,以及它们所包含的信息。信号处理可以用来分开两个或多个混合在一起的信号,或者增强信号模型中的某些成分或参数。多年来,信号处理在诸如语音与数据通信、生物医学工程、声学、声呐、雷达、地震、石油勘探、仪器仪表、机器人、日用电子产品以及其他诸多领域内起着关键的作用。数字信号处理是将信号以数字方式表示并处理的理论和技术。数字信号处理与模拟信号处理是信号处理的子集。数字信号处理的目的是对真实世界的连续模拟信号进行测量或滤波。因此在进行数字信号处理之前需要将信号从模拟域转换到数字域，这通常通过模数转换器实现。而数字信号处理的输出经常也要变换到模拟域，这是通过数模转换器实现的。数字信号处理的算法需要利用计算机或专用处理设备如数字信号处理器(Digital Signal Processing, DSP)和专用集成电路(Application Specific Integrated Circuit, ASIC)等。数字信号处理技术及设备具有灵活、精确、抗干扰强、设备尺寸小、造价低、速度快等突出优点，这些都是模拟信号处理技术与设备所无法比拟的。

3. 信息工程专业和电子信息工程专业

电子信息工程是一门应用计算机等现代化技术进行电子信息控制和信息处理的学科。是一种"通过工程手段去处理信息"的技能，属于计算机科学的一个分支，主要研究信息的获取与处理，电子设备与信息系统的设计、开发、应用和集成。现在，电子信息工程已经涵盖了社会生活的诸多方面，如电话交换局里怎么处理各种电话信号，手机是怎样传递人的声音甚至图像的，周围的网络怎样传递数据，甚至信息化时代军队的信息传递中如何保密等都要涉及电子信息工程的应用技术。

4. 计算机科学与技术专业

计算机科学与技术专业的研究方向主要有计算机软件与理论、数据库与信息系统、计算机系统结构等。该专业毕业生要求能够系统、扎实地掌握计算机科学与技术，包括计算机硬件、软件与应用的基本理论、基本知识和基本技能与方法，具有研究开发计算机软、硬件的基本能力。特别是软件方面的人才，一定要有很强的编程能力。

1.2 通信工程专业的定位

细心的你是否留意到，数十年前港台电影中黑帮大佬手里可以用来砸人的"大哥大"，早已变得如此轻巧便携、款式多样，并且飞入寻常百姓之手；从前只有数月飞鸿传书才能联系的远方亲友现在可以用简单方便快捷的电子邮件互致问候；即时聊天(QQ、微信等)和各类社交应用是当前每个人不可或缺的沟通工具，而且在其上消耗的时间日益增加。这一切很大程度上归功于通信工程(Communications Engineering)技术的迅猛发展。

通信工程专业学习通信技术、通信系统和通信网等方面的专业知识，能在通信领域中从事研究、设计、制造、运营等工作，在国民经济各部门和国防工业中从事开发、应用通信技术与设备。毕业后可从事无线通信、电视、大规模集成电路、智能仪器及应用电子技术领域的研究，或通信工程的研究、设计、技术引进和技术开发工作。近年来的毕业生集中在电信、移动通信、高科技开发公司、科研院所、设计单位、金融系统、民航、铁路、政府和大专院校等供职。

通信技术是以现代的声、光、电技术为硬件基础，以相应信号处理和信息处理软件来达到信息交流目的。随着时代的发展，多媒体的广泛推广、互联网的应用极大地推动了通信工程专业的发展，宽带技术、光通信也已经崭露头角。通信工程专业所研究的内容是当今最流行、发展最迅猛的领域。通信工程专业跨电子和计算机专业，所修课程兼有两者的特点，需要较好的数学、物理基础以及较强的动手应用能力(硬件设计和软件编程能力)。一些课程，如数据结构、操作系统、数据库等属于计算机类；另一些课程，如信号处理、高频电路、电路原理等属于电子类，而且本专业基础的通信原理等课程，所学范围比较宽。需要学生有较强的逻辑思维能力。总体而言，本专业可“软”可“硬”，分别兼容计算机与电子两个方向。

简言之，通信工程专业导论是通信工程专业学生本科阶段接触的第一门涉及专业的课程，目的是使大学新生一踏进校门就能够对通信工程的全貌有系统清晰的了解。其主要任务是：立足于人类社会发展历史的宏观高度，以信息科学技术为基础，以广义的信息传输为核心(包括数据、交通、物流和票据等)，全面而系统地介绍通信系统组成模块和分层体系、基本功能和设计思想，包括无线移动、光纤传输、网络交换和应用服务的基本概念和关键技术、研究和应用热点，发展趋势以及必备的科学和研究方法等。本教材致力于使学生能够对通信工程及其相关专业有清晰的宏观把握，激发学习的主动性和责任感，主动地构建自己的知识结构和能力结构，将来成为具有创新精神和实践能力的高素质专业人才。

1.2.1 培养目标与毕业要求

1. 培养目标

通信工程专业培养的人才具有高尚的品德、丰厚的文化底蕴和扎实的数理基础知识，是具备职业精神和社会责任感，专业基础扎实、实践创新能力强的通信工程专业技术人才。毕业 5 年后，毕业生在社会和专业领域应达到的具体目标包括：

① 具有健全的人格、良好的修养及人文素养和职业道德，社会责任感强，身心健康；

② 具有较强的组织管理能力和团队合作能力，具备在团队中分工协作、交流沟通的能力，以及发挥领导作用的潜力，较宽广的国际化视野及国际交流能力；

③ 能够遵循通信工程专业相关法规、技术标准及知识和工程技术原则，能够合理运用通信工程专业相关知识分析通信工程及相关领域内的工程技术问题；具有扎实的理论基础和宽广的专业视野；具备在通信工程及相关领域的创新意识，并具有器件或系统的设计开发能力；初步具备运用工程技术解决通信工程及相关领域复杂工程问题的实际工作能力；

④ 在通信工程及相关领域具有竞争力，能够承担通信工程及相关领域中科学研究、工程设计、设备制造、网络运维、技术管理以及设备开发与应用等工作；

⑤ 能够通过继续教育或其他渠道不断更新知识并提高能力。

2. 毕业要求

为了达到上述培养目标，通信工程专业学生在综合素质和专业能力上需要达到以下要求方可毕业。

① 工程知识：能够将数学、自然科学、工程基础和专业知识用于解决通信工程及其相关领域复杂工程问题。

② 问题分析：能够应用数学、自然科学和工程科学的基本原理，识别、表述并通过文献研究分析通信工程及其相关领域复杂工程问题，以获得有效结论。

③ 设计/开发解决方案：能够设计针对通信工程及其相关领域复杂工程问题的解决方案，设计满足特定需求的系统、单元(部件)或工艺流程，并能够在设计环节中体现创新意识，考虑社会、健康、安全、法律、文化以及环境等因素。

④ 研究：能够基于科学原理并采用科学方法对复杂工程问题进行研究，包括设计实

验、分析、解释数据，并通过信息综合得到合理有效的结论。

⑤ 使用现代工具：能够针对通信工程及其相关领域复杂工程问题，开发、选择与使用恰当的技术、资源、现代工程工具和信息技术工具，包括对复杂工程问题的预测与模拟，并能够理解其局限性。

⑥ 工程与社会：能够基于工程相关背景知识进行合理分析，评价专业工程实践和复杂工程问题解决方案对社会、健康、安全、法律以及文化的影响，并理解应承担的责任。

⑦ 环境和可持续发展：能够理解和评价针对复杂工程问题的专业工程实践对环境、社会可持续发展的影响。

⑧ 职业规范：具有人文社会科学素养、社会责任感，能够在工程实践中理解并遵守工程职业道德和规范，履行责任。

⑨ 个人和团队：能够在多学科背景下的团队中，承担个体、团队成员以及负责人的多重角色。

⑩ 沟通：能够就通信工程及其相关领域复杂工程问题与业界同行及社会公众进行有效沟通和交流，包括撰写报告和设计文稿、陈述发言、清晰表达或回应指令。并具备一定的国际视野，能够在跨文化背景下进行沟通和交流。

⑪ 项目管理：理解并掌握通信工程及其相关领域工程管理原理与经济决策方法，并能在多学科环境中应用。

⑫ 终身学习：具有自主学习和终身学习的意识，有不断学习和适应发展的能力。

通信工程专业毕业要求对培养目标的支撑关系如表 1.1 所示。

表 1.1 通信工程专业毕业要求对培养目标的支撑关系矩阵

毕业要求 \ 培养目标	培养目标 1	培养目标 2	培养目标 3	培养目标 4	培养目标 5
1. 工程知识		√			√
2. 问题分析			√		√
3. 设计/开发解决方案		√	√		√
4. 研究		√	√		√
5. 使用现代工具		√	√		√
6. 工程与社会	√			√	√
7. 环境和可持续发展	√				√
8. 职业规划	√			√	√
9. 个人和团队				√	
10. 沟通				√	√
11. 项目管理			√	√	
12. 终身学习				√	√

1.2.2 课程安排

主干学科：信息与通信工程、计算机科学与技术。主要课程：电路理论与应用的系列课程、计算机技术系列课程、信号与系统、电磁场理论、数字系统与逻辑设计、数字信号处理、通信原理等。主要实践性教学环节包括：计算机上机训练、电子工艺实习电路综合实验、生产实习、课程设计、毕业设计等。

1.3 研究、应用热点和趋势

1.3.1 热点的技术和方向

1. 5G

5G作为新一代无线移动通信网络，主要用于满足2020年以后的移动通信需求。在高速发展的移动互联网和不断增长的物联网业务需求共同推动下，要求5G具备低成本、低能耗、安全可靠的特点，同时传输速率提升10～100倍，峰值传输速率达到10Gbit/s，端到端时延达到毫秒级，连接设备密度增加10～100倍，流量密度提升1000倍，频谱效率提升5～10倍，能够在500km/h的速度下保证用户体验。5G将使信息通信突破时空限制，给用户带来极佳的交互体验；极大缩短人与物之间的距离，并快速地实现人与万物的互通互联。

(1) 应用场景

2020年以后，各种物联网应用将逐渐得到广泛普及，包括智能电网、智慧城市、移动医疗、车载娱乐、运动健身，未来5G网络支持虚拟现实、超清视频以及移动游戏等应用服务，这类移动交互式应用对无线接入带宽和通信延迟有很高的要求。为了应对移动互联网及物联网的高速发展，5G需满足超低时延、超低功耗、超高可靠、超高密度连接的新型业务需求。

(2) 关键技术

① 大规模MIMO技术是在4G基础上由最多8根天线达到最多数百至数千根服务天线的使用。该技术的改革可使该基站的多个用户实现同时即时通信，更是提升频谱效率最重要的技术之一。

② 毫米波通信技术：目前世界上现在所用的频段资源是非常稀缺的，所用的无线电信系统频谱都在6GHz以下，而处在毫米波频段上(3～60GHz)的资源却非常丰富，尚未被充分开发利用，因此5G将在9.9～86GHz上展开全新技术研究。

③ D2D通信技术：简单来说就是设备间的通信，其目的在于提高用户体验以及提升用户的使用质量。相比于蓝牙和WiFi等技术，D2D通信可以实现高于其他传输设备的传输速率、相对较低的时延性和较低的功耗。

④ 超密集异构网络：在5G通信技术的发展过程中，强化低功率节点数量、缩减小区半径成为基本技术指标。超密集异构网络是基于提升数据流量所衍生的构成要点，可保证5G网络的智能终端普及效益。

⑤ SDN(Software Defined Network，软件定义网络)与NFV(Network Fuctions Virtualization，网络功能虚拟化)：是一种新型的网络架构技术，利用数据分离、软件化、虚拟化概念，为5G移动通信网络提供技术支撑。

2. 雾联网

雾联网(Fog networking)也称为雾计算(Fog Computing)，是一种分布式的计算模型。作为云数据中心和物联网(IoT)设备/传感器之间的中间层，它提供了计算、网络和存储设备，让基于云的服务可以离物联网设备和传感器更近。通俗地说，雾计算拓展了云计算(Cloud Computing)的概念，相对于云来说，它离产生数据的地方更近，数据、数据相关的处理和应用程序都集中于网络边缘的设备中(比如,我们平时使用的计算机),而不是几乎全部保存在云端。

雾计算和云计算一样,十分形象。云在天空漂浮,高高在上,遥不可及,刻意抽象;而雾却现实可及,贴近地面,就在你我身边。云计算由性能较强的服务器组成,而雾计算则由性能较弱、更为分散的各类功能计算机组成,渗入工厂、汽车、电器、街灯及人们物质生活中的各类用品。

通常来说,雾计算环境由传统的网络组件如路由器、开关、机顶盒、代理服务器、基站等构成,可以安装在离物联网终端设备和传感器较近的地方。这些组件可以提供不同的计算、存储、网络功能,支持服务应用的执行。所以,雾计算依靠这些组件,可以创建分布于不同地方的云服务。

此外,雾计算促进了位置感知、移动性支持、实时交互、可扩展性和可互操作性。所以,雾计算处理更加高效,能够考虑到服务延时、功耗、网络流量、资本和运营开支、内容发布等因素。在这个意义上,雾计算相对于单纯使用云计算而言,更好地满足了物联网的应用需求。

3. 软件定义网络

SDN(Software Defined Network)即软件定义网络,它的设计理念是分离网络的控制平面与数据转发平面,从而通过集中的控制器中的软件平台去实现可编程化控制底层硬件,实现对网络资源灵活的按需调配。在SDN网络中,网络设备只负责单纯的数据转发,可以采用通用的硬件;而原来负责控制的操作系统将提炼为独立的网络操作系统,负责对不同业务特性进行适配,而且网络操作系统和业务特性以及硬件设备之间的通信都可以通过编程实现。所以,SDN并不是一个具体的技术,也不是一个具体的协议,而是一种思想和一种框架。

(1) SDN的基本特征

现有网络中,对流量的控制和转发都依赖于网络设备实现,且设备中集成了与业务特性紧耦合的操作系统和专用硬件,这些操作系统和专用硬件都是各个厂家自己开发和设计的。与上述传统网络相比,SDN的基本特征包括如下三点:

① 控制与转发分离。转发平面由受控转发的设备组成,转发方式以及业务逻辑由运行在分离出去的控制面上的控制应用完成。

② 控制平面与转发平面之间的开放接口。SDN为控制平面提供开放可编程接口,通过这种方式,控制应用只需要关注自身逻辑,而不需要关注底层更多的实现细节。

③ 逻辑上的集中控制。逻辑上集中的控制平面可以控制多个转发面设备,即控制整个物理网络,因而可以获得全局的网络状态视图,并根据该全局网络状态视图实现对网络的优化控制。

(2) SDN的优点

① SDN为网络的使用、控制以及如何创收提供了更多的灵活性。

② SDN加快了新业务引入的速度。网络运营商可以通过可控的软件部署相关功能,而不必像以前那样等待某个设备提供商在其专有设备中加入相应方案。

③ SDN降低了网络的运营费用,也降低了出错率,原因在于实现了网络的自动化部署和运维故障诊断,减少了网络的人工干预。

④ SDN有助于实现网络的虚拟化,从而实现了网络的计算和存储资源的整合,最终使

得只要通过一些简单的软件工具组合，就能实现对整个网络的控制和管理。

⑤ SDN 使网络乃至所有 IT 系统更好地以业务目标为导向。

(3) SDN 在通信网络中的应用

对于现有的通信网络来说，尤其是最具代表性的互联网网络，SDN 架构使得通信网络在控制层的智能边缘转发能力、骨干网络的高效承载能力以及网络的开放和协同得到较大幅度的增强。从通信网络的"云管端"架构方面来看，能够在云数据中心、通信网络的核心骨干层面、城域网层面、接入层面以及传输网络层面引入 SDN 技术体系。

① 应用于数据中心：当前，数据中心互联的网络方案中没有使用流量工程机制，造成数据中心之间的链路利用效率差，通过引入 SDN，可以在数据中心物理网络基础上对不同的数据中心资源进行虚拟化，单个数据中心的网络能力可以合成为一个统一的网络能力池，从而解决大规模云数据中心在承载多租户的业务时面临的扩展性、灵活性问题，提升了网络的集约化运营能力，实现了数据中心间组网方案的智能化承载。

② 应用于接入网：接入网中的节点是网络中的海量节点，在日常运维中工作量巨大。在接入网中引入 SDN，可以极大地简化接入节点管理和维护，并方便运营商快速部署新的业务。

4. 信息中心网络与 SDN、Fog networking 的关联

用户需求决定了网络通信模型。用户最初的需求是语音通信，在 19 世纪 70 年代，电话的发明形成了最初的电信网络，网络通信模型为互联线路。20 世纪六七十年代，资源共享成为网络新需求，可以通过网络从服务器上获取资源，形成了现在的互联网，网络通信模型为互联主机。如今互联网用户的需求从主机之间的通信演进为主机到网络的信息重复访问。用户关注的是信息，而不是信息的存储位置。信息中心网络(Information Centric Networking，ICN)采用以信息为中心的网络通信模型，取代传统的以地址为中心的网络通信模型，通信模式从主机到主机演进为主机到网络，传输模式由传统的"推"改为"拉"，安全机制构建在信息上而不是主机上，转发机制由传统的存储转发演进为缓存转发，体系结构支持主机移动，解决了海量信息高效传输的问题。

ICN、SDN 和 Fog networking 的概括性比较如表 1.2 所示。

表 1.2 ICN、SDN 和 Fog networking 的概括性比较

名称	比较内容
ICN	重新定义网络功能(不是在比特级别，在数据内容上操作)
SDN	虚拟化了网络功能(通过中心化的控制平面)
Fog networking	重定位了网络功能(将其推到了网络的边缘)

5. 物联网

从技术层面理解：物联网是指物体通过智能感应装置，经过传输网络到达指定的信息处理中心，最终实现物与物、人与物之间的自动化信息交互与处理的智能网络。从应用层面理解：物联网是指把世界上所有的物体都连接到一个网络中，形成"物联网"，然后"物联网"又与现有的互联网结合，实现人类社会与物理系统的整合，以更加精细和动态的方式管理生产和生活。

物联网技术在通信行业的应用可包括如下方面。

① 移动通信终端：移动通信终端在移动通信系统中是作为信息接收和发送的一种设

备，能够随着网络信息节点进行移动，可以在一定程度上实现信息节点和网络的通信功能。对移动通信终端和物联网节点信息感知终端进行对比发现，移动通信终端可以用作物联网信息终端，实现与网络通信的功能。

② 移动通信传输网络：移动通信传输网络在移动通信系统中的功能是为移动节点之间进行网络连接，以及实现信息的远距离传输。同理，物联网中进行信息传输，也需要移动通信传输网络发挥类似的功能。所以，可以把移动通信传输网络当作是物联网进行信息传输的通道，也就是把物联网承载的移动通信网络和移动通信传输网络结合起来。

③ 移动通信网络管理平台：网络管理维护平台在移动通信网络中的功能包括网络装置设备性能及业务的管理和维护，确保网络系统能够稳定可靠地运行。同时为了确保传输信息数据的安全稳定，物联网当然也离不开专门的网络管理维护平台，实现和物联网相关的管理功能。所以，移动通信网络管理和维护的思想和架构也可以移植到物联网管理和维护上。

6. 大数据

最早提出“大数据”时代到来的全球知名咨询公司麦肯锡(Mckinsey&Company)称：“数据已经渗透到当今每一个行业和业务职能领域，成为重要的生产因素。人们对于海量数据的挖掘和运用，预示着新一波生产率增长和消费者盈余浪潮的到来。”大约在2009年，“大数据”成为IT行业的流行词。作为一个新兴技术，大数据还没有明确和公认的定义。海量数据被认为是大数据的前身，但是它旨在突出数据规模之大，而没有突出数据的特性。大数据不仅有大规模的数据，还有复杂的数据种类和形式。目前，大家公认大数据具有四个基本特征：数据种类多(variety)，数据规模大(volume)，数据价值密度低(value)以及处理速度快(velocity)。这就是大家常说的区别于传统数据的大数据的4V特性。

近年来，随着移动互联网的快速发展，我们已置身于大数据时代之中，任何一个行业的领军者都已看到了大数据所带来的前所未有的潜力与其重大的意义。目前，大数据技术在互联网公司、医疗、教育、交通、智慧城市等领域已经得到了广泛的应用。比如，淘宝网通过大数据分析，可精确地预测什么年龄的客户喜欢什么种类的物品，根据浏览记录数据可预测此类用户的购买喜好并进行推荐。在通信领域，运营商在多年的运营过程中，积累了海量的数据资源，所以将大数据技术应用到通信领域势在必行。比如，运营商可以通过大数据技术对用户的流量使用状况、资费、用户行为进行统计，实现客服信息的实时提醒(例如，流量使用实时提醒、大流量使用提醒等)，并为客户制定合适的业务套餐，从而提高用户对通信行业服务质量的满意度和通信行业的营销效率。此外，运营商可以在数据中心的基础上，搭建大数据分析平台，通过自己采集、第三方提供等方式汇聚数据，并对数据进行分析，为相关企业提供分析报告。在未来，这将是运营商重要的利润来源。例如，通过系统平台对使用者的位置和运动轨迹进行分析，实现热点地区的人群频率的概率性有效统计，例如，根据景区人流进行优化。

7. 人工智能

说到人工智能(Artificial Intelligence)，很多人可能都会想到2016年3月，Google旗下的DeepMind公司组织研发的AlphaGo系统与围棋世界冠军职业九段棋手李世石对弈，并以4∶1的成绩获得胜利的事。此后关于人工智能的话题一直热度不减。2017年5月，在中国乌镇围棋峰会上，AlphaGo系统对垒排名世界第一的世界围棋冠军柯洁，以3∶0再次获胜。

2017 年 10 月，DeepMind 团队在国际学术期刊《自然》(Nature)上发表的一篇研究论文中[David Silver 等，Mastering the game of go without human knowledge, Nature volume 550, pages 354-359(19 October 2017)]，描述了团队如何利用 AlphaGo 的机器学习系统，构建了新的项目 AlphaZero。AlphaZero 使用了名为"强化学习"(reinforcement learning)的 AI 技术，它只使用了基本规则，没有人的经验，从零开始训练，横扫了棋类游戏 AI。

人工智能似乎被烙上了"非常聪明"的印记。那么大家一直说的"人工智能"到底是什么？总体而言，人工智能，是研究开发用于模拟、延伸和扩展人的智能的理论、方法、技术及应用系统的一门新的技术科学。人工智能是计算机科学的一个分支，它试图了解智能的实质，并生产出一种新的能以人类智能相似的方式做出反应的智能机器，该领域的研究包括机器人、语言识别、图像识别、自然语言处理和专家系统等。人工智能是对人的意识、思维的信息过程的模拟。人工智能不是人的智能，但能像人那样思考甚至超过人的智能。

大家可能对"人工智能"这个概念似乎没有什么深刻的印象，和我们平时的生活也并不搭边。其实，并非如此，人工智能技术其实离我们非常近，比如智能手机上的语音助手、可以帮助我们打扫家务的扫地机器人、智能化搜索、脸部识别、指纹识别和视网膜识别等。不久的将来，人工智能技术带来的颠覆性，将会超乎我们的想象。

目前来说，人工智能的应用领域主要有以下四种。

① 机器人领域(让机器像人一样行动)：人工智能机器人，如 PET 聊天机器人。它能理解人的语言，用人类语言进行对话，并能够用特定的传感器采集分析出现的情况并调整自己的动作来达到特定的目的。

② 语音识别领域(让机器像人一样听说)：设计的应用是把语言和声音转换成可进行处理的信息，如语音开锁、语音邮件等。

③ 图像识别领域(让机器拥有人一样的视觉)：利用计算机进行图像处理、分析和理解，以识别各种不同模式的目标和对象的技术，如人脸识别、汽车牌号识别等。

④ 专家系统(让机器像人一样思考)：具有专门知识和经验的计算机智能程序系统，后台采用的数据库相当于人脑，可采用数据库的知识模拟专家解决复杂的问题。如在通信网的维修管理中，可以将维修人员的经验和知识构成专家系统，对网络中的设备进行故障处理。

总体而言，在未来的通信和网络系统中，计算技术扮演的角色越来越重要，有线网络中的 SDN 的以及无线网络中的云无线接入网络(Cloud-Radio Access Network)和移动云计算的迅猛发展就是明证。一方面，现在越来越多的"吃资源(resource-hungry)"的应用如虚拟现实服务等部署到移动设备上，而由于有限的资源(如计算能力)，这些移动设备很难或不可能在需要的时间内完成任务；另一方面，移动设备的大量增加的业务量对现有的通信网络施加了巨大的压力，这也是 5G 的重大挑战之一。为了解决上述问题，即计算和通信的挑战，通信技术必须与计算技术密切协作，这也是著名信息论专家 Thomas M. Cover 所说的通信是计算受限的，计算是通信受限的(Communication is computation limited and computation is communication limited)[Thomas M. Cover and B. Gopinath (Editors), Open Problems in Communication and Computation, 1987th Edition]。

通信和计算的融合是在底层通信技术层面和网络应用层面两个层面进行的。在通信技术层面上，由于云计算和虚拟化技术的快速发展，越来越多的通信和服务相关的功能由云端的计算实现（或辅助实现），如 C-RAN、移动边缘计算和网络功能虚拟化（NFV）。在从传统的基于硬件的基础设施到基于软件的环境的变迁中，需要更加动态、更加便利和更加灵活地将计算资源分配给通信和其他资源密集的应用。[Kezhi Wang, Kun Yang, Hsiao Hua Chen, Lianming Zhang, Computation Diversity in Emerging Networking Paradigms, IEEE Wireless Communications Magazine. 2017.]在网络和应用层面，随着通信系统的发展和各种移动互联网应用的部署，能够比较容易地采集到多种形式的大量数据，为处理这些大规模的数据集合来实现智能的通信系统提供了可能。但是这些快速产生的大量数据是异构的甚至是低质量的，对收集、传输、存储、融合以及分析系统的行为（如安全异常检测以及未来需求预测）带来了很大的难度。而高性能计算、大数据分析以及各种智能技术的发展（成为大数据智能）有助于处理来自这些系统的海量流式数据，完成分析过程来提升系统和应用的可用性、有效性和高效性。

1.3.2　互联网思维与未来经济的趋势

互联网思维，是在“大智物移云”（即大数据、人工智能、物联网、移动互联网和云计算）等科技不断发展的背景下，对市场、用户、产品、企业价值链乃至整个商业生态进行重新思考审视。这里的“互联网”，不单指桌面互联网或者移动互联网，是泛在互联网，因为未来的网络形态一定是跨越各种终端设备的，包括台式机、笔记本、平板、手机、手表、眼镜等。

现在，几乎所有人无时无刻不在玩手机，最多的是微信、QQ 和微博等，电子支付也已无处不在。人们迫切需要和世界连接，每时每刻都不能停止下来。某种意义上而言，通信技术（应用）/互联网是一门新的语言。语言的作用是什么？语言是为了交流，交流之后为了什么呢？交流是为了共同协作，所以说通信技术（应用）/互联网（语言）是协作的基础。

通天塔（巴别塔）的故事告诉我们，如果人们有共同语言，可以分工协作，那可以做成任何一件事儿，甚至可以通天。而打乱了语言，人与人无法交流，无法协作，人类成为一盘散沙。就一事无成，进步缓慢。

互联网是一门语言，一门全球协作的语言！全球任何地方的人，都可以通过互联网快速连接、沟通和协作。通过互联网把全球的人聚集起来。

从某种角度而言，未来经济趋势是共享经济、社群经济、虚拟经济。

能够分享的都会被分享。人类一直就在共享，只是最近明确提出了这个名词，Uber、Airbnb 等公司蓬勃发展验证了共享经济的活力。从人性来说，人类有分享的欲望。而从技术上来说，互联网技术又让分享变得高效，而且“分享”是实现绿色节能社会的基本要求之一。

一切行业都在快速社群化。马斯诺需求层次理论第三层次就是社交需求，即爱、情感和归属感。第一、第二层次是安全和生理需求，第四层次是尊重需求；第五层次是自我实现需求。德国知名社会学家腾尼斯于 1881 年出版的《共同体与社会》一书中指出：共同体是建立在自然基础之上的群体，是人类的本能或者习惯的制约或者共同的记忆。血缘共同体、地域共同体以及宗教共同体等是共同体的基本表现形式。但是，共同体不仅是各个部分加起来的总和，而是有机的整体。因此，互联网时代一开始，就是以网络社区的形式为主，无数人涌入到社区之中，因为某个共同话题，某个共同兴趣聚集起来，寻找同类，寻找温情，寻找身份认同和归属感。基于以上两个理论，再观察我们身边涌现的互联网公司，可以肯定社群经济已经到来，一切行业都在快速社群化。

人类历史可分为农耕时代、工业时代、电气时代和互联网时代。前三者可以说是工具的进步，或者说动力进步。铁犁的发明是工具，蒸汽机的发明是动力，那互联网技术是工具还是动力呢？之前的时代，产出的都是实物；互联网时代，产出的是虚拟。如虚拟运营商(Virtual Network Operator，VNO)，是指拥有某种或者几种能力(如技术能力、设备供应能力或市场能力等)与电信运营商在某项业务或者几项业务上形成合作关系的合作伙伴，电信运营商按照一定的利益分成比例，把业务交给虚拟运营商去发展。与代理商类似，虚拟运营商从移动、联通、电信等基础运营商那里承包一部分通信网络的使用权，然后通过自己的计费系统、客服号、营销和管理体系把通信服务卖给特定的消费者。

1.4 科研能力和综合素质的培养

1.4.1 科研能力

1. 科研方法

“科研＝科＋研”二字，望文生义，从构造而言，“禾以斗计谓之为科”，“金石为开称之研”。因此，顾名思义，“科”字体现了在学术研究中和工程设计中，定量的可度量的方式才是科学的；而“研”字表明刻苦努力精益求精的态度是取得科学成果和解决工程实际问题的必要条件。“研究＝研＋究”。研者细磨也。究者穷尽也。可见研究成果并非一入学就能够得到，新生应有耐心。做研究就是做学问。“学问＝学＋问”。对工科学生来说，“学”主要来自项目、实践和实习。“问”的对象不仅是老师，而且还有学长和周围的相关的研究人员、工程师等，所谓“三人行必有我师”。

科学研究是一个动态的、永无止境的探究过程，而其首先要做的是发现问题并确定研究课题，通过制定明确的研究计划来指明科学研究的方向。“科学研究始于问题”，这是科学研究发生方法论的命题。科学研究的发生过程需要注意课题的选择、研究计划的制定以及资料的搜集与积累。在科学研究中，方法的运用是极其重要的，其中的逻辑思维方法是科学研究过程中的必不可少的工具。此外，随着脑科学的发展，人们越来越注意到非逻辑的思维如灵感思维、形象思维在科学研究中不可替代的作用。现代系统科学的发展补充并丰富了唯物辩证法的内容，也为科学研究注入了新的方法，这是我们在科学研究中应该予以重视的。

一个完整的科学认识过程，往往要经历感性认识、理性认识及其复归到实践等阶段，在各个阶段都有与各种具体内容的相对应的科学方法。随着现代科学的发展，特别是系统论、控制论和信息论等一些横向性学科的出现，极大地丰富了科学研究方法的内容。这些科学的研究方法，为人们的科学认识提供了强有力的主观手段的认识工具。

一般研究法可以划分为三大类型。

(1) 经验方法

一般来说，科学研究就是追求知识或解决问题的一项系统活动。有待解决的问题与研究对象的本质和规律相关，而本质和规律隐藏在现象中，即在经验材料的背后。只有收集/调研得到的对象的经验材料完备可靠时，才能在这些材料的基础上建立正确的概念和理论，揭示对象的本质和规律，才能解决科研课题，即解决科学的问题。获得经验材料的方法就是经验方法，通常包括：文献研究法、社会调查法、实地观察法和实验研究法。

(2) 理论方法

要达到完整的科学认识，仅仅运用经验方法是不够的，还必须运用科学认识的理论方法对调查、观察、实验等所获得的感性材料进行整理、分析，把原来属于零散的、片面的和表面的感性材料进行加工，使之上升为本质的、深刻的和系统的理性认识。科学研究法中的理论方法就是提供这种从感性认识向理性认识飞跃的切实可行的、具体的思考方法与加工处理步骤的方法，包括数学方法和思维方法。

(3) 系统科学方法

20世纪以来，系统论、控制论、信息论等横向科学的迅猛发展，为发展综合思维方式提供了有力的手段，使科学研究方法不断地完善。而以系统论方法、控制论方法和信息论方法为代表的系统科学方法，又为人类的科学认识提供了强有力的主观手段。它不仅突破了传统方法的局限性，而且深刻地改变了科学方法论的体系。这些新的方法，既可以作为经验方法，作为获得感性材料的方法来使用，也可以作为理论方法，作为分析感性材料上升到理性认识的方法来使用，而且作为后者的作用比前者更加明显。它们适用于科学认识的各个阶段，因此，称其为系统科学方法。

2. 科研成果发表

科研成果(如学术论文或专利申请等)是系统地阐述研究某种问题结论/成果的表达形式。科研成果是科研过程水到渠成的结果，绝不是为了发表而发表的无病呻吟，甚至胡编乱造，是与广大读者和技术同行沟通交流的必要手段，是知识技术传承的基本工具，具有学术性、科学性、创造性、学理性。写作规范和要求都是有固定格式的，要规范、准确、得体。一篇高质量学术论文的标准包括：选题有价值、观点新颖、内容充实、论据充分、论证得当、逻辑自洽、研究方法科学、结构完整、层次分明、语言表达准确流畅、言简意赅，符合论文写作规范。

1.4.2 综合素质

当代大学生应具备的综合素养主要是：科学素养、艺术素养、人文素养、心理素养。下面将对这四方面内容及提高综合素养的必要性和途径进行阐述。

(1) 科学素养

国际上普遍将科学素养概括为三个组成部分，即对于科学知识达到基本的了解程度；对科学的研究过程和方法达到基本的了解程度；对于科学技术对社会和个人所产生的影响达到基本的了解程度。对于当代大学生而言，保持对科学世界中真理那方净土的赤子之心与为推动社会进步不竭的创新精神，是极为重要的。

(2) 艺术素养

艺术容纳了世间的种种悲欢，在对艺术的欣赏、探知中，我们能感受到许多精神情感的表达宣泄，更真切地感知这个世界的美好与丑陋。

(3) 人文素养。

弟子规中言：“圣人训，首孝悌，次谨信，泛爱众，而亲仁，有余力，则学文。”短短十余字，道出了人文的真谛。对高校大学生来说，拥有较高人文素养，懂得“仁”，才不容易成为“精致的利己主义者”，而是成为祖国的栋梁之材。

(4) 心理素养

做一个懂生活的人,让自己心中每天都能开出一朵花。未来的生活,种种不可知,荆棘或是鲜花,拥有良好心理素质的重要性不言而喻。

提高综合素养的途径是多种多样,无时无刻不在的。积极接受创新创业教育,参加科研活动,开阔眼界,站在高处看世界,以提高自己的科学素养;学会欣赏,不管是阳春白雪,抑或是下里巴人,感知其中独特的韵味,提高艺术素养;多看书,多看不同领域的书,不受专业的拘束,随心去阅读品悟书中的世界,看经典,修身养性,提高人文素养;提高心理素养似难也易,往往只是心中的一个念头便改变的未来的路。放宽心,接纳这个世界,积极提高心理水平。提高综合素养的途径有许多,那么,找到适合自己的才是最重要的。认识自己,明白自己的短处,再积极去克服,便是应该做的事。

1.5 本书章节安排与特色

本书是供通信工程等电子信息类及其相关专业低年级学生所开设的专业导论课程所使用,也可作为对信息通信技术感兴趣的读者的入门读物。本书内容大体上由三个部分组成。

第一部分为信息与通信学科的基本知识体系,从通信系统所包含的4个功能组件、无线移动、光纤传输、网络交换和服务应用的角度出发,系统介绍基本概念、技术和架构。指导学生了解掌握专业术语、技术、方案以及实现之间的渊源,即从直观的现象到提炼出问题描述再到解决问题的基本方法以及最后的性能和不足之处。

第二部分为当前技术应用和学术研究的热点问题,立足于通信和计算有机结合的思想,包括5G、Fog networking、SDN、IoT、大数据和人工智能在通信领域中的应用等。目的是引导学生保持对新技术和应用的热情和敏感,激发其学习和研究兴趣。

第三部分在分析大学阶段教学形式特点的基础上,对大学生应该如何学习,本专业考研与就业方面的基本情况及如何成为一名优秀大学生进行指导,并适当地培养学生的自我学习和科学研究能力,为以后独立解决通信工程及相关领域的复杂工程问题(或进入研究生阶段深造)奠定坚实的基础。

本书在编写过程中特别注意从电子信息类专业大一新生的角度来考虑问题。所选择的内容有助于大一新生了解所学专业的基本概况,掌握大学阶段的学习特点并对统筹安排好自己的大学学习生活有重要作用。

本书以系统的观念来理解通信技术,力求浅显、简明、全面地介绍通信工程专业的基本内容,条理清楚,便于读者对通信工程专业全貌进行了解。本书适合作为高等院校通信工程专业本科生的教材,也可作为通信工程和通信技术爱好者的入门读物。

相比于已经出版的同类教材,该教材具有完整的逻辑体系和科学的教学思路,系统地给出专业方向的脉络和远景,并通过指导和引导的方式,使学生建立起通信工程的系统观念,保持学生对新技术和应用的热情和敏感,激发其学习和研究的兴趣,并培养学生创新的科学思维。

第2章 CHAPTER 2 无线移动通信的基本概念与原理

2.1 无线通信概述

无线通信是利用电磁波信号在自由空间传播的特性交换信息的一种通信方式。在移动中实现的无线通信称为移动通信，也合称为无线移动通信。近年来，在信息通信领域，无线通信发展最快，应用最广泛。它的发展极大地丰富了人们的生活，已经成为现代社会不可或缺的一部分，甚至在很大程度上改变了人类社会的行为模式。

2.1.1 无线通信的发展

从19世纪麦克斯韦电磁波辐射理论的提出，到21世纪移动互联网和物联网世界的出现，无线通信技术得到了迅猛发展。

1864年，麦克斯韦从理论上证明了电磁波的存在；1876年，赫兹用实验证实了电磁波的存在；1896年，马可尼在英国进行的14.4千米通信试验成功，从此世界进入了无线电通信的新时代。1906年，通过了调幅技术(AM)首次通过无线电波完成了远距离的广播节目；1927年，大西洋两岸同时进行了第一次电视广播，1946年，第一个公共移动电话系统在美国建立。1958年，SCORE通信卫星升空，揭开了无线通信新的时代。1981年，第一代模拟蜂窝系统北欧移动电话NMT建立；1988年，第一个数字蜂窝系统GSM在欧洲建立；1997年，第一个无线局域网版本发布。一个世纪以来，无线通信技术使人们享受到了无线电、电视、移动电话、通信卫星、无线网络等带来的便利。

近年来，中国的无线通信事业也取得了很大的进展。1987年，广东省首先开通了GSM电话网络；1995年，中国移动公司在全国15个城市组网GSM；2001年，中国移动通信GPRS系统投入使用；2009年，中国三大运营商(中国移动、中国联通、中国电信)分别获得了3G牌照；2013年，中国三大运营商获得4G牌照，并逐步商用4G。另外，中国5G牌照在2019年6月6日发放，并且5G逐步投入商用。在学术界，我国学者在无线通信领域也获得丰硕的成果，成为推动世界无线通信领域发展的重要力量。

2.1.2 无线通信系统组成

无线通信系统利用电磁波作为媒介进行信号的传递，因此需要在发送和接收设备上安装天线，完成电磁波的辐射和接收。如图2.1所示，无线通信系统的基本结构框图。

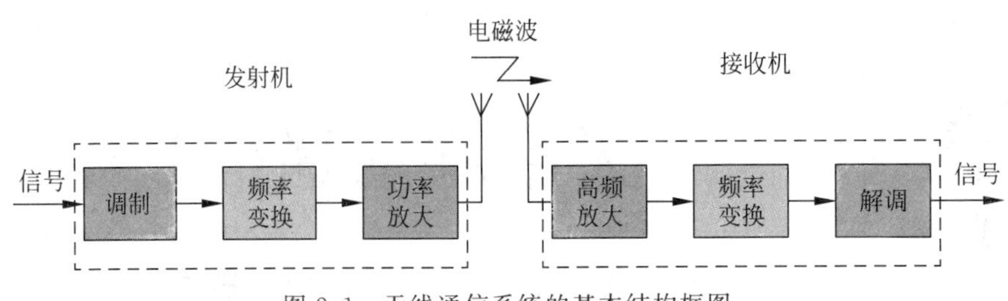

图 2.1　无线通信系统的基本结构框图

原始信息如语音、数据、图像等都是相对低频的信号。例如，音频信号的频率在 300～3400Hz 之间，视频的频率在几兆赫[兹]之内。低频信号不利于天线的辐射和电磁波的传播，因此发射设备应将低频信息载入到高频载波信号中进行传输，这一过程称为调制。变频器进一步将信号转换成传输电磁波所需的频率(如短波、微波频率)，然后对信号进行功率放大并通过天线辐射出去。

在接收设备中，首先需要对信号进行放大(电磁波信号在传输过程中衰减很大)、变频，最后通过解调过程恢复原始信号，完成无线通信过程。

另外，需要说明的是，上述对于无线通信系统的描述是简单的点对点通信模式。无线通信技术发展到今天，已经不再局限于单一的通信模式，一个重要的标志就是网络化，无线通信与核心网络工程组成了无线通信网。无线部分主要扮演接入网的角色，为移动用户提供通信的可能性。

2.2　无线电波与无线信道

2.2.1　电磁波与传播机制

1. 电磁波传播特性

根据电磁波的特性，无线电波在均匀介质中匀速直线传播。由于能量的扩散与介质的吸收，传输距离越远信号强度越小。当无线电波在非均匀的介质中传播时，速度会发生变化，同时还会发生以下的现象。

① **反射**：当电磁波遇到的障碍物大于其波长时，会发生反射，多个障碍物的多重反射会形成多条传播路径，产生多径衰落。

② **折射**：当电磁波穿过一种介质到另一种介质时，传播速度不同，会造成路径的偏折。

③ **绕射**：电磁波遇到障碍物时，会通过边缘绕过障碍物的边缘继续传播。波长越长，绕射能力越强。当障碍物的尺寸远大于电磁波的波长时，绕射就变得微弱。

④ **散射**：电磁波遇到小的障碍物，如雨滴、树叶、灰尘等，会产生大量杂乱无章的反射，称为散射。散射造成能量的分散，形成电磁波的损耗。

无线电波的传播方式是指无线电波从发射点到接收点的传播路径，如图 2.2 所示。在地球大气层以内传播的电磁波称为陆地波，主要受到大气层和地球表面的影响。传播形式主要取决于系统的类型和外部条件。其中，不同频率的电磁波有不同的传播方式，具体有以下三种类型。

① **地波方式**：沿着地球表面传播的无线电波成为地波，这种传播方式比较稳定，受到

天气影响较小。中频(中波)以下的频段采用地波传播。

② **空间波方式**:它主要指直射波和反射波。从发射天线直接到达接收点的无线电波,称为直射波。而有一部分电波通过地面或其他障碍物反射到达接收点,称为反射波。

③ **天波方式**:它也称为电离层波。地球大气层的高层存在一个“电离层”。无线电波进入电离层时方向会发生改变,产生“折射”。由于电离层折射效应的积累,波的入射方向将逐渐变化,最终会转向地面。

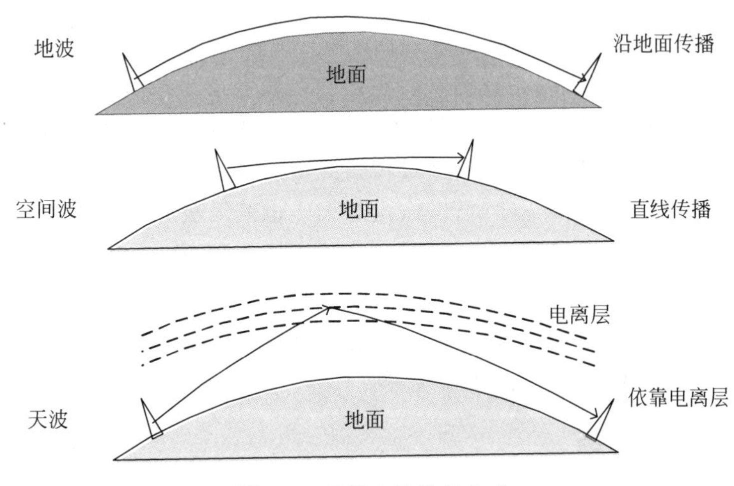

图 2.2 无线电波传播方式

2. 传播频段划分

国际电联(ITU)将频率为 3000Hz～3×10^{6}MHz 的电磁频谱称为无线电电磁波频谱。实际上,由于技术条件的限制,目前人们只应用了几十千兆赫[兹]以下的频谱。这就是说,目前人们能够使用的无线电频谱仅仅是划分总量的十分之一。表 2.1 所示为无线电频率的频段划分及业务内容。

表 2.1 无线电频率的频段划分及业务

名称	频段	频率/波长范围	传播特性	主 要 业 务
VLF 甚低频	超长波	3～30kHz 10～100km	空间波为主	海岸潜艇通信;远距离通信;超远距离导航
LF 低频	长波	30～300kHz 1～10km	地波为主	越洋通信;中距离通信;地下岩层通信;远距离导航
MF 中频	中波	300kHz～3MHz 100～1000m	天波与地波	船用通信;业余无线电通信;移动通信;中距离导航;商业 AM 广播
HF 高频	短波	3～30MHz 10～100m	天波与地波	远距离短波通信;国际定点通信
VHF 甚高频	米波	30～300MHz 1～10m	空间波	流星余迹通信;人造电离层通信;对空间飞行体通信;移动通信;商业 FM 无线电广播、电视等
SHF 超高频	分米波	300MHz～3GHz 1～10dm	空间波	小容量微波中继通信;对流层散射通信;中容量微波通信;商业电视广播

续表

名称	频段	频率/波长范围	传播特性	主 要 业 务
UHF 特高频	厘米波	3～30GHz 1～10cm	空间波	大容量微波中继通信；数字通信；卫星通信；国际海事卫星通信
EHF 极高频	毫米波	30～300GHz 1～10mm	空间波	再入大气层时的通信；波导通信

3. 发射与接收天线

在无线电通信系统中，天线是一种发射和接收电磁波的金属导体系统。发射机输出的高频电能信号通过传输线耦合到发射天线上，转换为电磁能量，以波的形式辐射到空中；接收天线将空中的电磁能量转换为电能，通过传输线传送到接收机的输入端。可以看出，天线是发射和接收电磁波的重要的无线电设备，没有天线也就无法进行无线电通信。

天线品种繁多，适用于不同频率、不同用途、不同场合和不同要求。对于多种天线，需要适当分类。根据用途分类，可分为通信天线、电视天线、雷达天线等；根据工作频率分类，可分为短波天线、超短波天线、微波天线等；根据方向性分类，可分为全向天线、定向天线等；根据外形分类，可分为线状天线、面状天线等。

2.2.2 信道衰落

通信系统中，信号从发射端发送到接收端之前经过的所有路径统称为信道。对于无线电通信，电磁波传播所经过的路径就称为无线信道。信道对传输信号所产生的影响是接收机设计中要考虑的关键因素。

无线通信信道的复杂性是造成无线通信系统复杂性的主要原因。一般来说，无线信道具有以下特点：

① 信号传播的开放性。无线信道完全不同于基于全闭的传输线来实现信息传输的有线通信，后者电磁波在受约束的均匀介质中传输，数学模型是确定的。无线通信是基于电磁波在空间中的传播来实现信息开放传输，路径的空间约束性差，不确定因素多，只能用随机模型来表示。

② 传播地理环境的复杂性和多样性。例如，不同的地形、地貌、建筑、气候以及电磁干扰等情况。

③ 通信用户随机的移动性。例如，漫步移动用户，高速的车载台等。

以上特点造成了无线信道的多样性与时变性。特别是在移动通信环境中，传播信道的复杂特性成为移动通信研究的重要问题。信号在信道中的衰落特性如图 2.3 所示。

1. 路径损耗

无线电波传播过程中会引起能量损耗，在确定无线通信系统的实际通信距离、覆盖范围和无线电干扰影响范围时，传播损耗是一个关键参数。无线通信系统如果不进行科学的频率指配和严格的系统设计与场强预测，会造成系统之间产生严重干扰而不能正常工作。为了保证无线通信用户的通信质量，确保无线电波的业务覆盖服务范围和电波传播的可靠性，必须仔细地计算从接收天线到发射天线之间的电波传播损耗。

理论上，在自由空间中，无线电波直线传播的损耗大小与传播距离的平方以及使用频率

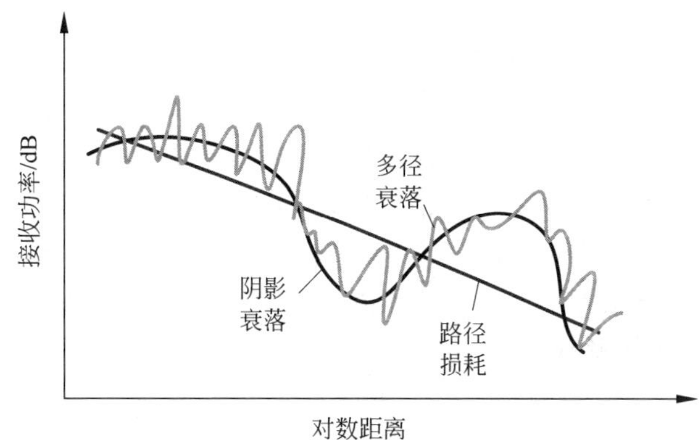

图 2.3　信号在信道中的衰落特性

的平方成正比关系。实际中，要考虑在传播路径上存在着各种各样的影响，如电离层效应，高山、湖泊、海洋、地面构造的影响等。在研究电波传播特性时，通常用数学表达式来描述这些传播损耗特性，即所谓的数学模型。

2. 小尺度衰落

小尺度衰落是指接收到的无线信号在短时间或小范围内的快速变化。小尺度衰落会导致较高的误码率。单纯增加发射功率并不能解决小尺度衰落，通常需要利用差错控制编码、分集方案、定向天线等技术解决这一问题。

多径衰落是引起小尺度衰落的最主要因素。在移动通信环境中，发射的电磁波经历了不同的路径。各路径的距离不同，导致了传播时间和相位均不相同，使得接收天线收到的信号为多个不同相位的信号叠加，时而同向叠加增强，时而反向叠加减弱。接收信号的振幅在短时间内急剧变化，产生衰落。由于到达路径的相位急剧变化，接收信号的振幅快速波动，通常被建模为一个随机变量。多径衰落的接收信号包络通常服从瑞利分布(当存在可视直达径的时候，包络服从莱斯分布)。

3. 多普勒效应

电离层(传输介质)的时变性使多径信号在接收段发生叠加(干涉)，信号电平和相位产生随机起伏。时变多径信道会对所传输的信号造成频谱上的扩展和时间上的扩展，前者称为多普勒频移，后者称为时延扩展。

信道会造成输出信号包络和相位的随机起伏，因此若发送端发送一个单频(等幅、恒定相位)信号，信道所引起的信号电平与相位的变化会使它在频谱上展宽，展宽后的谐波宽度称为多普勒频移。它通常以标准偏差来度量，取决于电离层特性变化，同时也与工作频率和通信线路长度有关。在短波信道中，电离层参数变化较为缓慢，多普勒频移一般不会超过几赫[兹]。

多普勒频移的倒数称为信道的相干时间，当系统传输的信息符号的宽度大于信道的相干时间时，会引起时间选择性衰落。同时信道的多径时延差将使传输信号的波形在时间上展宽，称为“时延扩展”或“时间色散”。

在数字通信中，接收脉冲信号的宽度展宽会引起前后码元之间的重叠现象，产生符号间串扰。同时，脉冲宽度的展宽也表明信道带宽相对受限，不能满足较高速率的数据流传输。在这种情况下，信道对传输信号的衰落称为频率选择性衰落。

2.3 无线移动通信关键技术

传播电磁波信号的无线信道受环境因素影响较大，信道参数不稳定，称为随参信道或变参信道。无线信道的随参特性恶化了通信环境，应采取一些技术手段来提高系统的有效性和可靠性。例如，采用压缩编码技术，充分利用有限的频谱资源；采用调制解调技术，提高频谱利用率；采用具有检错和纠错能力的信道编码技术，克服信道存在的各种噪声与干扰；采用均衡技术，克服数字传输中的码间串扰；采用分集接收技术，减少多径衰落；另外，还需要采用抗干扰、抗衰落技术以及各种多址技术等。

2.3.1 调制技术

由于无线通信信道带宽有限，受干扰和噪声影响大，已调信号应具有较高的频谱利用率和较强的抗干扰的能力。但在调制技术中，频谱利用率和抗干扰性能是一对矛盾。一般来说，传统调制方法简单，其调制信号占用的带宽较大，因此必须对其进行改进，以达到较高的频带利用率又具有较高的抗干扰能力。多年来，无线通信调制技术的研究一直是个热门课题。适合信号在无线信道传输的一些常用的调制技术如下。

① 模拟调制：幅度调制 AM、频率调制 FM、相位调制 PM，如图 2.4 所示。

② 正交幅度调制 QAM：用于中大容量数字微波通信系统、有线电视网络高速数据传输、卫星通信、移动微蜂窝通信等。

③ 高斯最小相移键控 MSK：可以满足移动通信对邻道干扰的要求，在 GSM 系统中使用。

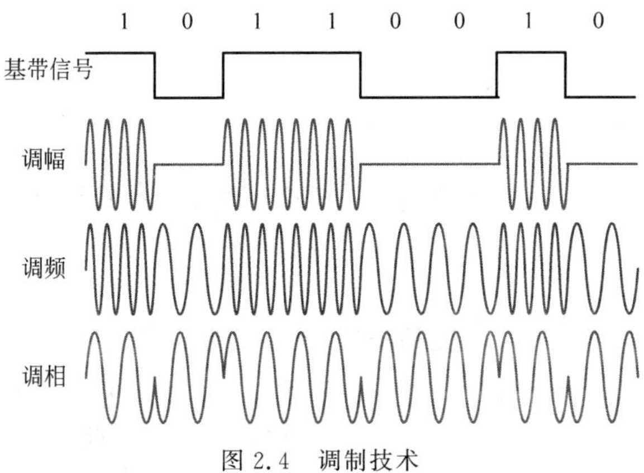

图 2.4 调制技术

2.3.2 编码技术

1. 信源编码

数字化是现代无线通信的主流趋势。模拟信号的数字化是数字通信的一个重要环节，也称为信源编码。信源包括语音、图片、视频和数据等，如常用的 PCM 技术如图 2.5 所示。

语音编码为信源编码，是将模拟信号转变为数字信号，然后在信道中传输。在无线通信，特别是在数字移动通信中，语音编码技术起着关键的作用。高质量低速率的语音编码技

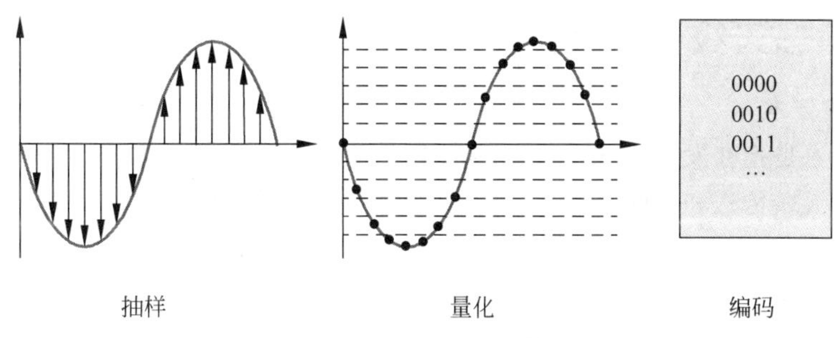

图 2.5 PCM 过程示意图

术与高效的数字调制技术相结合，可以使数字移动网络的系统容量高于模拟移动网络。目前，语音编码技术的研究主要有两个方向：降低语音编码速率和提高语音质量。

除了语音的压缩编码外，在无线通信中(例如，卫星通信、微波通信及移动通信等)经常需要传输多媒体信息，包括文本、语音、音乐、静止图像、电视图像、电影、动画和图形等。这些信息经数字化处理后的数据量非常大(尤其是视频信息)，那么如何在多媒体的通信系统中有效地保存和传送这些数据就成为最基本的问题之一。

2. 信道编码

无线信道是一种具有衰落特性的随参信道，并且存在各种严重的噪声与干扰，最终会造成误码率不能满足通信要求。为了使信号在该信道中可靠地传输，采用信道编码技术是解决方法之一。

众所周知，信源编码目的是以较低的速率实现原始信息的数字化，从而在信道传输后占用较小的带宽，提高无线频谱的利用率。与之相比，信道编码是为了保证通信系统的传输可靠性，克服信道中的噪声和干扰而专门设计的一类抗干扰技术和方法。它将一些必要的监督符号(码元)按照一定规律人为地添加到待发送的信息码元中。在接收端利用这些监督码元与信息码元之间的(监督)规律检测和纠正差错，以提高信息码元传输的可靠性。待发送的码元称为信息码元，人为加入的多余码元为监督(或校验)码元。信道编码的目的是试图以最少的监督码元为代价来换取最大的可靠性。从其结构和功能加以分类，其最常用的信道编码可以分为三类：

① 仅具有发现差错功能的检错编码。如循环冗余校验 CRC 码、自动请求重传 ARQ 等。

② 具有自动纠正差错功能的纠错编码。如循环码中 BCH 码、RS 码及卷积码、级联码、Turbo 码等，常用的信道编码技术如表 2.2 所示。

③ 既能检错又能纠错功能的信道编码。最典型的是混合 ARQ，又称 HARQ。

表 2.2 常用的纠错编码及其发明人

编码	提出时间	发明人
汉明码	1950 年	Hamming
卷积码	1955 年	Elias
LDPC 码	1962 年	Gallager
Turbo 码	1993 年	Berrou，Glaveieu 等
Polar 码	2008 年	E. Arikan

2.3.3 多天线、多载波与扩频技术

1. 多天线技术

多天线技术是指在发射端或接收端使用多个发射天线和接收天线，信号通过发射端与接收端的多个天线传送和接收，从而改善通信质量，如图 2.6 所示。多天线技术能充分利用空间资源，通过多个天线实现多发多收，在不增加频谱资源和天线发射功率的情况下，可以成倍地提高系统信道容量。

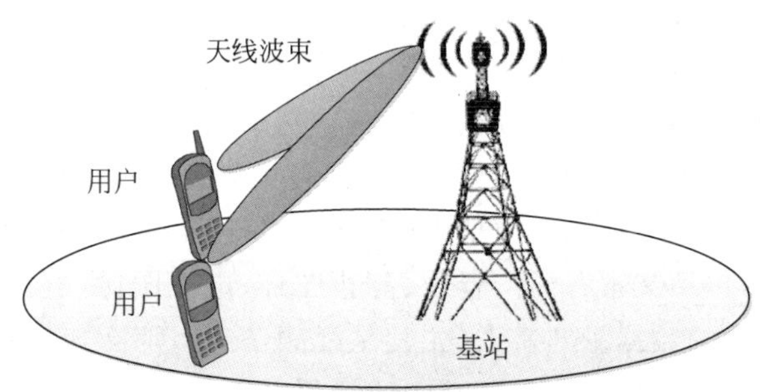

图 2.6 多天线系统示意图

在无线通信系统中，如果其发射端和接收端同时都采用多个天线（或者天线阵列），就构成了无线多输入多输出（MIMO）系统。MIMO 技术采用空间复用技术对无线信号进行处理，数据通过多重切割后转换成多个平行的数据子流，数据子流经过多个天线同步传输，并在空中产生独立的并行信道传送这些信号流。为了避免被切割的信号不一致，在接收端也采用多个天线同时接收，根据时间差的因素将分开的各信号重新组合，恢复原本的数据。

采用 MIMO 技术的优点是可以通过增大天线的数量来传输数据流，将多个数据流同时发送到信道上，每个传输信号占用相同的频带，以增加频谱利用率。通过测试，采用 MIMO 技术的无线局域网频谱利用率可达到 20～40b/s/Hz。

2. 多载波技术

多载波通常是指正交频分复用技术（Orthogonal Frequency Division Multiplexing，OFDM），实际上 OFDM 是多载波调制（Multi Carrier Modulation，MCM）的一种。

OFDM 技术是多载波传输方案的实现方式之一，它的调制和解调是分别基于 IFFT 和 FFT 来实现的，是实现复杂度最低、应用最广的一种多载波传输方案。OFDM 频域结构如图 2.7 所示。

在通信系统中，信道所能提供的带宽通常比传送一路信号所需的带宽要宽得多，只传送一路信号是非常浪费的。为了能够充分利用信道的带宽，可以采用频分复用的方法。OFDM 主要思想是：将信道分成若干正交子信道，将高速数据信号转换成并行的低速子数据流，调制到在每个子信道上进行传输。正交信号可以通过在接收端采用相关技术来分离，这样可以减少子信道之间的相互干扰（ISI）。每个子信道上的信号带宽小于信道的相关带宽，因此每个子信道上可以看成平坦性衰落，从而可以消除码间串扰。此外，由于每个子信道的带宽仅仅是原信道带宽的一小部分，信道均衡变得相对容易。

3. 扩频技术

扩频技术是指采用扩频码在发送端进行扩频调制，在接收端以相关解调技术进行信号

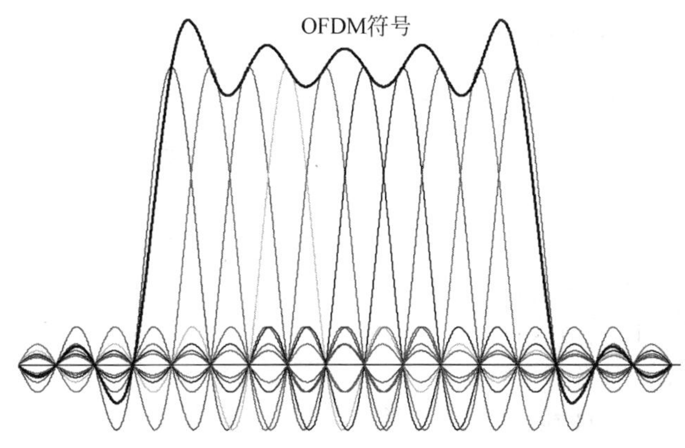

图 2.7　OFDM 频域结构图

接收。由于扩频通信要用扩频编码进行扩频调制发送，而信号接收需要用相同的扩频编码之间的相关解扩才能得到，这就给频率复用和多址通信 CDMA 提供了基础。充分利用不同码型的扩频编码之间的相关特性，分配给不同用户不同的扩频编码，可以区别不同用户的信号，并且不受其他用户的干扰，实现频率复用。

常用的扩频技术主要有四种方法：直接序列扩频、跳频扩频、跳时扩频以及线性调制。在实际使用的过程中，通常采用它们的组合。

2.3.4　多址接入技术

多址技术一直都是无线通信（以及其他通信网络）的关键技术之一，甚至是移动通信换代的一个重要标志。多址技术所要解决问题是：通信网络中注册用户数通常远大于同一时刻实际请求服务的用户数。其实就是研究如何将有限的通信资源在多个用户之间进行有效地切割与分配，在保证多用户之间通信质量的同时，通过多址接入尽可能地降低系统的复杂度并获得较高系统容量。其中，对通信资源的切割与分配也就是对多维无线信号空间的划分，在不同的维度上进行不同的划分就对应着不同的多址技术。常见的信号维度有时域、频域和空域，此外还有信号的各种扩展维度。信号空间划分的目标是使各用户的无线信号之间在所划分的维度上正交，这样用户就可以共享有限的通信资源而不会相互干扰。

常用的多址技术主要有以下四种。

① **频分多址（FDMA）**：业务信道在不同的频段分配给不同的用户。例如，TACS 系统、AMPS 系统等。不同用户分配在时隙（出现时间）相同、工作频率不同的信道上，模拟的 FM 蜂窝系统都采用 FDMA。

② **时分多址（TDMA）**：业务信道在不同的时间分配给不同的用户。如 GSM、DAMPS 等。不同用户分配在时隙不同、频率相同的信道上，目前运营的 GSM 网络制式。

③ **码分多址（CDMA）**：所有用户在同一时间、同一频段上，根据不同的编码获得业务信道。

④ **空分多址（SDMA）**：通过标记不同方位的相同频率的天线光束来进行频率的复用。这种技术是利用空间分割构成不同的信道。

2.3.5 抗干扰技术

无线通信系统中存在各种噪声与干扰，严重地影响了通信质量。因此必须采取一些抗干扰技术和措施来解决干扰问题。无线通信的干扰是多种多样的，因此抗干扰技术也是多种多样的。

在无线信道中，除存在大量的环境噪声干扰外，还存在大量无线通信系统产生的干扰，如邻道干扰、共道干扰和互调干扰等，甚至存在一些人为的恶意干扰。无线通信网络设计者在设计、开发和生产通信网络设备时，必须预计到网络运行环境中会出现的各种干扰（包括网络外部产生的干扰和网络自身产生的干扰）的强度，并采取有效措施保证干扰电平与有用信号相比不超过预定的门限值（通常用信噪比来度量），或者保证传输差错率不超过预定的数量级。

无线通信系统中采用的抗干扰措施主要包括以下 5 种。

① 利用信道编码进行**检错和纠错**（包括前向纠错 FEC 和自动请求重传 ARQ），降低通信传输的差错率，保证通信质量和可靠性。

② 采用**分集技术**（包括空间分集、频率分集、时间分集以及 RAKE 接收技术等）、自适应均衡技术和选用具有抗码间干扰和时延扩展能力的调制技术（如多电平调制、多载波调制等），为克服由多径干扰所引起的多径衰落。

③ 采用**扩频技术**，提高通信系统的综合抗干扰能力。

④ 采用扇区天线、**多天线**和自适应天线阵列（智能天线）等技术，减少蜂窝网络中的共道干扰。

⑤ 在码分多址通信系统中，使用**干扰抵消**和**多用户信号检测**技术，减少多址干扰。

2.4 移动通信系统

2.4.1 移动通信的特点

移动通信是指通信双方中的至少一方在移动中实现通信的方式，包括移动用户与基站之间、移动用户与移动用户之间、移动用户与有线用户之间的通信。在移动通信中，常处于移动状态的终端也称为移动用户，常处于固定状态的站称为基站。

与固定点的通信相比，移动通信主要有以下 6 个特点。

① **移动性**。要保持物体在移动状态中能够实现通信，必须是无线通信或无线通信与有线通信的结合。因此，移动通信的传输信道是无线信道，也称无线移动通信。

② **电波传播环境复杂多变**。由于移动体可能在各种环境中运动，电磁波在传播时会产生反射、折射、绕射、多普勒效应等现象，导致多径干扰、信号传播时延和展宽。此外，移动用户与基站距离远近变化会引起接收信号场强的变化，即存在远近效应。远近效应将造成接收信号场强相差很大和相互干扰。

③ **噪声和干扰严重**。以城市环境为例，存在汽车点火时产生的电磁干扰噪声、各种工业噪声，移动用户之间的互调干扰、邻道干扰、同频干扰等。由于移动通信的特殊工作方式和组网方式，这些干扰比其他通信方式严重得多。

④ **系统和网络结构复杂**。移动通信网是一个多用户通信网络，必须使用户之间互不干

扰。在移动用户之间、移动用户与基站、基站与移动交换中心之间要传递一系列的控制操作指令，才能实现收发两端有序高效的连接和实现信息的传输。此外，移动通信系统还应与市话网、卫星通信网、数据网等互联，网络结构非常复杂。

⑤ **用户对终端的要求很高**。移动通信设备都是手持机或车载台，使用过程中难免遇到日晒雨淋，因此不仅要求移动设备体积小、重量轻和省电，而且要求易于操作、方便维护，以保证在振动、碰撞、高温等恶劣环境下能正常运行。

⑥ **容量需求大而资源有限**。有限的无线资源决定了有限的信道数量，为了解决这一矛盾，除了开辟新的频段外，减小信道间隔，研究各种有效利用资源的技术和新的体制是移动通信的重要课题。

2.4.2 蜂窝移动通信系统

1. 蜂窝技术

在传统的无线广播电视系统中，设计者通常去架设高功率的广播天线，实现覆盖更大的区域。最初的移动通信系统也是基于大区制的系统，即在覆盖区域中间位置的高点设置一台大功率发射机，用一个站点覆盖整个区域，覆盖范围可达到几十千米。这导致可提供的信道非常有限，在业务量不大的情况下也可能出现阻塞。为了解决频率资源紧张的问题，20世纪40年代后期，贝尔实验室的工作人员将“蜂窝”概念应用到移动通信领域，提出了“蜂窝移动通信”的概念。“蜂窝”概念的提出是移动通信的发展历史上的一个里程碑。

蜂窝系统的设计是用多组低功率的无线电基站去覆盖整个区域，可以将每个频段的使用次数在一个区域内提高数倍，如图2.8所示。每组基站服务附近的用户，称为小区。小区的覆盖范围(小区半径)由基站的类型和用户的分布决定。

实际上，小区所覆盖的区域是一个不规则的圆形。地形和其他因素会导致实际覆盖范围进一步不规则。为了便于设计，通常人们假设全向天线的基站覆盖面积为一个圆形。进而，为了保证覆盖面积的表示不重叠交叉，人们通常采用正多边形来近似表示圆形。在所有的正多边形中，正六边形是最常用的选择。

蜂窝模型有三个基本特征。

① **频率可以复用**。它提高了频谱的利用率，使得蜂窝移动通信系统可以在有限的频段内为尽可能多的用户提供服务。

② **干扰与蜂窝之间的绝对距离无关**。干扰只与使用相同信道组的蜂窝之间的距离以及蜂窝的半径有关。一般地，如果干扰严重，应该降低每个蜂窝的信道数。反之，则增加每个蜂窝的信道数，以提高蜂窝系统的频谱利用率。

③ **蜂窝可以再分裂和再组合**。当一个特定地区达到容量极限，接通率明显下降时，系统可以根据实际情况将该区域的蜂窝分割成更小的蜂窝小区，以提高频谱利用率，增加该地区的通信容量。

2. 频率复用与同频干扰

在无线通信系统中，所使用的信道一般是在时间或者频率上进行分隔的，因此互不干扰信道的数量是有限的。相邻的小区用户之间可以采用不同的频率，以提供频率隔离，如图2.9所示。一组使用不同频率段的小区称为一个区群。设 N 为区群的大小(例如，图中一个区群包含的小区数目为7)，则每个小区中可用的信道数目为信道总数的 $1/N$。因此，

N 又称为蜂窝系统的频率复用因子。此时相同频率的小区用户之间会产生干扰，称为同频干扰或同信道干扰。

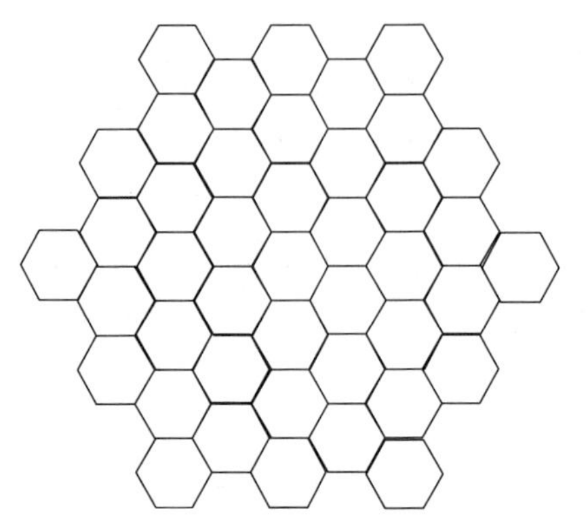

图 2.8 蜂窝系统示意图

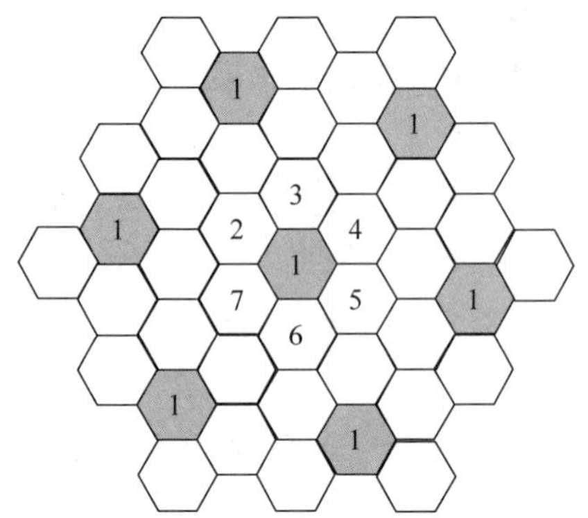

图 2.9 同频干扰示意图

在频率复用下，可以采用合理的小区规划、频率复用规划和信道分配策略等方式提高系统容量。

3. 越区切换与位置管理

蜂窝系统可以使用低发射功率的发射机来增加频率的复用，提高通信容量，其代价是带来了服务小区的切换问题。无线移动通信的特点是支持用户的移动性，因此当用户从一个小区离开并进入另一个小区时，链路连接必须从一个基站切换到当前基站。因此，需要采用适当的机制进行高效的越区切换和位置管理，以支持服务的连续性。

在通话过程中，当用户进入不同的小区时，必须将本次通话转移到属于新小区的信道上，此操作称为**越区切换**。切换操作包括基站的识别、新基站支持数据信号和控制信号的信道分配。切换操作通常由 MSC 负责，MSC 跟踪所管辖的所有小区的资源占用情况，当用户在一次通话期间进入另一个小区时，MSC 就确定新小区中空闲的信道，做出是否切换链路的决策。如果新基站有可以处理数据信号和控制信号的信道，就进行切换，否则，就不进行切换。

当移动用户被分配到一个归属地网络，并由一个地址进行区分，该地址称为归属地地址。在归属地网络中，归属地代理跟踪移动用户的位置，以便和用户之间传递信息。在移动通信中，跟踪用户当前位置以保持用户与归属地代理联系的过程称为**位置管理**。当用户离开归属地网络时，就会进入一个外地网络区域，此时用户需要通过外地代理向归属地代理进行注册，从而使得家乡代理知道其当前位置，以便消息传递。在注册过程中，归属地代理需要从外地代理传递的身份鉴别信息中确认提交注册的移动用户属于其管辖范围，称为鉴权。

4. 移动通信系统运营商和制造商

运营商是指提供网络服务的供应商，以我国为例：中国联通、中国电信、中国移动、中国广电等。因为国家在电信管理方面相当严格，只有拥有颁发的运营执照的公司才能架设网络设备。设备制造商是指通信设备的生产厂家，例如华为、中兴等。而从通信行业来说，设备生产商和运营商是相互依存的，表 2.3 给出了运营商与制造商举例。

表 2.3　通信系统运营商与制造商举例

	通信运营商与制造商					
运营商	中国移动 China Mobile	中国电信 CHINA TELECOM 世界触手可及	China unicom中国联通	at&t	NTT	vodafone
制造商	HUAWEI	ZTE中兴	CISCO	ERICSSON	Nokia Siemens Networks	上海贝尔 Alcatel·Lucent

2.4.3　移动通信系统演进

1. 第一代移动通信系统 1G

20 世纪 80 年代初，采用模拟调制、频分多址（FDMA）技术，该技术去掉了电话线实现了移动通信技术。中国的第一代模拟移动通信系统于 1987 年开通并正式商用，2001 年，我国停止 1G 服务。

第一代移动通信系统的主要缺点如下。

① 业务单一，仅支持语音业务。

② 业务量低，支持 2.4kb/s 数据率。

③ 安全性差。

④ 不支持漫游。

⑤ 体积大，收费高。

⑥ 频谱利用率低。

2. 第二代移动通信系统 2G

始于 20 世纪 90 年代初，基于数字传输，主要采用时分多址（TDMA）和码分多址（CDMA）技术。可以提供数字化的语音业务及低速数据业务，但无法支持、无法实现高速率的业务（如移动的多媒体业务）。

① **GSM 系统（欧洲）**：1992 年开始在欧洲商用，我国从 1995 年开始建设 GSM 网络。使用 TDMA 技术，900MHz 和 1800MHz 频带，GMSK 调制，信道编码为卷积码。可以实现部分漫游，传输速率为 9.6kb/s。

② **IS-95 系统（北美）**：1995 年后在北美和韩、日商用，我国 1998 年开始建成并商用。采用 CDMA 技术，QPSK 调制，信道编码为卷积码。技术成熟较晚，在全球的市场规模不如 GSM 系统。

GSM 全名为 Global System for Mobile Communication，即全球移动通信系统。它最初是北欧邮政及电信组织于 1982 年向欧洲邮政电信组织（CEPT）提出的一种欧洲通信系统标准。直至 1991 年，GSM 系统才正式投放市场。由于 GSM 系统拥有许多技术上的优势，在推出后很快地被世界上许多国家采用。目前，GSM 已被 100 多个国家和地区总共超过 200 多个的移动电话用户所采用。

GSM 系统属于第二代蜂窝移动通信系统，工作在 900MHz 波段，采用时分多址方式工作，具体工作频率是 890～915MHz（移动用户发），935～960MHz（基站发），共 25MHz 的双工频率，载波间隔为 200kHz，每载波分成 8 个时隙，传输 270.833kb/s 速率的数据。采用 GMSK 调制，占用 200kHz 的带宽，频谱效率为 1.35(b/s)Hz。它分为若干个小区，每个小区根据需要分配若干个载波，每载波有 8 个时分信道，提供给用户使用。

CDMA 系统最早是由美国高通公司开发出来的一种移动通信技术，是为满足现代移动通信网的大容量、高质量、综合业务、软切换和国际漫游等要求而设计的。CDMA 是基于扩频技术，即对需要传送的具有一定信号带宽信息数据，采用带宽远大于信号带宽的高速伪随机码进行调制，使原数据信号的带宽被扩展，再经载波调制并发送出去。接收端由使用完全相同的伪随机码，与接收的带宽信号做相关处理，把宽带信号换成原信息数据的窄带信号即解扩，以实现信息通信。

3. 第三代移动通信系统 3G

支持高速数据传输的蜂窝移动通信技术，2000 年确定三大标准。中国通信运营商采用的 3G 标准分别为：中国电信采用的 CDMA2000 标准，中国联通采用的 WCDMA 标准，中国移动采用的 TD-SCDMA 标准。表 2.4 比较了 WCDMA、TD-CDMA、CDMA2000 和 TD-SCDMA 3 种不同的标准。

表 2.4 WCDMA、TD-CDMA、CDMA2000 和 TD-SCDMA 的比较

制　　式	WCDMA	CDMA 2000	TD-SCDMA
继承基础	GSM	窄带 CDMA(IS-95)	GSM
双工方式	FDD	FDD	TDD
码片速率	3.84Mbps	1.2288Mbps	1.28Mbps
信道编码	卷积码、Turbo 码	卷积码、Turbo 码	卷积码、Turbo 码
支持数据率	最高为 14.4Mbps	最高为 9.3Mbps	最高为 2.8Mbps
业务特性	适合对称业务	适合对称业务	支持非对称业务
全球漫游	80%的 3G 用户，46 个国家	与 GSM 不兼容，84 个国家	几乎不能

(1) **W-CDMA 系统**

W-CDMA 是基于 GSM 的第三代移动通信技术，在欧洲电信标准局(ETSI)的文件中，它被称为 UTRA，包括 FDD 和 TDD 两种双工模式。WCDMA 是由日本无线电工商协会建立的 CDMA 方案与欧洲 ETSI 的 CDMA 方案融合而成，系统的核心网基于 GSM-MAP，同时通过网络扩展方式提供在基于 ANSI-41 的核心网上运行的能力。目前，有超过 110 个国家使用这种技术。

(2) **CDMA2000 系统**

CDMA2000 是美国 TIA TR45.5 提出的 RTT 方案，它是在 CDMAOne 技术的基础上演进变化而来的。CDMA2000 与现有的 TIA/EIA-95-B 标准后向兼容，并可与 IS-95B 系统的频段共享或重叠，因此 CDMA2000 系统可在 IS-95B 系统的基础上平滑地过渡、发展，并保护已有的投资。

(3) **TD-SCDMA 系统**

TD-SCDMA 空中接口的主要思想是为 IMT—2000 设计一个全新的系统，不受已经商用化系统的束缚，以考虑使用 20 世纪 90 年代最新技术为出发点，其标志是提出并引入了 SWAP 同步无线接入信令和采用了接力切换方式，结合了智能天线、同步 CDMA、软件无线电及全质量语音压缩编码技术。

需要说明，每种标准包含一系列的技术、专利、提案和解决方案的组合，并不仅仅是指接入技术不同，仅是以此来命名。

4. 第四代移动通信系统 4G

LTE(Long Term Evolution，长期演进)，以 OFDM、MIMO 为关键技术，网络结构更加扁平化。LTE 网络有能力提供 300Mb/s 的下载速率和 75Mb/s 的上传速率，能够快速传输高质量数据、音频、图像和视频等，以及其他多媒体网络应用。主要有 TD-LTE 和 FDD-LTE 两种标准。

FDD(Frequency Division Duplexing)是频分双工，有两个独立的信道，一个用来向下传送信息，另一个用来向上传送信息。两个信道之间存在一个保护频段，以防止邻近的发射机和接收机之间产生相互干扰。

TDD(Time Division Duplexing)是时分双工，发射和接收信号是在同一频率信道的不同时隙中进行的，彼此之间采用一定的保证时间予以分离。

5. 第五代及以后移动通信系统 5G/B5G

面向未来的第五代移动通信(5G)已成为全球研发。移动互联网和物联网业务将成为移动通信发展的主要驱动力。5G 将满足人们在居住、工作、休闲和交通等各种区域的多样化业务需求。2015 年完成国际标准前期研究，2016 年开展 5G 技术性能需求和评估方法研究，2017 年年底启动 5G 候选方案征集，2020 年年底前完成标准制定。

一般认为，5G 的应用需求为：

① 超高数据率的移动带宽，甚至达到 Gb/s；

② 海量连接，手机和计算机、可穿戴设备、智能电表、停车计费表、智能家电、智能生产线、农业基地等传感设备；

③ 关键业务控制，高速、无人车、无人机、应急通信等。

更多面向 5G 的无线通信技术(例如，大规模天线技术、新型多址技术、超密集组网、高频段接入等)知识的介绍，将在第 6 章介绍。

2.5 其他无线通信系统

2.5.1 微波与卫星通信

1. 数字微波系统

微波是电磁波频谱中无线电波的一个分支，它是频率高、波长短的一个无线电波段，通常它是指频率范围在 300MHz～3000GHz 之间或波长范围在 1m～0.1mm 之间的无线电波。在微波波段中，通常又再划分为分米波、厘米波、毫米波和亚毫米波，其中厘米波是目前发展最成熟、应用最广泛的波段，故常被称为典型微波。

地面微波接力通信。微波在自由空间是以直线传播的，而地球是个椭球体，地面是个椭球面，两地距离大于可视距离(50km)，就很难接收到对方发来的微波信号了。此外，微波在空间传播过程中，能量不断受到损耗，相位也发生变化。因此，对于视距微波通信，点对点的传输距离不能太远，以获得比较稳定的传输特性。为了实现地面远距离通信，每隔 50km 左右需要设置一个微波中继站(通常以 46km 为标准段)。中继站将前一站传来的信号处理后转发到下一站，这样一个站接一个站地传递下去，直到终端站，构成一条中继通信线路，称为微波接力通信。

微波卫星通信是一种特殊的微波接力通信系统，它的中继站设在离开地面 36 000km 的高空中。该系统的通信卫星运行方向与地球自转方向一致，围绕地球一周的时间为 24h。因此，从地球上看运行的通信卫星是相对静止的，称为同步通信卫星。通信卫星上设有微波转发设备，它接收地面站发射来的微波信号，经变频放大等处理再转发给另一个地面站，完成中继通信。

2. 卫星通信

卫星是指在围绕行星的轨道上运行的天然天体或人造天体，如月球是地球的卫星。通信所用的卫星是指人造地球卫星。

卫星通信是指以人造地球卫星作为中继站，转发无线电波，在两个或多个地球站之间进行的通信。卫星通信是在微波通信和航天技术基础上发展起来的无线通信技术，其无线电波频率使用微波频段（300MHz～300GHz，即波段 1m～1mm）。利用人造地球卫星在地球站之间进行通信的通信系统，则称为卫星通信系统，如图 2.10 所示。用于实现通信目的的人造卫星称为通信卫星，其作用相当于离地面很高的中继站。可以认为，卫星通信是地面微波中继通信的继承和发展，是微波接力向太空的延伸。

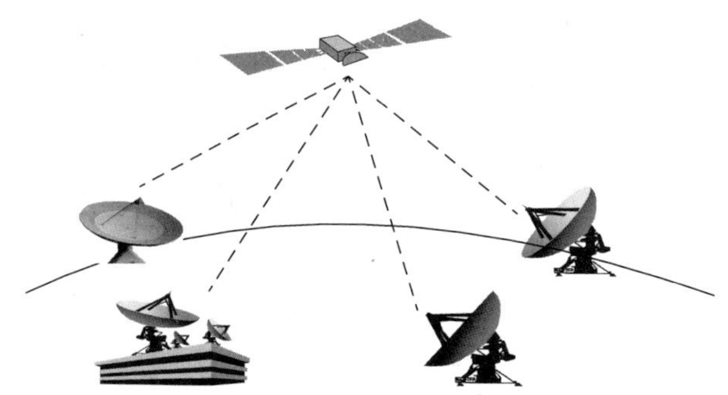

图 2.10 卫星通信系统

与其他通信手段相比，卫星通信具有以下特点：

① 通信距离长，成本与通信距离无关；

② 覆盖面积大，可进行多址通信；

③ 通信频带宽，传输容量大；

④ 通信链路稳定可靠，传输质量高；

⑤ 灵活机动。

移动卫星通信（Mobile Satellite Service MSS）又称为卫星移动通信，是指移动用户间或移动用户与固定用户间通过卫星转接实现的相互通信。移动卫星通信系统以 VSAT 和地面蜂窝移动通信为基础，结合空间卫星多波束技术、星载处理技术、计算机和微电子技术，将通信终端延伸到地球的每个角落，可以实现“世界漫游”，从而使电信业发生质的变化。因此，它也可以看成是陆地移动通信系统的延伸。近年来，移动卫星通信系统的研制和开发取得了很大的进展。表 2.5 给出了移动卫星通信系统 LEO、HEO、MEO、GEO 的参数对比。

表 2.5 不同轨道高度的移动卫星通信系统星座参数

类　型	LEO	HEO	MEO	GEO
倾角/(°)	85～95(近极轨道) 45～60(倾斜轨道)	63.4	45～60	0
高度/km	500～2000 或 3000 (多数在 1500 以下)	低：500～20 000 高：25 000～40 000	约 2000 或 3000～20 000	约 35 786
周期/h	1.4～2.5	4～24	6～12	24
星座卫星数/颗	24 至几百	4～8	8～16	3～4
覆盖区域	全球	高仰角覆盖北部高纬度国家	全球	全球(不包括两级)
单颗卫星覆盖地面/%	2.5～5		23～27	34
传播延迟/ms	5～35	150～250	50～100	270
过顶通信时间	1/6	4～8	1～2	24
传播损耗	比 GEO 低数十分贝		比 GEO 低 11dB	
典型系统	Iridium，Globalstar，Orbcomm，Teledesic	Molniya，oopus，Archimedes	Odyssey，ICO	Inmarsat，MSAT Mobilesat

另外，卫星导航也是卫星通信的一个重要功能。GNSS(Global Navigation Satellite System)即全球导航卫星系统，是所有在轨工作的卫星导航定位系统的总称。目前，GNSS主要包括全球定位系统、全球导航卫星系统、北斗卫星导航系统、广域增强系统、欧洲静地卫星导航重叠系统、星载多普勒无线电定轨定位系统、精确距离及其变率测量系统、准天顶卫星系统、静地卫星增强系统，以及卫星导航定位系统和印度区域导航卫星系统。

2.5.2 短距离无线通信

目前，学术界和工程界对短距离无线通信网络尚未有一个严格的定义。一般来说，短距离无线通信的主要特点为通信距离短，覆盖距离一般在 10～200m。另外，短距离通信无线发射器的发射功率较低，一般小于 100mW，工作频率多为免费和免申请的全球通用的工业、科学、医学(Industrial，Scientific and Medical，ISM)频段。短距离无线通信技术的范围也很广，在一般意义上，只要通信收发双方通过无线电波传输信息，并且传输距离限制在较短的范围内，通常是几十米以内，就可以称为短距离无线通信技术。

低成本、低功耗和对等通信，是短距离无线通信技术的三个重要优势。低功耗是相对其他无线通信技术而言的，它与通信距离短这个先天特点密切相关。由于传播距离短，遇到障碍物的概率也小，发射功率普遍都很低，通常在 1mW 量级。对等通信是短距离无线通信的重要优势，有别于基于网络基础设施的无线通信技术。终端之间对等通信，无须网络设备进行中转，因此空中接口设计和高层协议都相对简单，无线资源的管理通常采用竞争的方式(如载波监听)。

从数据速率上看，短距离无线通信技术可分为高速短距离无线通信和低速短距离无线通信两类。高速短距离无线通信的最高数据速率高于 100Mb/s，通信距离小于 10m，典型技术有高速 UWB；低速短距离无线通信的最低数据速率低于 1Mb/s，通信距离小于 100m，典型技术有 Zigbee、低速 UWB 和蓝牙。

1. 蓝牙技术

蓝牙不是一种用于远距离通信的技术，它是低成本、短距离的无线个人网络传输(Wireless Personal Area Network，WPAN)应用，其主要目标是提供一个通用的无线传输环境，通过无线电波实现所有移动设备之间的信息传输服务。这些移动设备包括手机、计算机、数码相机、打印机，等等。具体来说，蓝牙的目标是提供一种通用的无线接口标准，用微波取代传统网络中错综复杂的电缆，实现蓝牙设备间方便快捷、灵活安全、低成本、低功耗的数据和语音通信。蓝牙载频选用 2.45GHz ISM 频带，在全球都可用。

蓝牙收发设备采用跳频扩频(Frequency Hopping Spread Spectrum，FHSS)技术。根据蓝牙规范 1.0B 规定，在 2.4～2.4835GHz 之间的 ISM 频带上以 1600 跳/s 的速率进行跳频，可以得到 79 个 1MHz 带宽的信道。跳频技术的采用使得蓝牙链路具备了更高的安全性和抗干扰能力。除采用跳频扩频低功率传输外，蓝牙还采用了鉴权和加密等措施，以进一步提高通信的安全性。

2. WiFi 技术

WiFi(Wireless Fidelity，无线保真)是一种无线局域网，通常是指符合 IEEE 802.11b 标准的网络产品，是采用无线接入手段的局域网解决方案。WiFi 的主要特点是传输速率高、可靠性高、网络建设快速便捷、可移动性好、网络结构灵活和组网价格较低等。

与蓝牙技术一样，WiFi 同属于短距离无线通信技术。尽管 WiFi 技术在数据安全性方面不如蓝牙技术，但它的电波覆盖范围方面却更为出色，可达 100m 左右，能满足家庭、办公室和小型会场的覆盖需求。

3. RFID 技术

射频识别 RFID 也是一项重要的近距离无线通信技术，它是一种非接触式自动识别技术，单台设备不兼具收发功能。RFID 采用电感或电磁耦合的方式，实现对物品的自动识别。典型的 RFID 系统由电子标签、读写器和信息处理器组成。电子标签和读写器完成信息采集，信息处理器完成数据分析工作。RFID 在制造业、物流运输、医疗设备和零售业都有着重要应用。

4. 红外 IrDA 技术

红外线数据协会(Infrared Data Association，IrDA)成立于 1993 年，是致力于建立红外线无线连接的非营利组织。起初，采用 IrDA 标准的无线设备仅能在 1m 范围内以 115.2kb/s 的速率传输数据，很快发展到 4Mb/s 的速率，后来速率又达到 16Mb/s。

IrDA 技术是一种利用红外线进行点对点通信的技术，它也许是第一个实现无线个人局域网(PAN)的技术。目前，IrDA 的软硬件技术都很成熟，在小型移动设备上广泛使用，其中许多手机、计算机和打印机等产品都支持 IrDA 技术。

IrDA 的主要优点是无须申请频率的使用权，红外通信成本低廉。它还具有移动通信所需的体积小、功耗低、连接方便、简单易用的特点。由于数据传输率较高，适于大容量的文件和多媒体数据传输。此外，红外线还具有发射角度较小、传输安全性高的特点。

5. 超宽带 UWB 技术

超宽带技术(Ultra Wideband，UWB)是一种通过基带脉冲作用于天线的方式发送数据的无线通信技术。脉冲采用脉位调制(Pulse Position Modulation，PPM)或二进制移相键控(Binary Phase Shift Keying，BPSK)调制。UWB 被允许在 3.1～10.6GHz 的波段内工作，主要应用在小范围、高分辨率，能够穿透墙壁、地面和身体的雷达和图像系统中。此外，这种技术适用于对速率要求非常高（大于 100Mb/s）的局域网或个域网。

6. ZigBee 技术

ZigBee 与蓝牙类似，它使用 2.4GHz 波段，采用跳频技术。与蓝牙相比，ZigBee 更简单，速率更慢，功率及费用也更低。它的基本速率是 250kb/s，当降低到 28kb/s 时，传输范围可扩大到 134m，并获得更高的可靠性。此外，ZigBee 可与 254 个节点联网，比蓝牙能更好地支持游戏、消费电子、仪器和家庭自动化应用。预计，ZigBee 能在工业监控、传感器网络、家庭监控、安全系统等领域继续拓展应用。

第3章 光纤通信基础

CHAPTER 3

光纤通信是以光波为携带信息的载波，以光导纤维(Optical Fiber，简称光纤)为传输媒介实现信息传输的一种通信方式。自20世纪70年代初第一批低损耗光纤问世以来，光纤通信以惊人的速度由实验阶段进入实用阶段，随即广泛地应用于各通信产业，其发展速度和应用规模是其他通信方式所无法比拟的，现在光纤通信已成为所有大容量、高速率通信系统的最佳技术选择。

目前，无论是电信骨干网还是用户接入网，无论是陆地通信网还是海底光缆网，都用到光纤通信。生活中，看电视、打电话、上网等的信息传输，也都离不开光纤通信。光纤通信已经广泛应用到通信、广播、电视、电力、医疗卫生、测量、自动控制、航天、商业专用网等诸多领域，几乎是无处不在，无时不用。美、日、英、法等20多个国家和地区已宣布不再建设电缆通信线路，而致力于发展光纤通信。

本章将对通信系统的基本概念、光纤通信的基本知识、光纤的结构和信号传输、光纤通信系统的功能模块、光纤通信网络等内容进行简单介绍。

3.1 通信系统的基本概念

1. 通信系统的基本组成

在日常的工作和生活中，我们每天都要接触和使用大量的现代通信系统和通信媒介，例如，最常见的用手机打电话、网上购物、交流信息、看电视、听广播等。通信系统的作用，是将形成消息的信源信息发送到一个或多个目的地，消息的形式可以是符号、文字、语音、音乐、图片、活动图像等。实际上，基本的点对点通信，都是将发送端的消息通过某种信道传递到接收端。一般情况下，通信系统可以用图3.1所示的模型加以概括。

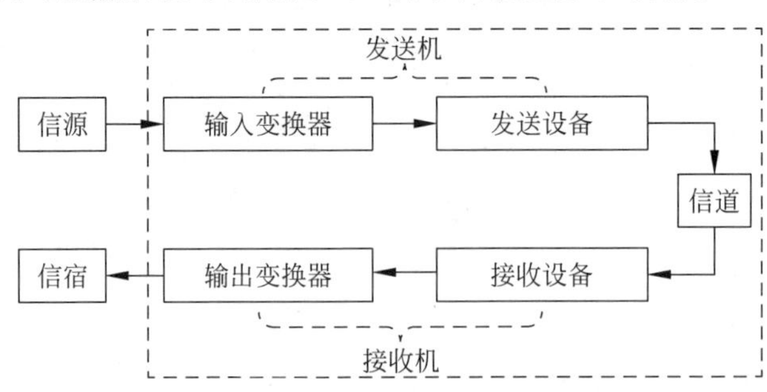

图3.1 通信系统的基本组成

由图 3.1 可以看出，通信系统的核心由三个部分构成，即发送机、信道和接收机。以更广为熟知的电通信系统为例，介绍通信系统这三个基本组成部分的功能。

（1）**发送机**

发送机包括输入变换器和发送设备两部分。输入变换器通常用于将信源的输出消息变换成原始电信号（或称为消息信号），例如，用作变换器的话筒可以将语音信号变换为电信号，而摄像机则将图像信号变换为电信号。发送设备将原始电信号变换成适合在信道中传输的形式，再送入信道中进行传输。例如，在无线电和电视广播中，美国联邦通信委员会(FCC)指定了各个发射台的频率范围，因此发送设备必须将原始电信号转换到合适的频率范围去发送，以便与分配给此发送机的频率相匹配，从而由多个无线电台发送的信号就不会彼此干扰。

（2）**信道**

信道是指信号传输的通道，是一种物理介质，用于将来自发送机的信号发送到接收机。在无线传输中，信道通常是大气层（自由空间）；在光纤通信中，信道是光纤（光缆）。而一个通信过程可能会用到多种信道，例如打电话时，可能用到多种物理介质，包括自由空间、电线、光缆等。

（3）**接收机**

接收机包括接收设备和输出变换器两部分，接收设备从接收信号中恢复出相应的消息信号，送到输出变换器变换成适合信宿的形式，使得信宿得到要传递的信息。

上述内容概括地反映了通信系统的功能，而实际的通信系统还需要考虑很多的问题。例如，发送机需要通过调制过程，实现消息信号与信道上载波信号的匹配，通常调制是使用消息信号来系统地控制改变载波的振幅、频率或相位分量，形成载波信号，这三种调制方式即为幅度调制（AM）、频率调制（FM）、相位调制（PM）。再如，信号在信道中传输时，会伴有一定的噪声引入、功率衰减、色散等现象，这些都会引起传输信号质量的恶化，降低通信系统的性能。噪声是如何产生的？信号功率衰减、色散是由哪些因素引起的？现代通信系统中有什么解决方案应对这些信号恶化？这些与通信系统相关的内容都可以在《通信原理》专业课上得到更深入的答案，这里不再赘述。

2. 模拟信号和数字信号

数字时代、数字电视，这些词语大家耳熟能详，其中的“数字”即是现代通信系统中应用最为广泛的一种信号形式。通信传输的消息是多种多样的，大致上可以分为两类：一类称为离散消息，也叫作数字消息，是指消息的状态是可数的或者离散的，比如符号、文字、数据等；另一类称为连续消息，也叫作模拟消息，是指其状态连续变化的消息，比如图像、连续变化的语音、曲线等。

由图 3.1 的通信过程可知，消息和信号之间必须建立单一的对应关系，将信号送到通信系统中发送、传输、接收，才能复制出原来的消息。通常，消息被载荷在信号的某一参量上，如果信号参量携带着离散消息，则该参量必然是离散取值的，这种参量取值在时间上不连续、离散的信号，称为数字信号。如果信号的参量连续取值，则称其为模拟信号。按照信道中传输的是模拟信号还是数字信号，可以相应地把通信系统分为两类：模拟通信系统和数字通信系统。

应当指出，模拟信息分布于自然界的各个角落，如温度变化趋势、连续的山峰、连续的曲调等；而数字信号，例如 1 和 0 变换的二进制码，在信道中传输时具有抗干扰能力强、便于加密处理、设备便于小型化、集成化等优点。因此，现代通信中最常用的数字通信系统，一般是先将模拟信号通过采样、量化变换为数字信号，经数字通信方式传输后，在接收端再进行数字-模拟变换，还原出模拟信号。

3. 通信系统分类

通信系统具有不同的分类方法。按照消息的物理特征不同，通信系统可以分为语音通信系统、数据通信系统、图像通信系统；按照信号的特征分类，可以分为模拟通信系统和数字通信系统；按照是否调制分类，可以分为基带传输系统和频带传输系统；按照信道传输媒介的不同，可以分为有线通信系统和无线通信系统，其中有线通信系统又可以分为光纤通信、电缆通信等。

3.2 光纤通信的基本概念

光纤通信是以光纤为传输媒介，以光波为携带信息的载波的通信系统。如果将光纤通信设想为高速公路运输系统，传输的信息比作“货物”，那么，光纤就可以理解为“高速公路”，载波信号光波，就是高速公路上奔跑的“运输车”。

为什么要用光波作为载波来传输信息呢？这是因为，光波是频率极高的电磁波，一般光纤通信中的光波属于红外光区域，频率在 10^{14} Hz(100THz)量级，依据香农公式“在被高斯白噪声干扰的信道中，信道容量与信道带宽成正比”，因此工作在高频段的光纤具有很大的通信容量，在传输容量需求急剧增加的现代通信中得到广泛应用。

目前，单根光纤上可传输的信号总容量已经达到 100Tb/s，商用系统中已经广泛采用的单信道传输容量达到 40Gb/s。一般语音信号的频率范围为 300～3400Hz，对其进行脉冲编码调制(PCM)实现模拟-数字转换后，数字语音信号的信号速率为 64kb/s(具体原理和过程将在《数字信号处理》《通信原理》等课程中讲解)。因此理论上，单根光纤可以同时传输几十亿路语音信号。图 3.2 为光缆的结构示意图，一般一根光缆包括有若干根光纤，其传输容量更是巨大。

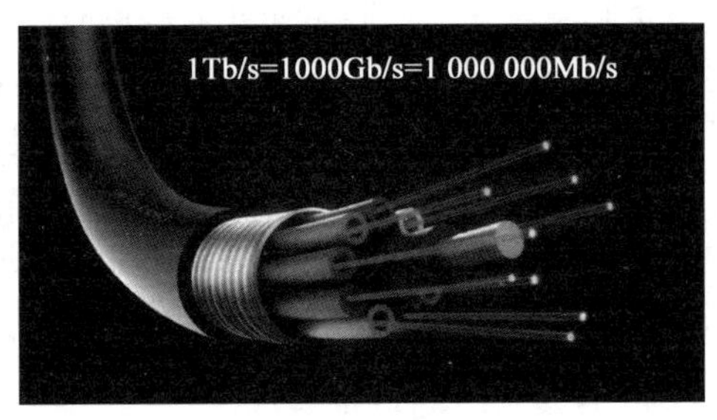

图 3.2　光缆的结构示意图

3.2.1 光纤通信简史

广义地说，以光波作为载体来传递信息进行光通信，并不是什么新鲜事。早在公元前 2000 多年，“周幽王烽火戏诸侯”故事中的烽火台，就是一种古老的光通信设备，各地诸侯通过看见烽火台上点燃的烟火，获得有敌人入侵的信息，从而领兵救援国都，如图 3.3 所示。此外，从古代沿用至今的旗语、灯光和手势等，都可以看作是某种形式的光通信。但是，这些依赖可见光信号传递信息的方法不仅较为简单，容易受外界因素(如阳光、雾和雨雪天气等)的影响，同时信息的内容也极为有限且不可靠，信息传输的有效距离非常短。

图 3.3　广义光通信示例

1880 年，贝尔(A. G. Bell)发明了光电话，这被认为是现代意义上光通信的起源。如图 3.4 所示，贝尔利用弧光作为光源，弧光灯发出恒定亮度的光束并投射在送话器的薄膜上；薄膜随发送端的话音而振动，使反射光的强弱随着话音的强弱作相应的变化，从而使话音信息“承载”在光波上(这个过程叫调制)。在接收端装有一个大型的抛物面反射镜，它把经过大气传送过来的载有话音信息的光波反射到硅光电池上，硅光电池将光能转换成电流(这个过程叫解调)，电流再送到受话器还原出原始语音，就完成了发送和接收的过程。

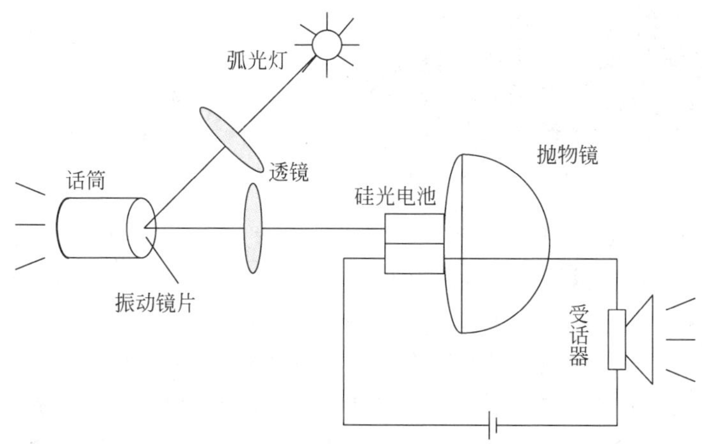

图 3.4　贝尔发明的光电话示意图

贝尔发明的光电话提供了最基本的光通信的雏形，但自此之后的相当长一段时间内，光通信技术的进展非常缓慢，始终未能成为通信系统中的主流技术。究其原因，一方面贝尔光电话和烽火报警一样，都是利用大气作为传输媒介，而可见光在大气中传输损耗很大，无法实现长距离传输；另一方面，贝尔使用的光源是热辐射源，其发出的光是非相干光，单色性和方向性差且调制困难。随着研究的不断深入，人们注意到实用化的光通信主要面临两个问题：一是寻找合适的光源，二是探寻对光信号具有良好传输性能的媒介。

1960 年，美国人希尔多·梅曼(Theodore H. Maiman)发明了第一台红宝石激光器，人们注意到，这种谱线很窄、方向性极好、频率和相位都高度一致的相干光——激光可以作为光通信理想的光源。之后氦氖激光器、二氧化碳激光器、染料激光器等相继被发明并投入使用，给光通信带来了新的希望。但是由于这些激光器存在体积大、功耗大等缺点，同时以大气为传输媒介受气候影响很大，光通信的发展仍然受到制约。

那么能不能找到一种介质，就像电线电缆导电一样来传光呢？古代希腊从吹玻璃工匠那观察到，光可以从玻璃棒的一端传输到另一端。1930 年，有人拉出了石英细丝，人们称之为光导纤维（简称光纤）或光纤波导，并论述了它传光的原理。但那时科学家们的主要研究方向是通过光纤进行图像传输，比如医学窥镜、用于军事的可弯曲潜望镜等，而且当时的光纤传输性能比较差，传输损耗非常严重。1950 年前后，印度裔科学家 N. S. Kapany 展示了带有包层的光纤，这使得图像在光纤中的传导效果大大提升。1956 年，科学家们研制出了可弯曲的光纤内窥镜，在研制过程中，同是这个研究组的成员 Lawrence E. Curtiss，制造出了第一根采用玻璃为包层的光纤（见图 3.5）。光纤发展至此，无论在结构上还是在材质构造上，与现在使用的光纤基本一致了。

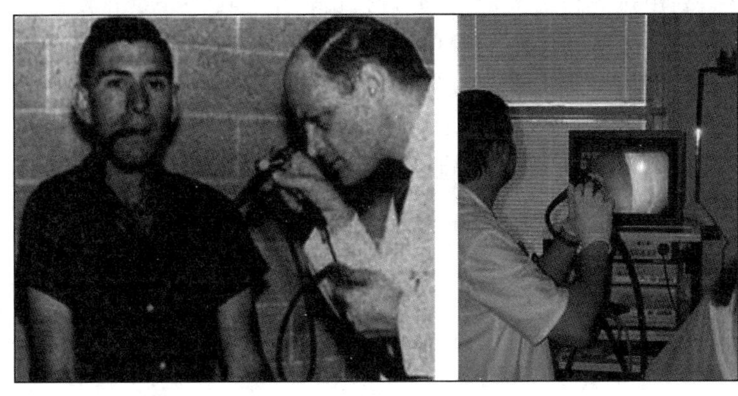

图 3.5 内窥镜的过去与现在

但直到 20 世纪 60 年代，用当时最好的光学玻璃做成的光学纤维其损耗也高达 1000dB/km。进行单位换算之后，损耗为 1dB/m，即信号每传输 1m 的距离，其能量就损耗掉约 20%，无法将光纤应用于长距离通信。

1966 年，在英国标准电信实验室工作的华裔科学家高锟（C. K. Kao）和 G. A. Hockham 发表了具有历史意义的关于通信传输新介质的论文，指出光纤材料的高损耗是由其中的杂质离子引起的，如果将材料中的金属离子含量的比重降低到 10^{-6} 以下，光纤损耗就可以减小到 10dB/km。高锟推断出，高纯度的石英玻璃是制造可用于实现光通信的光纤的首选材料，当玻璃纤维的衰减率低于 20dB/km 时，光纤通信即可成功，这为光纤通信迈向实用化奠定了重要的理论基础。2009 年，高锟以在“有关光在纤维中的传输以用于光学通信方面”取得的突破性成就获得诺贝尔物理学奖，被誉为“光纤通信之父”（见图 3.6）。

在高锟理论的指导下，1970 年美国康宁公司（Corning）采用超纯石英为基本材料，成功研制出了第一根损耗系数低于 20dB/km 的光纤。在光纤制造工艺有了重大突破的同一年，美国贝尔实验室和日本 NEC 公司先后研制成功了可以在室温下连续振荡的半导体材料为核心的半导体激光器，为光纤通信找到了合适的光源。因此，1970 年，被认为是光纤通信实用化的开始。自此，光纤通信进入了一个蓬勃发展阶段。

在光纤研制方面：1972 年，美国康宁公司将光纤损耗系数降到了 4dB/km。1973 年，美国贝尔实验室发明了低损耗光纤制作法——改进的化学气相沉积法（MCVD），使光纤损耗

图 3.6 “光纤通信之父”高锟——2009 年诺贝尔物理学奖获得者

降到了 1dB/km。1976 年，日本把光纤的损耗降低到 0.5dB/km。1979 年，日本制造出了损耗系数为 0.2dB/km 的超低损耗光纤。

在激光器光源方面：1972 年，日本 NTT、美国贝尔实验室研制成功了 InGaAsP 长波长激光器。1976 年，贝尔实验室研制成功了室温下外推寿命为 100 万小时的 GaAlAs 激光器，为光纤通信的商用化奠定了基础。1979 年，美国和日本先后研制出工作波长为 1550nm 的半导体激光器。

在光纤通信系统方面：1976 年，美国首先成功进行了系统容量为 44.736Mb/s，传输距离为 10km 的光纤通信系统现场实验。1980 年，第一个多模光纤通信系统投入商用。随后数年，日本、美国、英国等国家开始兴建光纤干线通信系统。

光纤通信开始进行实用化之后，大致经过了以下几个阶段：

第一代光纤通信系统在 20 世纪 70 年代末投入使用，多为工作波长 850nm 的多模光纤通信系统。光纤的损耗系数典型值为 2.5～4.0dB/km，系统容量最高为 34～45Mb/s，中继距离为 8～10km。随后，工作波长为 1310nm 的多模光纤通信开始投入使用，光纤损耗系数下降到 0.55～1.0dB/km，系统容量达到 140Mb/s，中继距离为 20～30km。

第二代光纤通信系统在 20 世纪 80 年代中期投入使用，多为工作波长为 1310nm 的单模光纤通信系统。光纤损耗系数典型值为 0.3～0.5dB/km，商用系统的最高传输容量可达 140～565Mb/s，中继距离约为 50km。

第三代光纤通信系统在 20 世纪 80 年代后期投入使用，是工作波长为 1550nm 的单模光纤通信系统。光纤损耗系数进一步下降到接近 0.25dB/km，传输速率达 2.5～10Gb/s，中继距离可超过 100km。

第四代光纤通信系统在 20 世纪 90 年代投入使用，至今应用，普遍采用了光放大器来增加中继距离，同时采用波分复用/频分复用（WDM/FDM）技术来提高传输速率。目前商用系统中单信道最高传输容量可达 40～100Gb/s，系统总传输容量可达到 1.6Tb/s，而在实验室中最高的系统容量已经达到 100Tb/s。

从光纤通信技术的发展趋势和特点来看，光纤通信将会在超大容量超长距离传输、灵活组网、宽带接入和全光通信等方面获得进一步发展。光纤通信系统的每个模块、每个环节涉及的技术，都为了这个趋势在精益求精，因此衍生出更为庞大复杂的光纤通信技术领域，例如波分复用系统 WDM、同步数字体系 SDH、无源光网络 PON、光交换技术、超强 FEC 纠错技术、电子色散补偿技术、偏振复用相干检测技术、光孤子通信、量子光通信等。这些内容，将在后续的光纤通信课程中进行深入讲解。

3.2.2 光纤通信系统组成

与电通信系统一样，光纤通信系统的基本功能是将来自信源的信息可靠地发送到信宿端的相应设备。图 3.7 给出了光纤通信系统的基本组件。最关键的部分包括：由光源及其驱动电路组成的光发送机；由光检测器和放大电路、信号恢复电路组成的光接收机；传输光信号的成缆光纤；以及一些附加的元器件如光放大器、连接器、耦合器等。

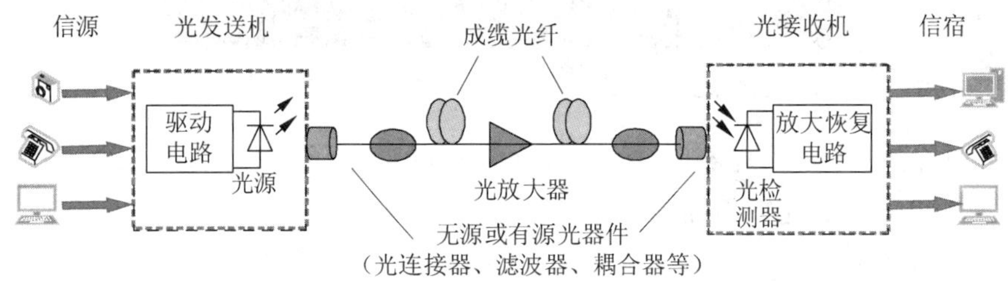

图 3.7 光纤通信系统的基本组成示例

在发送端，发送电端机将来自电话、计算机等的信源信息变为电信号，然后送入光发送机，使光发送机的光源发出携带信息的光信号(调制)，并把已经调制的光波信号耦合送入光纤中进行传送。经光纤长距离传送后，光信号会受到光纤损耗和色散等的影响而产生畸变，为了保证长距离可靠传输，系统中间可配置光中继器或光放大器对信号进行放大、处理。光信号传送到接收端，耦合进入光接收机，由光接收机中的光检测器把光信号转换为携带信息的电信号，经过放大、均衡、判决等过程恢复成与发送端一致的信号，送到接收端还原成原始的各种业务信号，送到相应的信宿设备。

3.2.3 光纤通信的特点及应用

在光纤通信系统中，作为载波的光波频率比电波频率要高得多，而作为传输介质的光纤又比同轴电缆损耗低得多，因此光纤通信具有很多独特的优点。

① **频带宽、传输容量大**。在光纤中传输的载波光波属于近红外线范围，其典型的工作波长覆盖了 1310～1625nm 区域，有着极高的信号频谱带宽，因此光纤通信的传输容量很大。另一方面，在一根光缆中容纳数百根甚至数千根光纤的高密度光纤技术、同一根光纤中具有多个纤芯的多芯光纤技术、波分复用技术等，使得光纤通信系统的传输容量更是成倍增加。

② **传输损耗小、中继距离长**。电缆的损耗一般在几分贝到十几分贝，而最常用的标准单模光纤在 1310nm 波长窗口的典型损耗系数为 0.35dB/km，在 1550nm 波长窗口的典型损耗系数约为 0.2dB/km，光纤中的信号损耗远小于电缆中的损耗，因此光纤通信系统中的中继距离可以很长。现阶段使用较多的单信道传输速率为 10Gb/s 的光纤通信系统，其典型的中继距离可达 100km，若采用光纤放大器和色散补偿光纤等，中继距离还可增加。

③ **信号泄露小、保密性好**。现代侦听技术已能做到在离同轴电缆几千米以外的地方窃听电缆中传输的信号,保密性不高。由于光纤传输的特殊机理,在光纤中传输的光信号向外泄漏的能量非常微弱,难以被截取或窃听,同时没有专用的特殊工具,光纤是不能分接的,因此信息在光纤中传输比较安全。

④ **抗电磁干扰性能好**。光纤主要是由电绝缘的石英材料制成,它不易受外界各种电磁场的干扰,包括强电、雷击和磁场变化等都不会显著影响光纤的传输性能。因此,光纤通信在电力输配、雷击多发区、核试验、煤矿、油田等易燃易爆环境中应用更能体现其优越性。

⑤ **节省有色金属**。制造传统的电缆需要消耗大量的铜和铅等有色金属,这些金属材料在地球上的储量是有限的,而制造光纤的石英(主要成分为 SiO_2)原材料丰富而便宜,几乎取之不竭。

⑥ **体积小、重量轻、敷设方便**。光纤的主要材料是介质,而光缆的构成元件中金属加强件的重量也比其他通信电缆的重量轻得多,因此光缆的单位长度重量很轻。同时光缆的外径较小,传统的敷设电缆的管道中可以敷设多根光缆,可以充分利用地下管道资源。

总之,由于光纤通信中,光纤是用具有极好电绝缘性的石英玻璃和塑料制成的,而且载波光信号频带宽、传输容量大、不易泄露,因此在很多场合得到广泛应用。光纤通信的典型应用场合包括:

① **通信网**。主要包括遍及全球的电信网和 Internet 中做语音和数据通信的骨干传输网,包括国际间的海底和陆地光缆系统、各国的骨干公共电信网、覆盖城市及其郊区的城域网等。

② **计算机网络**。主要包括连接不同规模的用户局域网、数据中心、存储局域网等的交换机、路由器和服务器等,构成高速的计算机通信链路。

③ **有线电视网**。如数字交互式有线电视的干线传输和分配网、工业上使用的监控视频信号和自动控制系统的数据传输等。

④ **专用通信网**。包括电力、铁路、高速公路、煤炭开采等特殊应用场合的光纤通信系统。这些应用环境中,有的是极高电压环境,有的是由于安全因素不能采用金属导线,有的则需要抵御电磁场环境,光纤因其良好的物理和传输特性成为理想的传输介质。此外,在包括医疗(如各类内窥镜)和军事等应用场合中光纤也具有无可替代的优点。

3.3 光纤通信的“运输车”——载波光信号

通过 3.2 节对光纤通信的概述,了解到并不是任意频率的光波都可以用作光纤的载波的,哪些频率在光纤通信中可用?光纤通信能够迅速发展是因为光信号在光纤内传输时的损耗降低了,损耗系数的单位中分贝代表什么含义?本节将对这些基本概念进行简单介绍。

3.3.1 光频谱带

所有的电信系统都使用一定形式的电磁波传送信息,电磁辐射频谱如图 3.8 所示。根据不同的频谱特点和约定俗成的称谓,电磁波包括电力、无线电波、微波、红外光、可见光、紫外光、X 射线、γ 射线等,每部分的频带都构成电磁频谱的一部分。

不同频段的电磁波的物理性质可以用三个相关的参量来度量,包括一个周期波的长度

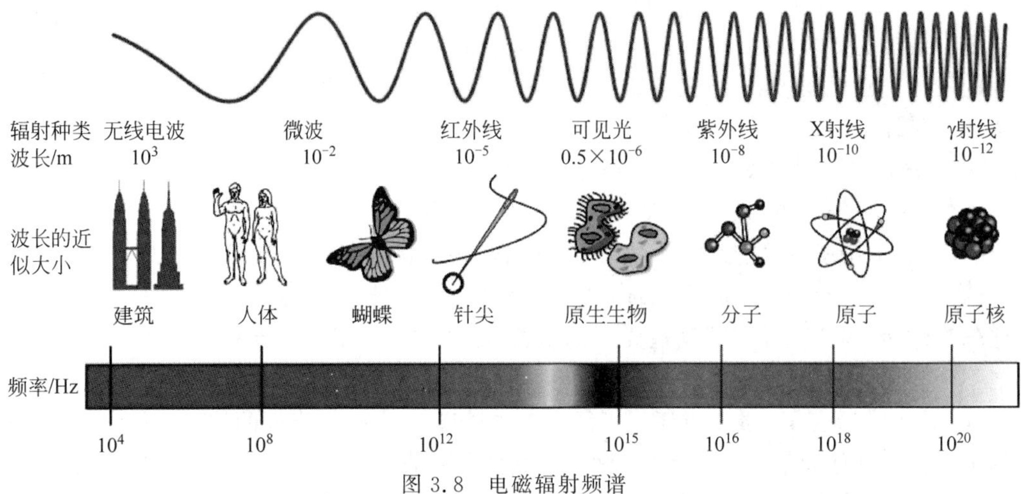

图 3.8 电磁辐射频谱

(波长)、波的振荡频率、波的能量。电通信中一般都使用频率来指定信号的工作频带,光通信中一般用波长来表征其频谱工作范围,而用光子能量或光功率描述其信号强度。

任意频率的电磁波在真空中传播时的速度都是光速 $c=3\times10^8\mathrm{m/s}$。真空中的光速度 c 是电磁波波长 λ 和其频率 f 之积,即

$$c=\lambda f \tag{3.1}$$

在光通信领域,光子能量与其频率之间的关系由普朗克定律确定,即

$$E=hf=hc/\lambda \tag{3.2}$$

其中,普朗克常数 $h=6.63\times10^{-34}\mathrm{J\cdot s}$。

从波长角度看,光谱范围大约在从紫外线区域的 10nm 到远红外区域的 1mm,其中 400～770nm 为可见光频段,光学通信常用近红外区域的 770～1675nm 作为工作频带。在光学通信的波段范围内,也根据应用和频带特性划分了很多区域。770～910nm 波段通常称为短波段,一般为多模光纤通信系统所用。国际电信联盟(ITU)在 1260～1675nm 之间命名了 6 个光纤通信工作频带,分别用字母 O、E、S、C、L 和 U 表示,如图 3.9 所示,其中 O 波段和 C 波段是单模光纤通信系统常用的两个波段。

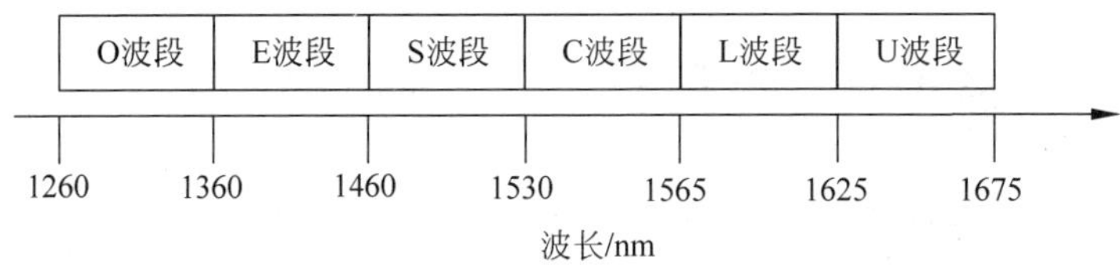

图 3.9 光纤通信所用的波段代号

为什么这几个波段是光纤通信的常用波段呢?前面讲过,光纤能够用于光通信的关键,是光纤对光信号的损耗降低到一定程度。光纤的一个最基本特性就是其衰减是波长的函数,图 3.10 给出了石英光纤随波长变化的衰减曲线。由图所示可以看出,在 850nm,1310nm 和 1550nm 附近共存在三个低损耗窗口,对应 770～910nm 的短波段、O 波段和 C 波段,因此这三个波段是光纤通信系统的三个主要的传统工作波段。

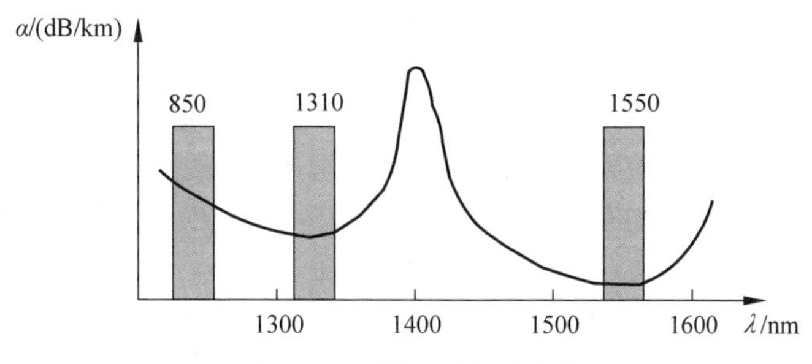

图 3.10　石英光纤衰减曲线

3.3.2　分贝单位

在设计或构建光纤通信线路时，一个重要的问题是在传输线路的每个组件和节点上确定、测量和比较光信号电平(光功率)，因此需要知道光发送机的光源的输出功率、光接收机的检测器能够检测到的最小功率以及传输线路中所有组件的功率损耗。

测量传输线路或者组件损耗的常用方法是比较其输入和输出信号电平。对于光纤来说，光信号强度通常随传输距离呈指数衰减，因此采用功率比的对数作为度量单位是比较恰当的，也就是用分贝(dB)。式(3.3)给出了分贝的定义。

$$\text{以分贝为单位的功率比} = 10\lg \frac{P_2}{P_1} \tag{3.3}$$

式中，P_1 和 P_2 为测量线路或组件的输入和输出光功率电平。

用分贝对数特性可以将很大的比值用比较简单的数据表示。例如，功率降低 1000 倍就是 −30dB 的损耗，50%的衰减就是 −3dB 的损耗，10 倍的放大就是 10dB 的增益。根据对数的数学特性可以知道，用分贝表示的另一个优点是在一系列光链路器件中，测量两个不同点之间的信号强度变化只需要进行加减法运算。

分贝值是一个比值或相对值，因而它不给出功率的绝对值，在光纤通信中特别常用的单位是分贝毫瓦(dBm)。用分贝毫瓦表示的功率电平的绝对值定义为式(3.4)。

$$\text{功率电平(dBm)} = 10\lg \frac{P(\text{mW})}{1\text{mW}} \tag{3.4}$$

3.4　光纤通信的传输媒介——光纤

光纤是光纤通信系统中的传输媒质，其材料、结构和传输性能直接影响了整个系统的性能。为了保证良好的通信质量，必须根据实际使用环境设计各种结构的光纤。本节将对光纤和光缆的结构、光纤的导光原理、传输特性等进行简单介绍。

3.4.1　光纤的结构和分类

1. 光纤的结构

现代通信用光纤的基本结构由三部分构成：纤芯、包层和涂覆层，其结构如图 3.11 所示。

① **纤芯**。主要构成材料是 SiO_2(石英)，一般会掺杂微量的掺杂剂，如 GeO_2(二氧化

储)，用以提高纤芯的折射率 n_1。通信用光纤的纤芯直径一般为 7～9μm(单模光纤)或 50～80μm(多模光纤)。

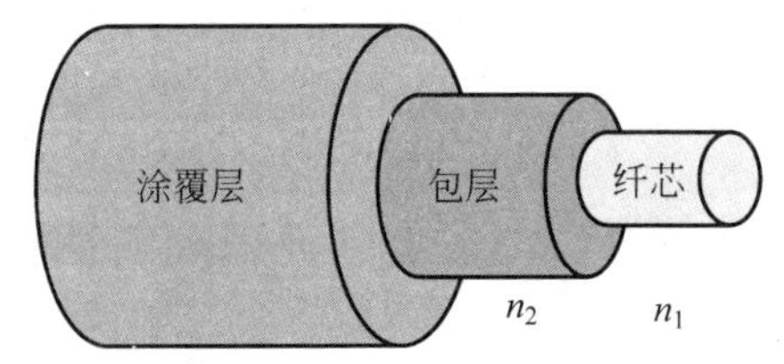

图 3.11 光纤的基本结构

② **包层**。一般采用纯 SiO_2(石英)，和纤芯在物理上是一个整体，包层的折射率 n_2 低于纤芯的折射率 n_1，用于把光能量限制在纤芯内。包层的外径一般为 125μm。

③ **涂覆层**。涂覆层采用环氧树脂、硅橡胶等高分子材料，主要目的是为光纤提供基本的物理及机械保护，去除涂覆层后的光纤称为裸光纤。实际应用中，为增强光纤的力学、物理性能，在涂覆层外还可以有二次涂覆层。具有一次涂覆层的光纤外径为 250μm，二次涂覆层的光纤外径为 900μm。

2. 光纤的分类

根据光纤结构、构成材料、传输模式等不同，光纤可以分成多种类型。

(1) 按照折射率分布

根据光纤横截面上折射率的径向分布情况，光纤可以分为阶跃折射率光纤(SI 型)和渐变折射率光纤(GI 型)。

① SI 型光纤：折射率在纤芯为常数 n_1，到包层突变为常数 n_2，且 $n_1>n_2$，看起来像是在纤芯和包层的交界处折射率呈阶梯形变化，如图 3.12(a)所示。

② GI 型光纤：纤芯折射率 n_1 在纤芯中心最大，随着半径增加按一定规律减小，到纤芯和包层的交界处减小为包层的折射率 n_2，如图 3.12(b)所示。

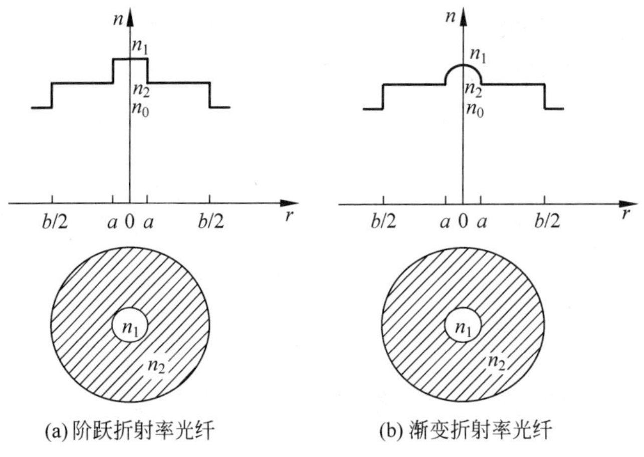

图 3.12 光纤的分类

(2) 按照光纤传导模式

所谓模式，实际上是电磁场的一种分布形式或分布规律，具有多个模式，即电磁场具有多种分布形式。根据光纤中光信号传输时的模式数量，可以分为单模光纤(SMF)和多模光纤(MMF)。

① 单模光纤：纤芯直径很小，一般为 7～9μm。单模光纤只能传输一个模式，即主模，没有模式间色散，因此传输频带很宽，传输容量较大，适用于大容量、长距离的光纤通信。单模光纤纤芯较细，需要采用激光器做光源，成本较高。

② 多模光纤：纤芯直径一般为 50～80μm，包层直径为 100～200μm。多模光纤在一定的工作波长下，可以有多个模式在光纤中同时传输，容易产生模式间色散，传输性能较差，带宽比较窄，传输容量较小，一般用于短距离、低速的光纤通信系统。多模光纤纤芯较粗，光源一般采用发光二极管，成本较低。

(3) 按照光纤构成材料

按照构成光纤的材料，可以分为石英光纤、硅酸盐光纤、卤化物光纤、塑料光纤和液芯光纤等。通信光纤中应用最普遍的是石英光纤，本书介绍的光纤通信体系也是在石英光纤的基础上给出的。

3.4.2　光缆的结构和分类

光纤的直径在微米量级，比头发丝还细，可以想象，在实际应用中光纤很难进行敷设，也极易受到外力、外物的影响，需要置入某种光缆结构中使用。光缆是依靠其中的光纤来完成传送信息的任务，因此光缆的结构设计必须要保证其中的光纤具有稳定的传输特性。同时，由于光缆多在野外或室外工作，施工敷设过程中要考虑很多的影响因素。例如，光缆可能会受到外力导致的弯曲、拉伸和扭曲变形；敷设在土壤和水下的光缆可能会受到酸性或碱性腐蚀；在特定的区域还可能受到白蚁或啮齿类动物的啃咬等。因此，光缆必须具有足够的机械强度以及相应的抗化学性和抗腐蚀性，为了便于施工维护和降低系统成本，光缆的结构也不宜过于复杂。

光缆的结构一般包括缆芯、加强元件和外护层等。缆芯由单根或者多根光纤芯线组成，是传输光信号的主体；加强元件用于增强光缆敷设时可承受的负荷，通常处在缆芯中心，材料一般为钢丝或非金属纤维；外护层为物理防护层，作用为防水防潮、抗拉抗压抗弯等。图 3.13 展示了一段光缆的内部结构。

图 3.14 给出了一种典型的光缆结构以及光纤成缆过程中用到的一些材料。单根光纤或成束的基本光纤单元，以及用于对在线设备供电的铜线松散地绕在中心加强件上，然后用光缆包带和其他加强件将这些光纤单元包封、粘连在一起，外面套上聚合物外护套，使光缆耐压和抗拉伸，保证内部光纤不受损伤。护套还能保护光纤免受磨损、潮湿、油、溶剂以及其他污染物的腐蚀。

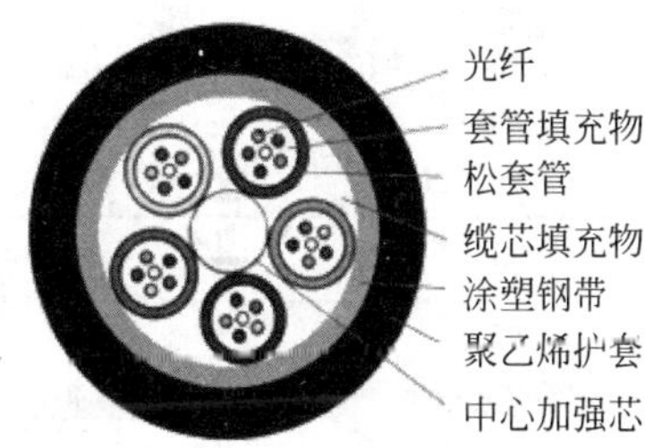

图 3.13　光缆的内部结构

图 3.14　典型光缆结构示意图

根据光缆中光纤的类别、成缆方式、结构元件的选取和制造工艺、使用环境等，光缆可以进行多种分类。按照缆芯结构的不同，可以将光缆分为层绞式、骨架式、中心束管式和带状光缆等；按照加强元件和外护层的结构不同，可以将光缆分为金属加强件光缆、非金属加强件光缆、铠装光缆和全介质光缆等；按照使用场合不同，可以将光缆分为普通光缆、用户线光缆、软光缆、室内光缆、海底光缆等；按照敷设方法不同，可以将光缆分为架空、管道、直埋和水下光缆等。

目前光缆敷设方法中，以管道敷设方式较多，一般应用于城市或铁路、公路等交通基础设施较为完备的场合，充分利用已有的管道资源。长途光缆中不具备管道条件的情况，大多采用直埋方式，一般要求光缆外部具有钢带或钢丝的铠装。图 3.15(a)和(b)分别为工人进行光缆直埋和光缆管道敷设的施工现场。

(a) 光缆直埋

(b) 光缆管道敷设

图 3.15　光缆敷设施工

3.4.3　光纤的导光原理

了解了光纤和光缆的结构以后，来看一下，为什么这么细的玻璃丝可以将光信号进行远距离传输。

1. 光的反射和折射

材料最基本的光学参数是它的折射率。在自由空间中光以速度 $c=3\times10^8\mathrm{m/s}$ 传播，当光进入电介质或非导电媒质时，将以速度 v 传播，v 与材料的特性有关且总是小于真空中的光速 c。定义真空中的光速度 c 与材料中光传播速度 v 之比即为材料的折射率 n，其定义式为

$$n=\frac{c}{v} \tag{3.5}$$

表 3.1 给出了不同材料的折射率。

表 3.1　不同材料的折射率

材　　料	折　射　率	材　　料	折　射　率
丙酮	1.356	玻璃	1.52～1.62
空气	1.000	有机玻璃	1.489
水	1.333	硅(波长)	3.650@850nm
普通酒精	1.361	熔融石英(波长)	1.453@850nm
砷化镓	3.299(红外区域)		

用光射线代表光信号的传输轨迹，当光射线从一种折射率为 n_1 的媒质入射到另一种折射率为 n_2 的媒质时，在两种媒质的分界面处会产生反射和折射现象，光射线之间的方向关

系遵循斯涅尔(Snell)定律,包括反射定律和折射定律。

① **反射定律**:反射光线、入射光线和法线在同一平面内,反射光线和入射光线分居法线两侧,并且与界面法线的夹角相等,即反射角等于入射角。

② **折射定律**:折射光线位于入射光线和界面法线所决定的平面内,折射光线和入射光线分居法线两侧,入射角的正弦与入射光线所在媒质的折射率的乘积等于折射角的正弦与折射光线所在媒质折射率的乘积。其表达式为

$$n_1 \sin\theta_1 = n_2 \sin\theta_2 \tag{3.6}$$

式中,n_1 和 n_2 分别为两种媒质的折射率;θ_1 和 θ_2 分别为入射角和折射角。

③ **全反射现象**:根据式(3.6),如果 $n_1 > n_2$,则 $\theta_1 < \theta_2$,即入射光线从折射率较大的媒质(光密媒质)向折射率较小的媒质(光疏媒质)入射时,入射角小于折射角。可以想象,当入射角 θ_1 增大到某一值时,折射角 θ_2 达到 90°,折射光线与分界面表面平行,这个特殊的入射角称为临界角 θ_c。当入射角 θ_1 大于临界角 θ_c 时,光的折射现象消失,不会再有光从当前媒质中"逃出",而是在媒质的界面处所有光线都会被反射回来,这一现象称为全反射现象。

如图 3.16 所示,水下的一条鱼看向岸边树木,当视线的入射角 θ_1 小于全反射的临界角 θ_c 时,可以看到岸上的树木,当视线的入射角大于或等于全反射的临界角 θ_c 时,会感到晃眼什么也看不见,视线发生了全反射现象。因此,只有在 $2\theta_c$ 的视线范围内,水下的鱼才能看见岸边的景物。

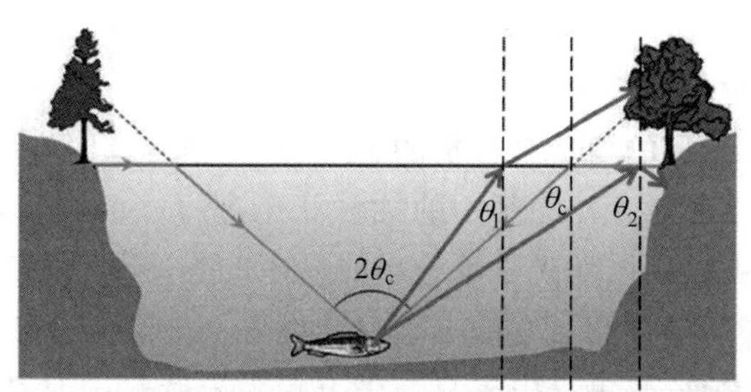

图 3.16　由于全反射现象,水下部分角度的视线看不见岸边物体

2. 光纤的导光原理

光信号能够在光纤中传输,就是基于全反射原理。通过合理设计光纤纤芯和包层的折射率,使得光信号在纤芯和包层分界面上反复进行全反射,从而闭锁在光纤内进行长距离传输。

以阶跃折射率光纤为例,光射线由纤芯向包层入射的全反射现象如图 3.17 所示。图中 $n_0=1$,为空气折射率,n_1 为纤芯折射率,n_2 为包层折射率,满足 $n_1 > n_2$。

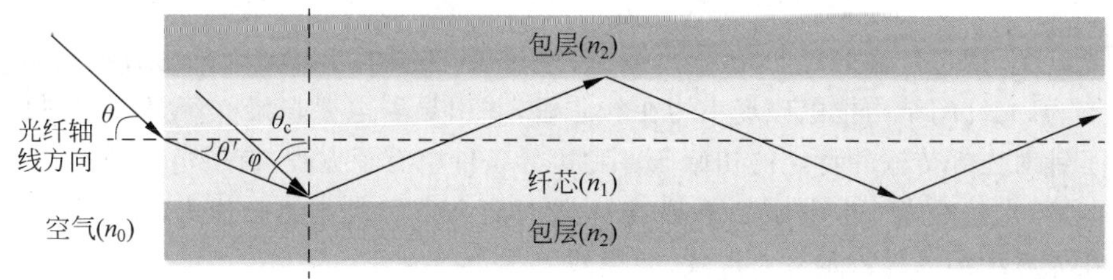

图 3.17　阶跃折射率光纤的全反射

在光纤的入射端面，与光纤轴线夹角为 θ 的入射光线，由光纤端面与空气的分界面处进入光纤纤芯并产生折射，由于 $n_0<n_1$，根据斯涅尔折射定律可知折射角 $\theta'<\theta$，即有

$$n_0\sin\theta=n_1\sin\theta'=n_1\cos\varphi \tag{3.7}$$

在纤芯与包层的分界面处，为不使光线折射进入包层中向外辐射，必须使其在纤芯和包层的分界面处产生全反射，即入射角大于全反射临界角，$\varphi>\theta_c$。则有

$$\sin\varphi>\sin\theta_c=\frac{n_2}{n_1} \tag{3.8}$$

对式(3.7)和式(3.8)进行分析可知，当在光纤入射端面满足下式时，进入光纤的入射光线就能在纤芯-包层分界面处产生全反射：

$$n_0\sin\theta<\sqrt{n_1^2-n_2^2} \tag{3.9}$$

因此，由纤芯-包层分界面处的全反射条件，可以推导出光纤端面的最大入射角 θ_a，即

$$\theta_a=\arcsin\frac{\sqrt{n_1^2-n_2^2}}{n_0} \tag{3.10}$$

只有当入射光线在光纤端面的入射角小于最大入射角 θ_a 时，才能在光纤纤芯和包层分界面处发生全反射，从而闭锁在光纤中形成传导模。实际应用中，更常用数值孔径(NA)来描述光纤端面接收和传输光的能力，数值孔径定义为光纤端面的最大入射角 θ_a 的正弦与空气折射率的乘积，定义如下：

$$\mathrm{NA}=n_0\sin\theta_a=\sqrt{n_1^2-n_2^2} \tag{3.11}$$

3. 单模传输的原理

上述导光原理是从光学的角度来分析的，虽然形象地解释了光纤中光的传输原理，但只是一种近似分析方法，无法对光在光纤中的传输状态进行严格的定量分析。光波是一种特定频率的电磁波，因此可以用波动光学理论对光纤中的光信号进行定量分析。

电磁波是由同相振荡且互相垂直的电场与磁场在空间中以波的形式传递能量和动量，空间中任意一点的电磁场特性可以由麦克斯韦方程组来概括。均匀、各向同性的媒质中，无源区的麦克斯韦方程组可以简化为：

$$\begin{cases}\nabla\times\boldsymbol{E}=-\mu\dfrac{\partial\boldsymbol{H}}{\partial t}\\[2ex]\nabla\times\boldsymbol{H}=\varepsilon\dfrac{\partial\boldsymbol{E}}{\partial t}\\[2ex]\nabla\cdot\boldsymbol{E}=0\\\nabla\cdot\boldsymbol{H}=0\end{cases} \tag{3.12}$$

其中，$\boldsymbol{E}$ 和 $\boldsymbol{H}$ 分别为电场强度矢量和磁场强度矢量，ε 和 μ 分别为介质的介电常数和磁导率。

在光纤中，携带传输信息的光波作为一种电磁波，也满足上述麦克斯韦方程组。可以形象地理解为，光纤的结构把电磁场束缚在纤芯里，并引导着电磁场沿光纤延伸方向传播，这就给出了针对光纤传输的特定的初始条件和边界条件。有了方程，有了边界条件，就可以求出方程的解，也就是光纤中电场 $\boldsymbol{E}$ 和磁场 $\boldsymbol{H}$ 随时间和空间变化的表达式，每一组解对应着电磁场在光纤中的一种特定分布形式，即模式。

经过复杂的计算和数学处理，可以求出光纤中的麦克斯韦方程组有多个解，即光纤中可

以存在多种模式的传输电磁场。不同的模式具有不同的截止频率，只有光信号的归一化频率大于某个模式的截止频率，光信号才能以对应的模式在纤芯中传输。在所有的模式中，只有 HE_{11} 模式不存在模截止条件，即截止频率为零。也就是说，当其他所有模式均截止时，该模式仍能传输，因此称 HE_{11} 模为光纤的主模。

定义参数归一化频率 V，表示为

$$V=\frac{2\pi a}{\lambda}\sqrt{n_1^2-n_2^2} \tag{3.13}$$

式中，a 为光纤纤芯的半径；n_1 和 n_2 分别为纤芯和包层的折射率；λ 为光信号的工作波长。当 $V<2.405$（2.405 为第一个高阶模的归一化截止频率）时，光纤中只存在主模，其他高阶模式均被截止，此时电磁场在纤芯中只有主模对应的一种分布形式，称为单模传输。

由式（3.13）可以看出，单模传输的理论截止波长 λ_c 为

$$\lambda_c=\frac{2\pi a}{2.405}\sqrt{n_1^2-n_2^2} \tag{3.14}$$

截止波长是单模光纤的基本参数，判断一根光纤是否满足单模传输条件，可以比较光纤中传输的光信号的波长 λ 与理论截止波长 λ_c。如果 $\lambda>\lambda_c$，则满足单模传输条件；$\lambda<\lambda_c$，则不能进行单模传输。

从光学的角度去看，光线的入射角越小，激发的模式的阶数越低。当光纤的纤芯半径很小时，光纤只允许与光纤轴线一致的光线通过，即只允许通过一个基模，即为单模传输。

3.4.4　光纤的传输特性

光纤中的光信号经过一定距离的传输后，信号质量会劣化，主要表现在光信号强度变弱，光脉冲的波形展宽，继而引起码间干扰等现象并影响通信系统的性能。信号质量劣化的主要原因是光纤中存在损耗、色散和非线性效应等因素，这些因素限制了系统的传输距离和传输容量。

1. 光纤损耗——信号能量损失

光纤损耗一般指光纤中传输的光信号能量的衰减。在光纤通信系统中，当入纤光功率和接收机灵敏度给定时，光纤的损耗特性是限制中继传输距离的重要因素。

假设 P_i 是光纤的输入功率，P_o 是光纤的输出功率，L 是光纤的长度，定义工作波长为 λ 时，单位长度光纤的损耗系数为：

$$\alpha(\lambda)=\frac{10}{L}\lg\frac{P_i}{P_o}(\text{dB/km}) \tag{3.15}$$

引起光纤损耗的原因是光纤对光能量的吸收损耗、散射损耗和辐射损耗。其中，吸收损耗与光纤组成材料和杂质有关，散射损耗与光纤材料及结构中的缺陷有关，辐射损耗则是由光纤几何形状的微观和宏观扰动引起的。

（1）吸收损耗

吸收损耗是由光纤材料和杂质对光能的吸收引起的，它们把光能以热能的形式消耗于光纤中。

光纤材料的吸收也称为本征吸收。本征吸收与传输光信号的工作波长有关，它有两个吸收频带：在近红外区域的红外本征吸收是由分子振动引起的，在紫外区域的紫外本征吸

收是由原子跃迁引起的。对 SiO_2 材料而言，红外吸收峰在 9100nm 左右，但其吸收拖尾到 1500～1700nm；紫外吸收峰在 160nm 左右，但其吸收拖尾到 700～1100nm 的波段中。在光纤通信系统工作的 800～1600nm 波段，两种本征吸收都处于吸收尾部，因此引起的吸收损耗相对较小。

光纤中的杂质吸收包括人为掺入的特定元素和由于制造工艺限制带入的其他元素。由于需要构建纤芯和包层的折射率差，以 SiO_2 为主的光纤材料中加入了一定的掺杂剂，如锗、硼、磷等；制造工艺会带入铁、铜、铬等金属杂质离子，以及氢氧根离子等。杂质离子在相应的波长段内具有强烈的吸收，例如氢氧根离子的吸收损耗峰在 950nm、1240nm 和 1390nm 处，其中尤其以 1390nm 的吸收峰影响最严重。

(2) 散射损耗

散射损耗主要是由于光纤材料和结构中存在的不均匀及缺陷，如极小的裂隙和气泡等，导致光散射而引起的损耗。散射损耗中影响最大的是瑞利散射损耗，它是由光纤材料内部的密度不均匀和成分不均匀引起的，这两种因素导致光纤内部的折射率在比波长小的尺度上发生变化，从而引起了光的瑞利散射。天气晴朗时的蓝色天空，就是由于太阳光在大气中的瑞利散射导致的。瑞利散射损耗的大小与 λ^4 成反比，所以它会随着波长的增加而显著下降。

综合吸收损耗和散射损耗的影响，可以得出如图 3.18 所示的典型的光纤损耗-波长特性曲线。目前光纤通信所采用的三个低损耗窗口 850nm、1310nm 和 1550nm，就是根据这个损耗-波长曲线确定的，其中 850nm 窗口损耗较大，只用于多模传输；1310nm 和 1550nm 两个窗口损耗较小，用于单模传输。目前光纤损耗典型值在 1310nm 波段为 0.35dB/km 左右，1550nm 波段为 0.25dB/km 左右。

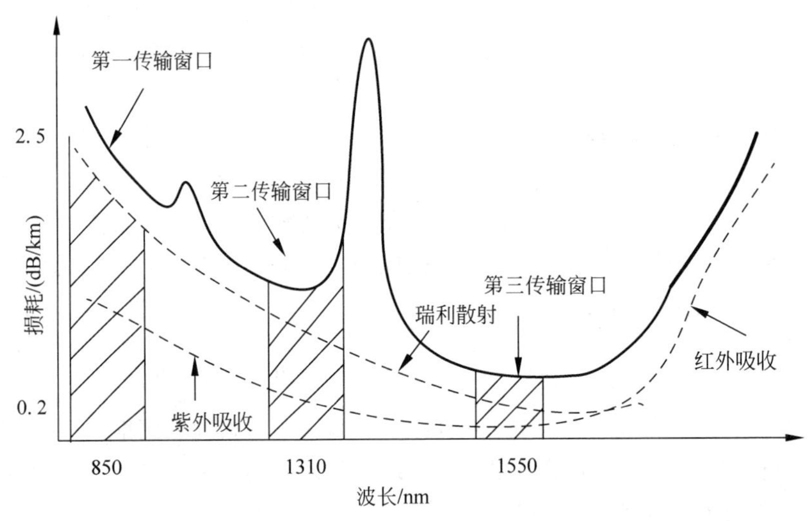

图 3.18 光纤损耗-波长特性

(3) 辐射损耗

光纤是柔软的，可以弯曲，弯曲的光纤虽然仍可以继续导光，但会使光的传播途径改变，一部分光能渗透到包层中或者穿过包层向外辐射泄漏，从而导致传输能量的损耗，即为辐射损耗。光纤受力弯曲有两类：①曲率半径比光纤直径大得多的宏弯，例如光缆敷设中沿着道路或河流拐弯时就会产生宏弯；②光纤成缆和敷设时产生的随机性微弯，例如在拉丝、成缆或敷设时引入的附加应力导致的光纤细微弯曲。

在实际工程应用中，需要将光纤一根接一根地接起来，这种连接有可能是光纤的焊接，也可能是活动接头的连接。不管是哪种连接，都会产生接续损耗。

2. 光纤色散——信号波形展宽

随着制造工艺的不断提高，光纤损耗对系统的传输距离不再起主要限制作用，色散上升为首要限制因素之一。

在物理课程中学过，一束白光通过一块玻璃三棱镜时，在棱镜的另一侧被散开为红、橙、黄、绿、青、蓝、紫的七色彩带，在光学中这种现象称为色散。这是因为白光是由各种单色光组成的复色光，红光波长最长，紫光波长最短，而不同波长的光在介质中的折射率不同，根据斯涅尔折射定律，它们的折射角也会不同。因此当不同波长的光通过棱镜时，传播方向有不同程度的偏折，因而离开棱镜便各自分散，如图3.19所示。

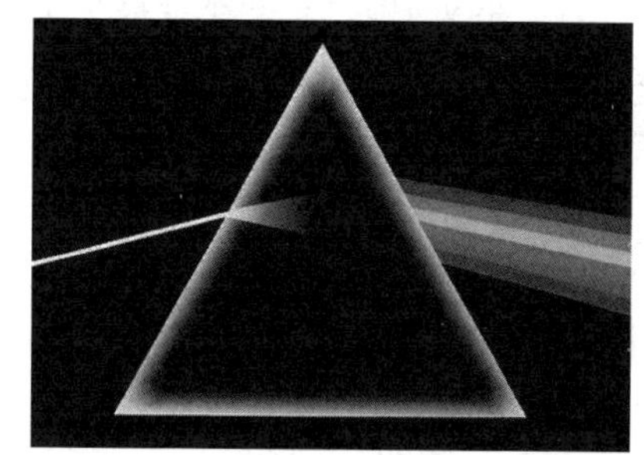

图3.19 棱镜对入射白光的色散

色散能够给人们带来美丽的彩虹，但是如果色散发生在光纤通信系统中，就没有那么美好了。光纤中传输的光信号具有一定的频谱范围，同时光纤中传输的光信号可能具有多个模式，这些不同频率或不同模式的光信号在光纤中的传输速度不同。光脉冲信号在光纤中传输一定距离以后，不同频率或不同模式的信号分量速度不同，将导致光纤某一端面处的光脉冲波形发生时间上的展宽，这种现象即为光纤色散。

光纤色散将使沿光纤传输的脉冲随着传输距离延长而出现脉冲展宽，从而可能产生码间干扰，在接收端将影响光脉冲信号的正确判决，增加系统的误码率。因此，色散一方面限制了光纤通信系统的传输距离，另一方面由于高速率系统对于色散更加敏感，因而色散也限制了光纤通信系统的传输容量。图3.20给出了光纤色散导致码间干扰的示意图。

图3.20 光纤色散导致码间干扰

光纤中的色散可分为模式色散、色度色散和偏振模色散等。

(1) 模式色散

只出现在多模光纤中，是由于在同一频率点不同模式的光信号在光纤中传输的群速度不同，引起到达接收端时的时间延迟不同，从而造成接收脉冲波形展宽。

(2) 色度色散

色度色散也称为模内色散，是指在一个单独的模式内发生的脉冲展宽。色度色散是由于光信号中不同频率成分的传输速度不同引起的，包括材料色散和波导色散两种原因。①材料色散：由于纤芯材料的折射率随波长变化，而光源具有一定的光谱宽度，不同的光波长引起的群速率也不同，从而造成了光脉冲的展宽；②波导色散：对于光纤的某一传输模式，在不同的光波长下的传输系数也不同，引起了群速度不同导致的脉冲展宽，它与光纤结构的波导效应有关，因此也被称为结构色散。

(3) 偏振模色散

偏振模色散主要是由光纤的双折射效应引起的。起因是单模光纤内虽然只传输一个基模，但这个基模的光波却可以有两个方向的偏振，而光纤内的任何结构缺陷与变形都可能让这两个偏振方向的光波产生不一样的传播速度，这又称为光纤的双折射现象。若这两个偏振模群速度不同，会使信号脉冲展宽，形成偏振模色散(PMD)。

对多模光纤而言，模式色散占主导，材料色散相对较小，波导色散一般可以忽略。对单模光纤而言，材料色散占主导，波导色散较小。在某一特定波长位置上，材料色散有可能为零，这一波长称为材料的零色散波长。石英玻璃的零色散波长恰好位于1310nm附近的低损耗窗口，如G.652零色散光纤即工作在这一波长区域。

3. 光纤的非线性效应——信号串扰

在常规光纤通信系统中，发送光功率低，光纤呈线性传输特性。在具有较高入纤光功率的光纤通信系统中，例如使用了光纤放大器的系统，信号传输时可能会产生较为明显的非线性响应，对光纤传输系统的性能和传输特性产生影响。

光纤中常见的非线性效应可以分为受激散射效应和非线性折射效应两种类型，前者包括受激拉曼散射、受激布里渊散射等现象，后者包括自相位调制、交叉相位调制、四波混频等现象。

(1) 受激拉曼散射和受激布里渊散射

这两种散射都可以理解为一个高能量的光子被散射成一个低能量的光子，同时产生一个能量为两个光子能量差的另一个量子。两种散射的主要区别在于受激拉曼散射的剩余能量转变为分子振动，而受激布里渊散射转变为声子振动。受激拉曼散射和受激布里渊散射都使得入射光能量降低，在光纤中形成一种损耗机制。在较低入射光功率下，这些散射可以忽略，当入射光功率超过非线性效应的阈值后，受激散射效应随入射光功率成指数增加。图3.21给出了受激拉曼散射效应的示意图。

(2) 四波混频

四波混频是指当多个频率的光载波以较强功率在光纤中传输时，由于光纤的非线性效应引发多个光载波之间出现能量交换的一种物理过程。例如在波分复用系统(WDM)中，如果有三个频率分别为ω_i、ω_j和ω_k的信道同时传输，四波混频效应会导致初始信道频率间的相互混频，可能会产生第四个频率为$\omega_{ijk}=\omega_i\pm\omega_j\pm\omega_k$的信号，称为四波混频感生频率$\omega_{FWM}$，如图3.22所示。

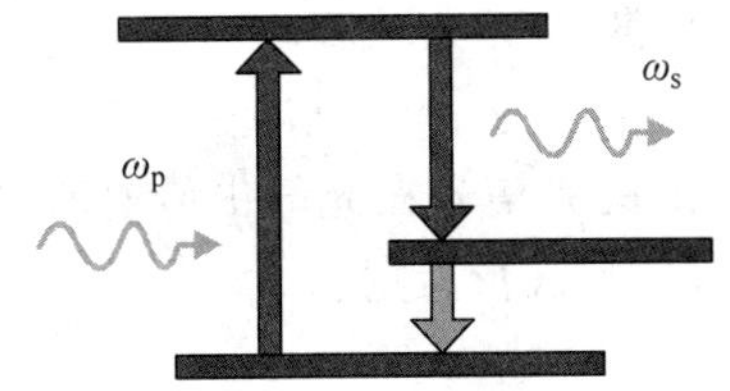

图3.21 受激拉曼散射效应

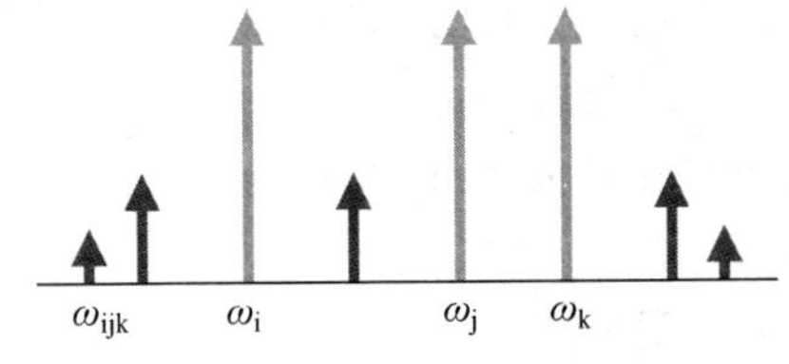

图3.22 四波混频现象

当然，这些非线性效应并非一味坏事，目前光纤中的非线性效应有两方面的影响：坏的方面会引起传输信号的附加损耗、波分复用系统中信道之间的串扰以及信号载波的移动；

好的方面可以被用来开发放大器、调制器等新型器件，光纤拉曼放大器就是基于受激拉曼散射效应。

3.5　光纤通信的功能器件

光纤通信系统的基本功能是将来自信源的信息可靠地发送到信宿端的相应设备，图 3.7 给出了光纤通信系统的组成框图，光纤通信的基本功能就是由各个功能器件联合来完成的。本节对光纤通信系统的各个功能器件进行介绍。

3.5.1　发送端——光源和光发送机

在光纤通信系统中，光发送机完成的功能主要是用电信号调制光源发出光载波，实现电信号到光信号的转换。光发送机的关键器件是光源，光源用于产生特定波长的光信号。现在的光纤通信系统中常用的两类光源是半导体激光器(LD)和发光二极管(LED)。

1. 光源的发光机理

半导体激光器和发光二极管的发光区都是由 III-V 族半导体材料构成的 PN 结组成。

(1) 半导体材料

半导体材料是导电性能介于导体和绝缘体之间的材料，其导电性能由其原子结构决定。如典型的 IV 族元素硅和锗，如图 3.23 所示，其原子最外层有 4 个电子(即价电子)，两个相邻原子之间有一对电子形成共价键，从而使得原子结合在一起构成共价键晶体。如果共价键中的价电子获得足够的能量，它就能挣脱共价键的束缚，成为自由电子，同时在共价键上留下一个缺位，称为空穴。电子和空穴被统称为载流子，半导体依靠这两种载流子的移动来导电。

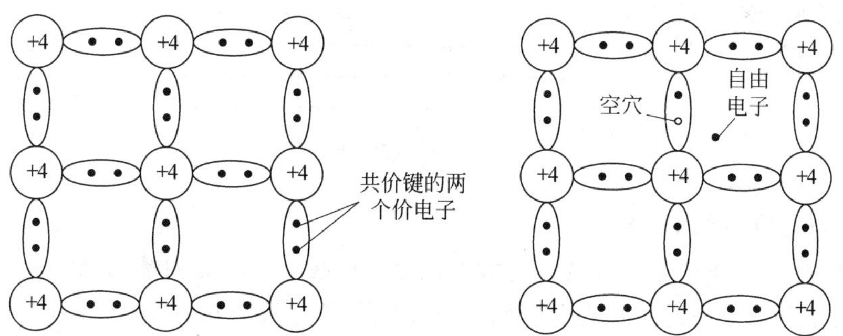

图 3.23　硅或锗晶体的共价键结构

(2) PN 结

化学成分纯净、结构完整的半导体称为本征半导体，在本征半导体中掺入微量的杂质形成的半导体，称为杂质半导体。根据掺杂元素的性质，可分为 N 型半导体和 P 型半导体。在四价的本征半导体硅、锗中掺入微量的五价杂质元素，每个杂质原子可以提供一个自由电子，形成电子型半导体，称为 N 型半导体。在四价的本征半导体硅、锗中掺入微量的三价杂质元素，每个杂质原子可以提供一个空穴，形成空穴型半导体，称为 P 型半导体。将一块半导体的两侧分别掺杂形成 P 型和 N 型半导体，在两种半导体的交界面处，由于载流子的扩散和漂移活动，会形成一定宽度的PN结。

(3) 能级和能带

自然界中的一切物质都是由原子组成的。根据英国物理学家卢瑟福提出的原子结构模型，原子的质量几乎全部集中在直径很小的原子核，电子在原子核外绕核作轨道运动。电子运动所处的不同轨道之间是不连续的，离原子核较近的轨道对应的能量较低，离原子核较远的轨道所对应的能量较高，原子内部的这些离散的能量差异可表示为原子的不同能级。

在半导体材料中，大量原子相互靠近形成晶体时，由于晶体内部电子共有化运动，使得孤立原子中离散的能级组成有一定宽度的带，称为能带。在半导体材料中，价电子占据的能带称为价带，是电子能够允许存在的最低能带，电子允许占据的较高能带称为导带，晶体能带结构如图3.24所示。在低温下，纯晶体的价带充满电子，导带完全没有电子，导带和价带之间不允许电子填充，所以称为禁带，其宽度称为禁带宽度，用 E_g 表示，单位为电子伏[特](eV)。当温度上升时，将有部分电子从价带顶部被激发到导带底部，结果价带产生空穴，导带产生电子，称为载流子的产生。如果导带电子跃迁回价带，结果一对载流子消失，称为载流子的复合。

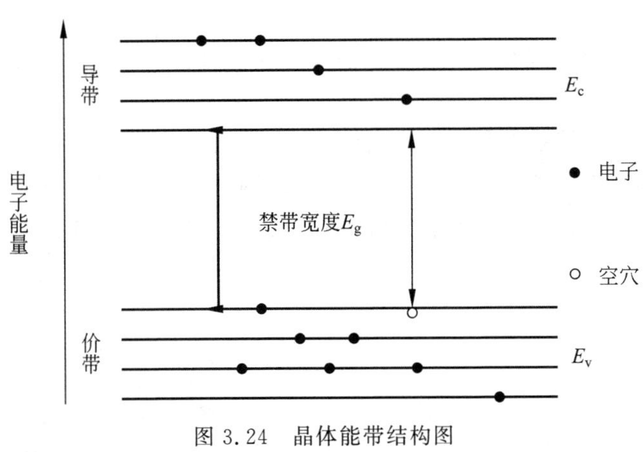

图3.24 晶体能带结构图

(4) 光与物质的相互作用

通常情况下，原子中总是表现出绝大多数电子处在能量较低的基态能级上，只有极少的一些电子处于能量较高的激发态。当原子与外部有光能量交互时，处于基态能级的电子可以吸收光子跃迁到激发态，也可以从激发态跃迁回基态能级并释放光子。爱因斯坦于1917年发表了关于辐射的量子理论的论文，将光与物质的相互作用分为三种物理过程：自发辐射、受激吸收和受激辐射。

对于半导体晶体，在外来光子激励下，低能级价带上的电子吸收外来光子能量，从价带跃迁到高能级导带，变成自由电子的过程，即为受激吸收过程。处于高能级的电子状态是不稳定的，它将自发地从高能级导带跃迁到低能级价带上与空穴复合，同时释放出一个光子，该过程称为自发辐射。处于高能级的电子，在受到外来光子的激励时，从高能级跃迁到低能级与空穴复合，同时释放出一个与外来光子同频率、同相位和同传播方向的光子，这种辐射过程称为受激辐射。这三种过程如图3.25所示。需要注意的是，根据能量守恒定律，这三种过程中吸收或辐射光子的能量为高能级 E_2 和低能级 E_1 的能量差 $E=hf=E_2-E_1$，其中 f 为光波频率，h 为普朗克常数，$h=6.63\times10^{-34}\mathrm{J\cdot s}$。

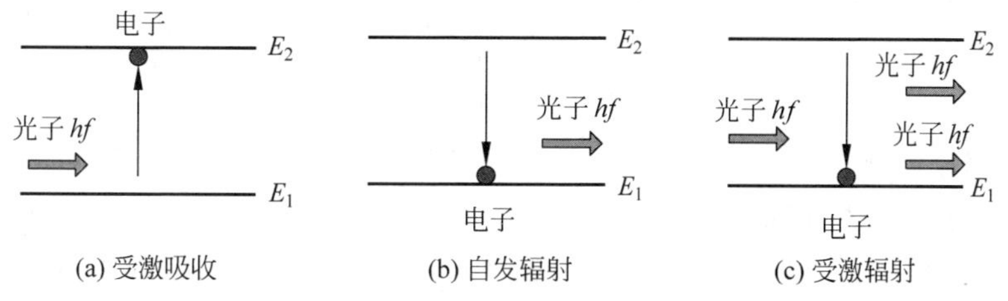

图 3.25　光与物质的相互作用的三种物理过程

在半导体材料 PN 结上外加正向电压，可以使得 PN 结上高能带的自由电子数量大于低能带上的电子数量，实现粒子数反转分布。发光二极管的 PN 结形成粒子数反转分布后，产生自发辐射的光输出；半导体激光器的 PN 结两侧有谐振腔，外加正向电压形成粒子数反转分布后，在 PN 结两侧的谐振腔作用下，产生受激辐射的光输出。

2. 半导体激光器

用半导体材料做光源物质的激光器，称为半导体激光器(LD)。根据发光波长可以分为可见光半导体材料激光器和红外激光半导体材料激光器，目前在光纤通信方面用得较多的是砷化镓(GaAs)类半导体材料。

(1) 半导体激光器的结构

半导体激光器的核心部分是一个高度掺杂的 PN 结。PN 结的两端是按晶体的天然晶面剖开的两个平行的解理面，构成一个法布里-帕罗(F-P)谐振腔。对 PN 结外加正向电压后，高能带中的电子密度增加，这些电子的自发辐射形成激光器中初始的光子，在这些光子的作用下，受激辐射和受激吸收过程同时发生，但当高能带中的电子密度增大到一定程度后，受激辐射占主导地位，PN 结成为对光有放大作用的区域，称为有源区。但是激光器初始的光子来源于自发辐射，频谱较宽，方向也杂乱无章，只有借助 F-P 谐振腔的反射面作用，才能通过稳定振荡形成谱线很窄的相干光束。因此，半导体激光器的基本组成结构包括半导体激光物质、光学谐振腔和电源激励系统。图 3.26 给出了一个典型的半导体激光器的结构示例。

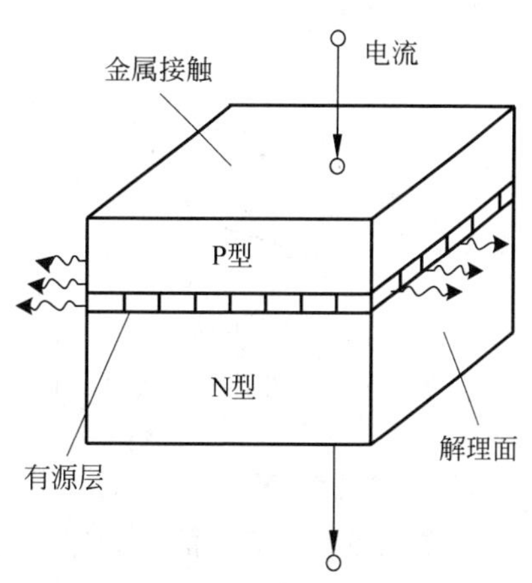

图 3.26　F-P 半导体激光器的结构

(2) 半导体激光器的工作特性

由前述可知，只有当外部电源激励超过某一临界值，使得 PN 结中的粒子数反转达到一定程度，才能使得受激辐射超过受激吸收占据主导地位，激光器才能产生激光，这个外部电源临界值称为激光器的阈值，一般用阈值电流 I_{th} 来描述。激光器的输出特性曲线如图 3.27 所示。

激光器是有工作波长范围的,并不能发出任意波长的激光。半导体激光器的发射波长取决于导带的电子跃迁到价带时所释放的能量,这个能量近似等于禁带宽度 E_g(eV),即有 $E_g=hf$,根据频率和波长的关系式,可得

$$\lambda=\frac{hc}{E_g} \tag{3.16}$$

式中,h 为普朗克常数;$h=6.63\times10^{-34}\mathrm{J\cdot s}$;光速 $c=3\times10^{8}\mathrm{m/s}$;$1\mathrm{eV}=1.6\times10^{19}\mathrm{J}$。

不同的半导体材料有不同的禁带宽度,因而有不同的发射波长,一般镓铝砷-镓砷(GaAlAs-GaAs)材料适用于 850nm 波段,铟镓砷磷-铟磷(InGaAsP-InP)材料适用于 1300～1500nm 波段。

(3) 半导体激光器的类型

激光器的光学谐振腔内可能存在的电磁场本征状态称为腔的模式,可分为两种状态:纵模和横模。横模是指垂直于光轴的横截面上的光强分布,纵模是沿光轴方向的驻波分布。谐振腔内每一个允许的频率值,在腔内形成一列驻波,每列驻波代表腔内光场沿纵轴的一种分布,习惯上称它为一个纵模。

根据纵模的数量,半导体激光器可以分为多纵模(MLM)激光器和单纵模(SLM)激光器。多纵模激光器就是存在多个纵模同时工作的激光器,前述的最常见的 F-P 腔 InGaAsP 激光器就是典型的多纵模激光器。单纵模激光器是只有一个纵模能工作,其他形式的纵模都受到抑制的激光器,可以分为分布反馈(DFB)激光器、分布布拉格反射(DFR)激光器、量子阱(QW)激光器等,如图 3.28 所示。

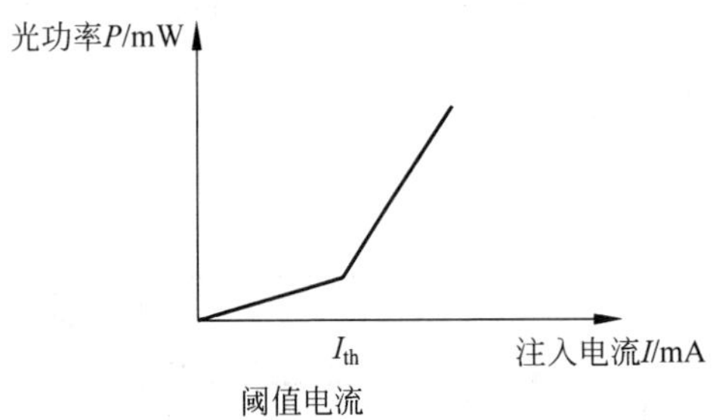

图 3.27 半导体激光器的输出特性曲线

图 3.28 商用化(封装)激光器示例

3. 发光二极管

发光二极管(LED)的发光原理与半导体激光器类似,只是其没有谐振腔,产生的不是受激辐射光而是自发辐射光。LED 发光的光谱范围较宽,是低相干光源,相比半导体激光器而言具有发光效率低、输出功率小、调制带宽较低(约数百兆赫)和输出谱宽较宽(可达 20～100nm)等特点。LED 的主要优点是结构简单、价格便宜、线性响应较好、可靠性高且对温度不敏感、不需要制冷器,因此一般适用于中低速短距离光纤通信系统。

发光二极管可以分为面发光型(SLED)和边发光型(ELED)两种,其结构图和示意图如图 3.29 所示。SLED 高温下可靠性高、价格便宜,与光纤的对准较为容易,缺点是输出功率较低,难以满足长距离传输时的光功率要求。ELED 结构与激光器类似,性能介于 SLED 和 LD 之间。

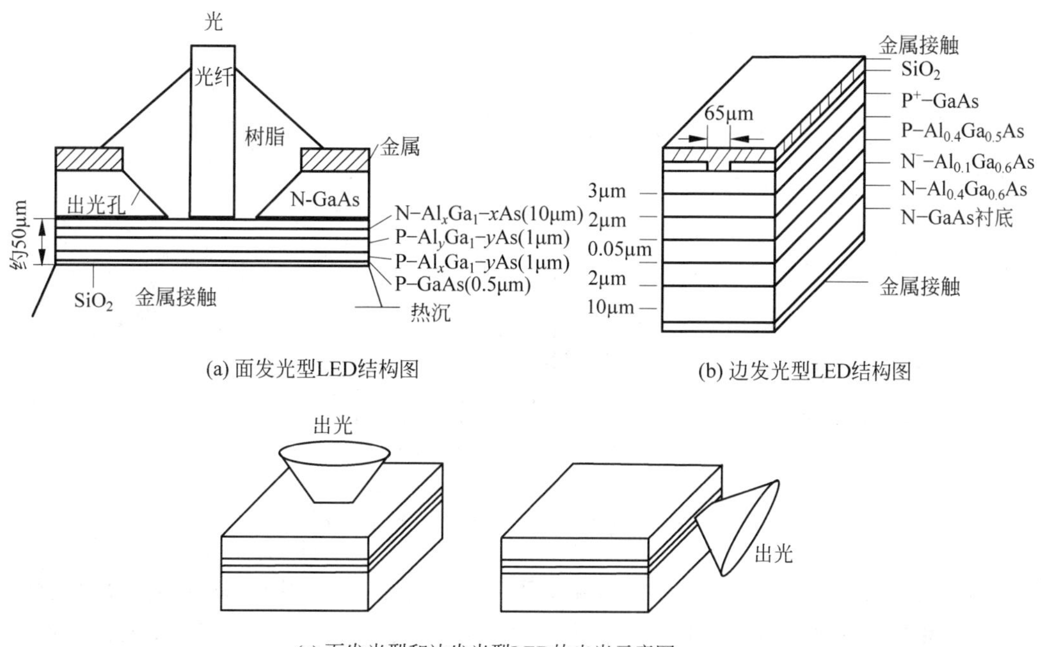

(a) 面发光型LED结构图

(b) 边发光型LED结构图

(c) 面发光型和边发光型LED的出光示意图

图 3.29 两种发光二极管结构

一个典型 LED 的 P-I 曲线如图 3.30 所示，与半导体激光器的 P-I 特性相比，LED 的输出光功率基本上随正向驱动电流而线性增加，没有阈值。但 LED 的 P-I 曲线不是理想的线性曲线，在注入电流较小时，曲线基本上是线性的，当注入电流较大时，由于 PN 结的发热会出现饱和现象。

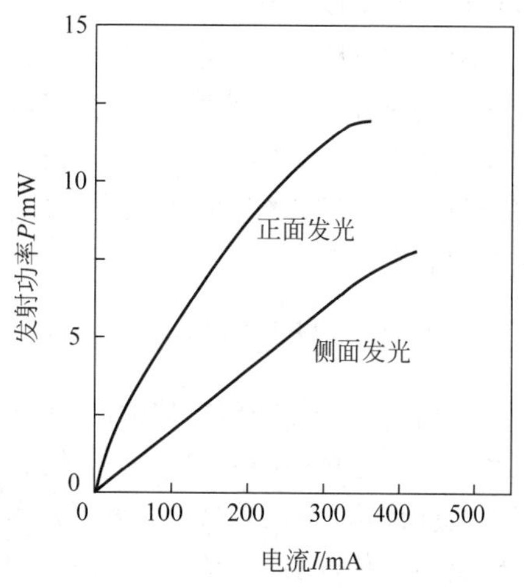

图 3.30 LED 的 P-I 特性曲线

4. 光发送机

光发送机的作用是产生适合于在光纤中传送的光信号，所以必须有发光的光源，为了使这种光信号携带所要通信的信息，还要控制电信号来调制光源，产生一个已调光。因此，光通信中的光发送机一般由光源、驱动电路、调制器、控制电路等构成，其核心是光源及驱动电路。

光通信中的光发送机一般是数字发送机，即用数字信号调制光源，产生“0”“1”光脉冲序列。数字光发送机的构成组件可以分为两部分：输入电路和光发送电路。输入电路由输入接口电路与线路码型变换电路组成，将输入的信号(如 PCM 脉冲)进行整形，变换成适于光纤传送的码型后送入驱动电路。光发送电路包括驱动电路、光源、调制器、控制电路等，主要作用是用经过线路编码的电信号对光源进行调制，完成电-光变换，并从光源输出光信号耦合入光纤线路进行传输。图 3.31 给出了数字光发送机的一般构成框图。

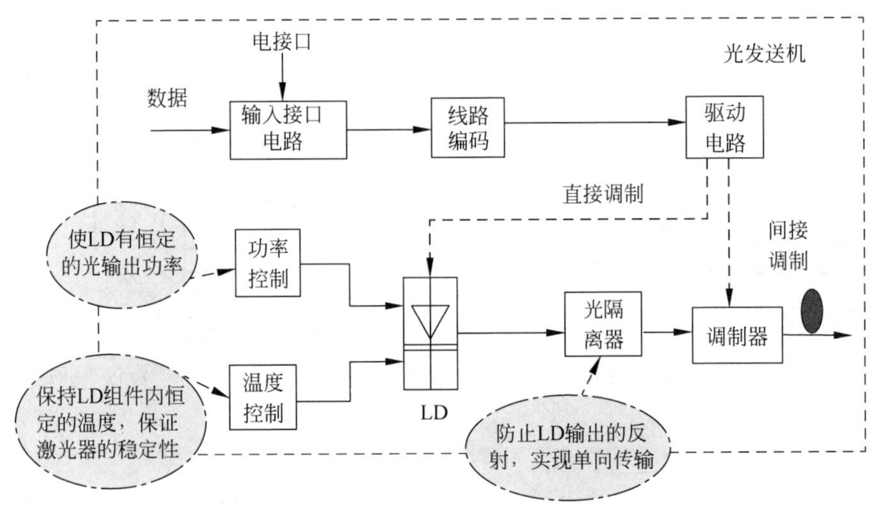

图 3.31 数字光发送机的一般构成框图

由前文可知，激光器的输出光功率特性受到阈值电流 I_{th} 的限制，只有当激励电流超过 I_{th} 时，激光器才能产生较高的输出光功率。而随着温度升高、使用时间变长，激光器的阈值电流 I_{th} 受到温度、时间老化特性等的影响会逐渐提高，从而导致输出光功率降低。为了稳定激光器的输出光功率，通常采取两种措施：温度控制和自动功率控制。因此，光发送机中需要有自动温度控制系统、自动功率控制系统等。

用驱动电路的输出电信号对光源进行调制，使光源发出的光脉冲携带信息的过程，可以有两种实现方式：直接调制和间接调制。直接调制是用激光器驱动电路产生的调制电流，来控制激光器输出的光强度，使光脉冲序列携带系统所要传输的信息。间接调制是使用外部调制器，对光源发出的稳定激光进行调制，可以利用晶体的光电效应、磁光效应和声光效应等性质来实现。

3.5.2 接收端——光检测器和光接收机

光信号在光纤线路中传输时，不仅会受到损耗的影响而造成幅度衰减，同时光纤色散和非线性效应等可能会引起脉冲波形展宽，由此造成信号质量下降。光接收机的主要作用是将经光纤传输后幅度被衰减、波形被展宽的微弱光信号转变为电信号，并经放大、均衡、判决后恢复出所传输的原始信息。光接收机的性能直接影响光纤通信系统的传输距离、通信质量等，是光纤通信系统中的关键模块。

光检测器是光接收机的核心器件，承担将微弱光信号转换为电信号的任务。目前在光纤通信系统中广泛采用的是半导体光检测器，其基本结构是反向偏置的 PN 结，主要有两种实现结构：PIN 光电二极管和雪崩光电二极管 APD。

1. 光-电转换原理

光电二极管的基本结构是半导体 PN 结，在 PN 结的分界面上，电子和空穴的扩散形成了内部自建场，自建场的存在使电子和空穴产生了与扩散方向相反的漂移运动。有自建场的区域称为耗尽区，在耗尽区两侧的 P 和 N 型半导体中电场基本为零，称为扩散区。

当光入射在 PN 结上时，如果入射光子的能量大于半导体的禁带宽度 E_g，会发生受激吸收现象，即价带的电子吸收光子能量，跃迁到导带形成光生电子，在价带形成光生空穴，光生电子和光生空穴统称为光生载流子。耗尽区中形成的光生载流子在自建场的作用下，空穴向 P 区方向运动，电子向 N 区方向运动，形成漂移电流。在扩散区内产生的电子-空穴对，少数会通过扩散进入耗尽区，在电场作用下形成和漂移电流方向相同的扩散电流。因此，把 PN 结的外电路构成回路，外电路中会形成光生电流，包含漂移电流和扩散电流两种分量。当入射的光信号发生变化时，光生电流随之作线性变化，从而把光信号转变成了电信号，实现光-电转换，如图 3.32 所示。

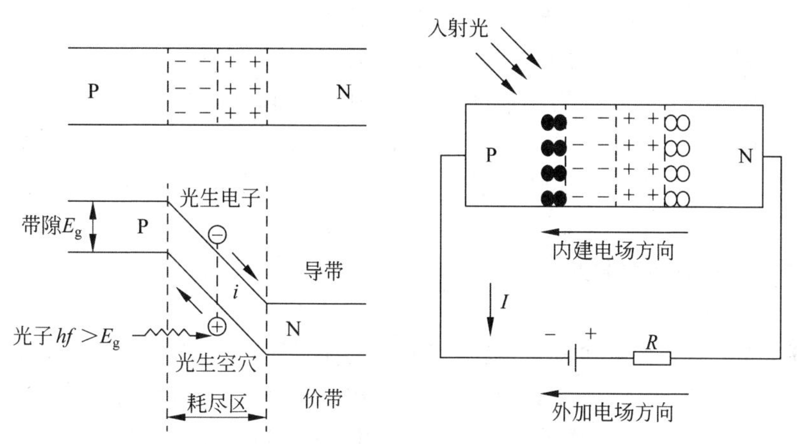

图 3.32 光电二极管中 PN 结的光-电转换原理

2. PIN 光电二极管

PIN 光电二极管，是在普通 PN 结光电二极管的 P 区和 N 区中间，插入一层低掺杂的纯度接近于本征半导体的 I 层。如果 I 层为低掺杂的 P 型半导体，则该二极管可称为 π 型 PIN 二极管；如果 I 层为低掺杂的 N 型半导体，则该二极管可称为 v 型 PIN 二极管。在 PIN 光电二极管中，P 层和 N 层通常由高掺杂的半导体材料组成。

由于 I 层较厚，PIN 光电二极管通常比普通的二极管拥有更宽的耗尽层。绝大部分的入射光在 I 层内被吸收并产生大量的电子-空穴对，而在 I 层两侧是掺杂浓度很高的 P 型和 N 型半导体，P 层和 N 层很薄，吸收入射光的比例很小。因而光生电流中漂移分量占了主导地位，这就大大加快了响应速度。图 3.33 给出了 PIN 光电二极管的结构原理图和实物图片。

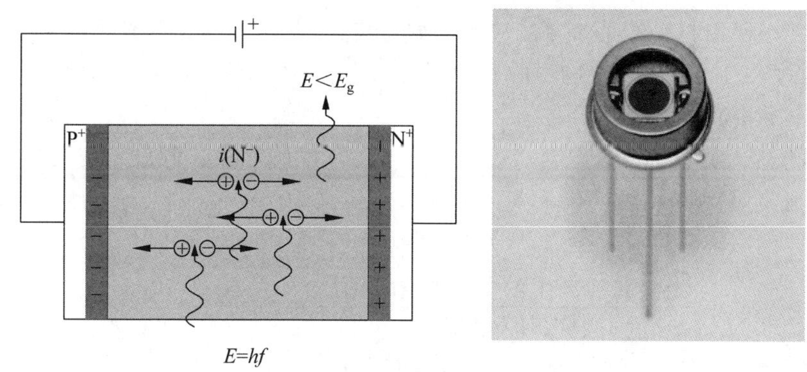

图 3.33 PIN 光电二极管的结构原理图(左)和实物照片(右)

3. 雪崩光电二极管 APD

雪崩光电二极管(APD)是利用雪崩倍增效应实现内部电流增益的半导体光电检测器。APD 的雪崩倍增效应是通过在 PN 结上加高反向偏压(数十伏乃至数百伏),从而在 PN 结附近形成强电场实现的；耗尽层内产生的光生载流子在强电场作用下得到加速,获得很高的动能,与半导体晶体内的原子相碰撞。碰撞的结果使得束缚在价带中的电子获得能量并激发到导带,产生第二代电子-空穴对(载流子),实现碰撞电离。第二代载流子在强电场的加速下可以再次引起碰撞电离而产生第三代载流子,如此反复循环使得载流子数量如雪崩似的急剧增加,从而使光电流在光电检测器内部获得倍增。

APD 的内部电流增益系数用雪崩增益 G 来描述。APD 雪崩倍增后输出电流 I_M 和初始光生电流 I_P 的比值,定义为雪崩倍增因子 g,其平均值称为雪崩增益 G。雪崩倍增过程是一个随机过程,每一个电子-空穴对与半导体晶体内的原子碰撞电离产生的初始电子-空穴对的数目是随机的,因而雪崩倍增因子 g 也是随机变化的,一般用雪崩增益 G 来描述 APD 的特性。

4. 光电检测器的特性参数

(1) 截止波长和吸收系数

根据前文光电转换原理可知,只有入射光子的能量 hf 大于半导体材料的禁带宽度 E_g,才会发生受激吸收现象产生光生载流子,进而形成光生电流。因此,对一种特定材料的半导体光电二极管,存在着一个下限截止频率 f_c 和相应的上限截止波长 λ_c,满足

$$E_g = hf_c = \frac{hc}{\lambda_c} \tag{3.17}$$

式中,h 为普朗克常数,c 为光速。只有波长小于 λ_c 的光才能用由这种材料做成的器件来检测。

入射到半导体材料的光信号,在材料中其功率按指数律衰减,设半导体表面的光功率为 $P(0)$,则半导体深度为 d 处的光功率 $P(d)$可表示为

$$P(d) = P(0)\exp(-\alpha d) \tag{3.18}$$

式中的 α 定义为半导体材料对光的吸收系数。半导体的吸收系数随着入射光波长的减小而变大,因此光波长很短时,即光频率较高时,光在半导体表面就被吸收殆尽,使得光电转换效率很低,这限制了半导体光电检测器在较短波长上的应用。

因此,要检测某个波长的入射光信号,必须选择由适当材料做成的光电检测器。一方面入射光波长要小于由材料的禁带宽度决定的截止波长,否则材料对光透明,不能进行光电转换；另一方面,入射光波长对应的吸收系数不能太大,以免降低光电转换效率。

(2) 响应度和量子效率

响应度和量子效率是表示光电二极管能量转换效率的参数。假设入射光功率为 P_0 时产生的光电流为 I_p,则响应度 R_0 和量子效率分别定义为

$$R_0 = I_p/P_0 \quad (\text{A/W}) \tag{3.19}$$

$$\eta = \frac{\text{光电转换产生的电子-空穴对数}}{\text{入射光子数}} = \frac{I_p/e}{P_0/hf} = \frac{I_p}{P_0}\frac{hf}{e} \tag{3.20}$$

式中,e 为电子电量；h 为普朗克常数；f 为入射光频率。

需要注意的是,在雪崩倍增二极管 APD 中,由于光生电流被倍增了 G 倍,所以 APD 的

响应度比 PIN 光电二极管提高了 G 倍。而因为量子效率只与初始载流子数目有关，与倍增系数无关，所以不管是 PIN 光电二极管还是 APD，它们的量子效率总是小于 1。

5. 光接收机

光接收机的任务是以最小的附加噪声及失真，将经光纤线路传输后的微弱畸变光信号进行光电变换，然后经过放大、整形、判决等，恢复出原始信息。以数字光接收机为例，其组成框图如图 3.34 所示。

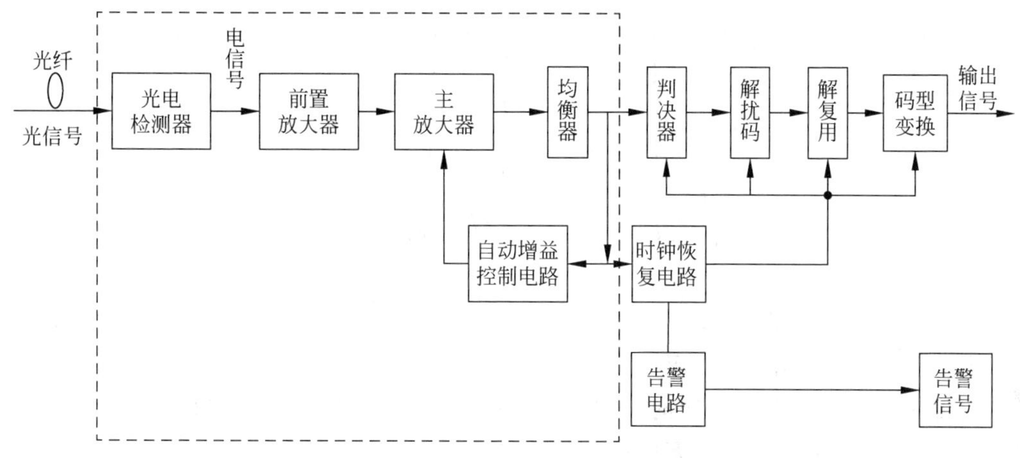

图 3.34　数字光接收机的组成框图

(1) 组成结构

光接收机主要由接收电路和判决电路两部分组成。光接收电路由光电检测器、前置放大器、主放大器、自动增益控制和均衡电路等组成。判决电路由判决器、时钟恢复电路和解码器等组成。

光接收机的整个信号流程如图 3.34 所示。光电检测器把外来光信号转换为电信号，送入前置放大器，这一级的噪声对整个电信号的放大影响较大。主放大器的作用是提供足够增益，将信号放大到判决电路所需要的电平；同时放大器增益受到 AGC 自动增益控制电路的控制，使输出信号的幅度在一定范围内不受输入信号幅度的影响。均衡器的作用是保证均衡以后的波形有利于判决，尽量减小码间干扰。判决器和时钟恢复电路对信号进行再生，然后通过解扰码、解复用、码型变换等，将光发送机为了更好通信而对信号做的一系列处理反变换回来，使信号恢复到和光发送机输入端输入的电信号一样。

(2) 光接收机的误码

在数字光纤通信系统中，传输的是由“0”和“1”组成的二进制光脉冲信号，这是一种单极性码，光功率在“接通”(即“1”码)和“断开”(即“0”码)两个电平上变动。光接收机对收到的微弱信号进行转换、放大、滤波，然后送入判决电路，判决电路把每个码元的信号与判决电平进行比较，如果接收信号大于判决电平，则认为收到的是“1”码，反之则为“0”码，最后恢复出发送端的信息。数字信号传输过程中由于叠加噪声及波形失真等原因，会令原来发送的“1”码，在接收判决时被误判为“0”码，原来发送的“0”码，可能被误判为“1”码，产生误码，如图 3.35 所示。

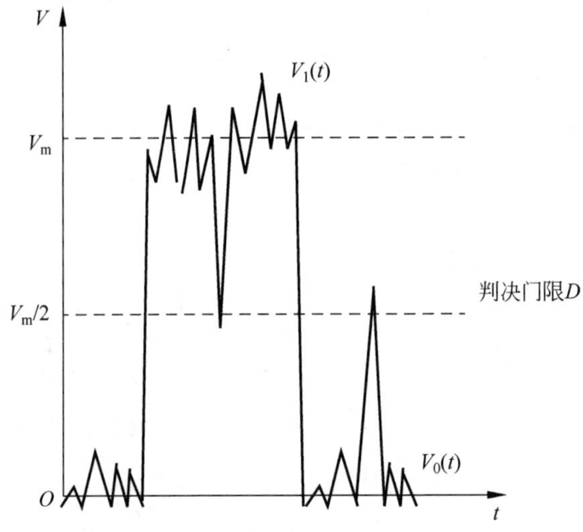

图 3.35 判决点上的噪声电压影响

光接收机的误码由比特误码率(BER)表示，比特误码率定义为码元在传输过程中出现差错的概率，工程中常用一段时间内出现误码的码元数与传输的总码元数之比来表示。例如，BER$=10^{-6}$，表示每传输百万比特允许错 1b。光接收机的误码主要由散粒噪声、倍增噪声、热噪声等综合的总噪声引起。光接收机的噪声是与信息无关的随机变化量，光接收机的各个器件工作时都会引入噪声。

(3) 光接收机的性能指标

光接收机的主要性能指标包括接收机灵敏度、动态范围、过载功率、误码率、信噪比、Q 值等，其中灵敏度和动态范围是光接收机的关键指标。

(4) 灵敏度

光接收机的灵敏度可以用给定的误码(如 10^{-9})指标条件下可靠工作所需要的最小平均光功率 $P_{\min}$ 来表示。当入射光功率 P 大于 $P_{\min}$ 时，系统的误码率 BER$<10^{-9}$，能可靠地工作；当入射光功率 P 小于 $P_{\min}$ 时，误码率较大，不能正常工作。换句话说，某一光接收机能在较低的入射功率下，达到同样的性能指标，该接收机就比较灵敏。

最小平均光功率 $P_{\min}$，单位为瓦(W)。工程上，光接收机的灵敏度常用最小平均光功率相对值来表示，单位是分贝毫瓦(dBmW)。二者的换算关系为

$$S_t = 10\lg \frac{P_{\min}}{1\text{mW}} \tag{3.21}$$

(5) 动态范围

光接收机的动态范围表征的是光接收机适应输入信号变化的能力，定义为在保证系统的误码率指标要求下，光接收机最低输入光功率 $P_{\min}$ 和最大允许光功率 $P_{\max}$ 之间的变化范围，也即光接收机灵敏度和过载功率之间的差值。动态范围用 D 来表示，一般在工程上用二者分贝值的差值来表示。一台较好的光接收机应有较宽的动态范围。

$$D = 10\lg \frac{P_{\max}(\text{mW})}{1(\text{mW})} - 10\lg \frac{P_{\min}(\text{mW})}{1\ (\text{mW})} = 10\lg \frac{P_{\max}}{P_{\min}}(\text{dB}) \tag{3.22}$$

3.5.3 中转站——光电中继器和光放大器

一般情况下，一个光纤通信系统具备了光发送机、光接收机和光纤以后，就可以进行光通信了。但是光发送机输出的光脉冲信号，经过光纤传输后，因光纤的吸收和散射而产生能量衰减，又因光纤材料和结构产生色散失真，这些都限制了通信的传输距离和传输码速。因此，为了补偿光信号的衰减，对波形失真的脉冲进行整形，从而延长光纤通信距离，必须在传输线路中每隔一定距离设置一个中继设备。

常用的中继设备有两种，一种是传统的光电中继器，采用光-电-光的处理方式，对信号进行放大和整形；另一种是光放大器，对光信号进行直接放大。

1. 光电中继器

光电中继器采用背靠背的光-电-光转换方式，包括光-电转换、再生判决和电-光转换，可以认为是前面讲过的光接收机和光发送机功能的串接。光电中继器的基本功能是均衡放大、识别再生和再定时，具有这三种功能的中继器称为 3R 中继器，而仅具有前两种功能的中继器称为 2R 中继器。一个功能最简单的光电中继器的结构框图，如图 3.36 所示。这种中继方式针对不同的比特率和信号格式需要不同的中继器，而且每一个信道需要一个中继器，设备复杂，成本较高。光电中继器是通过再生信号来改善传输质量的，因此对信号整形能力较好，适用于有色散限制的光通信系统。

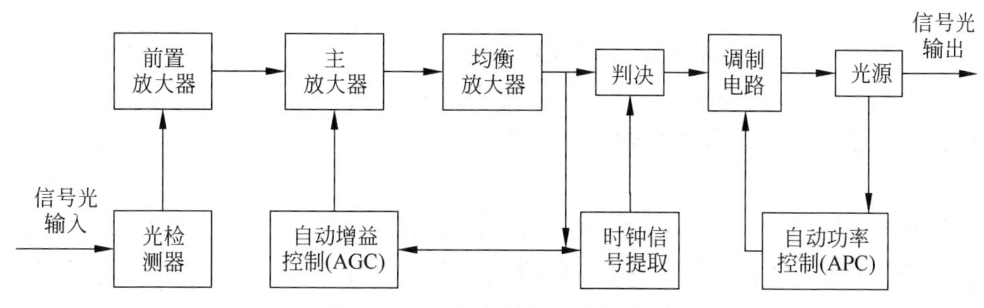

图 3.36 光电中继器的结构框图

2. 光放大器

光放大器是一种能在保持光信号特征不变的条件下，增加光信号功率的有源设备，其放大过程直接在光域内完成，对不同的码率和格式透明，成本相对低廉，但对信号整形能力较差。光放大器的基本工作原理是受激辐射或受激散射效应，通过将泵浦能量转变为信号光的能量实现放大作用。

(1) 光放大器的分类

光放大器主要可以分为两类：半导体激光放大器和光纤放大器。

半导体放大器是由半导体材料制成的，其基本原理是利用受激辐射对进入增益介质的光信号进行直接放大，其结构相当于一个处于高增益状态下的无谐振腔的半导体激光器。

光纤放大器是直接在光纤结构中对光信号进行放大，根据放大机理的不同，分为掺稀土元素放大器和非线性效应放大器。掺稀土元素放大器主要是利用铒和镨等元素对光纤进行掺杂，通过外部泵浦光激励实现粒子数反转形成输入信号光的放大；非线性效应放大器是利用强激励注入光纤，在光纤中产生显著的非线性效应来对输入光信号进行放大。

光放大器的分类可归纳为如图 3.37 所示。其中半导体光放大器、掺铒光纤放大器和光纤拉曼放大器技术比较成熟，图 3.38 展示了一款行波式半导体光放大器的实物产品。

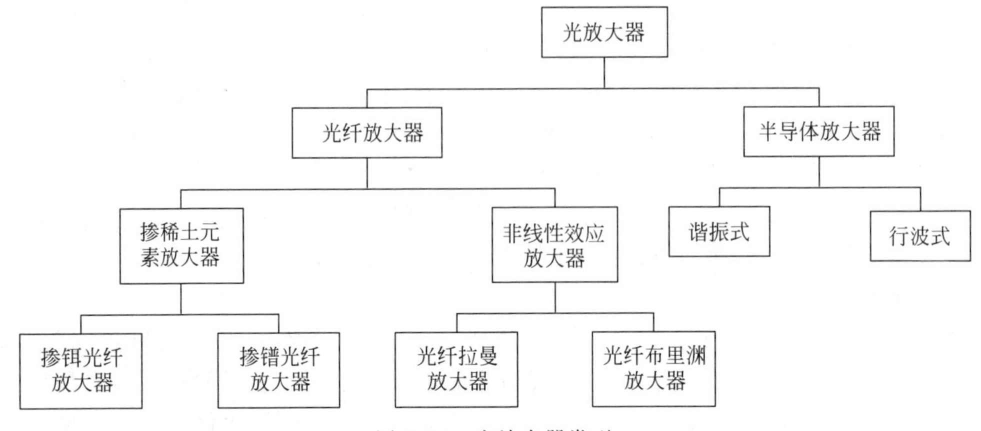

图 3.37 光放大器类型

(2) 光放大器的应用

图 3.39 给出了光放大器的三种基本应用类型：在线光放大器、前置放大器和功率放大器。

图 3.38 行波式半导体光放大器

① 在线光放大器。在单模光纤中，光纤色散的影响较小，限制中继距离的主要因素是光纤损耗，此时不一定需要信号的完全再生，简单的光信号放大就足够了。因此，在线光放大器可以用来补偿传输损耗并且扩大再生中继器间的距离，如图 3.39(a)所示。

② 前置放大器。前置放大器是用在光接收机之前，将光纤上的微弱光信号进行放大，可以抑制在接收机中由于热噪声引起的信噪比下降。用作前置放大器时，要求光放大过程中引入的噪声比较小。如图 3.39(b)所示。

③ 功率放大器。功率放大器应用是指在光发送机之后安装的放大器，以提高发送功率，如图 3.39(c)所示。根据放大器增益和光纤损耗，传输距离可以增加 10～100km，如果与接收端光前置放大器同时使用，可以达到 200～250km 的无中继海底传输。也可以在局域网中用光放大器补偿耦合的插入损耗和功率分配损耗，如图 3.39(d)所示。

3. 掺铒光纤放大器(EDFA)

铒是一种稀土元素，在制造光纤时掺入一定量的铒离子形成掺铒光纤，使用激励光源对掺铒光纤进行泵浦激励，可以使输入光纤的光信号得到放大，这种放大器称为掺铒光纤放大器(EDFA)。EDFA 是率先商用化的光放大器之一，由于具有增益高、噪声低、输出功率高、工作波长处于 1550nm 的光纤最小损耗区等优点，已经成为高速大容量光纤通信系统中不可缺少的部分。

光纤放大器中用来作为激励的光源称为泵浦光源，它所发出的激励光称为泵浦光。EDFA 中的铒离子会吸收泵浦光的能量，从基态能带向高能带跃迁，在高能带铒离子处于不稳定的状态，于是以非辐射跃迁的形式不断向亚稳态能带汇聚，从而实现粒子数反转。可以使用 980nm 和 1480nm 的泵浦光对 EDFA 进行激励，使得铒离子处于亚稳态能带上，当具

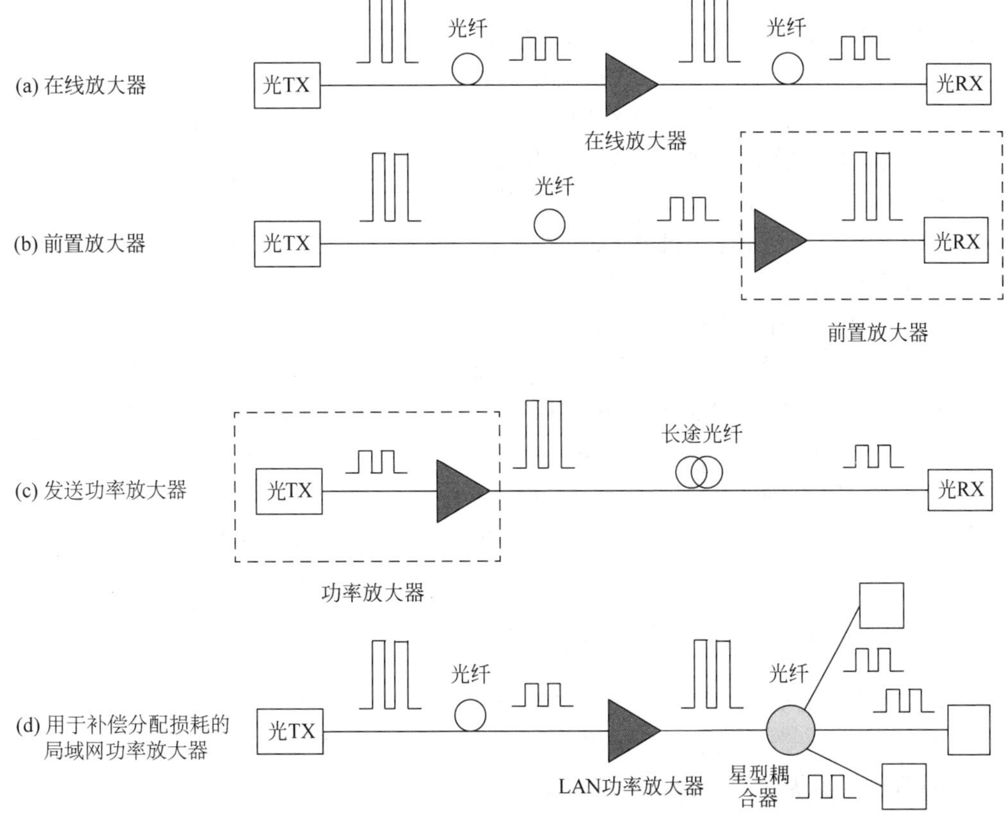

图 3.39　光放大器的三种应用

有 1550nm 波长的光信号通过这段掺铒光纤时，亚稳态的铒离子以受激辐射的形式跃迁到基态，并产生和入射光信号中的光子一模一样的光子，从而实现光信号的放大。

EDFA 主要由掺铒光纤、泵浦光源、耦合器、隔离器等组成，其结构组成如图 3.40 所示。其中掺铒光纤是一段长度为 10～100m 左右的掺铒石英光纤；泵浦光源一般采用工作波长为 980nm 或 1480nm 的半导体激光器；光耦合器的作用是将信号光和泵浦光混合在一起；隔离器的作用是保证信号单向传输，防止和降低光反射对光放大器稳定工作的影响。

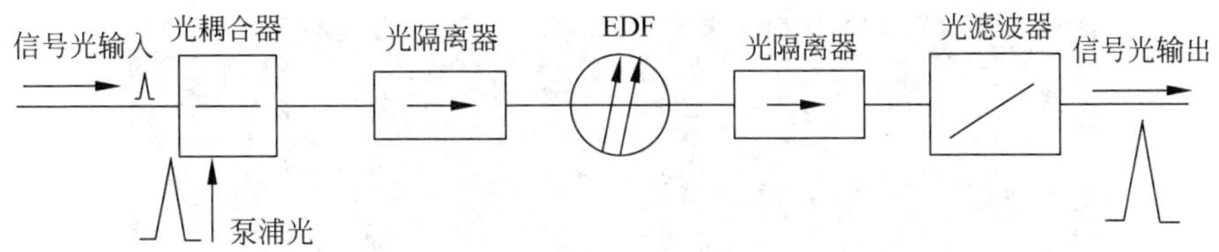

图 3.40　掺铒光纤放大器的基本组成

4. 光纤拉曼放大器(FRA)

EDFA 是使用最为广泛的光纤放大器，技术比较成熟，但是由于铒离子禁带宽度的限制，EDFA 只能工作在 1530～1564nm 之间的 C 波段，仅覆盖石英单模光纤低损耗窗口的一部分。光纤拉曼放大器(FRA)对光信号的放大是利用了受激拉曼散射效应，其增益频谱由泵浦波长决定，可以工作在全波光纤工作窗口。拉曼散射效应在所有类型的光纤上都存在，与各类光纤系统具有良好的兼容性，且成本较低。

与 EDFA 利用掺铒光纤作为增益介质不同，FRA 利用系统中的传输光纤作为增益介质。FRA 的工作原理是基于石英光纤中的受激拉曼散射效应，受激拉曼散射将一小部分入射功率由一光束转移到另一频率下移的光束，频率下移量由介质的振动模式决定。FRA 利用强泵浦光通过光纤传输时产生受激拉曼散射，使组成光纤的石英晶格振动和泵浦光之间发生相互作用，产生比泵浦光波长更长的散射光，该散射光与要放大的弱信号光波长重叠，从而使弱信号光放大。

FRA 与 EDFA 相比，优势体现在以下 3 个方面。

① 采用拉曼放大时，放大波段只依赖于泵浦光的波长。从原理上讲，只要采用合适的泵浦光波长，就可以对任意输入光进行放大，因此 FRA 具有很宽的增益谱。

② 可以利用传输光纤本身做增益介质，因此 FRA 可以对光信号的放大构成分布式放大，实现长距离的无中继传输和远程泵浦，尤其适用于海底光缆通信。

③ 具有较低的等效噪声指数，使其与常规的 EDFA 混合使用时可大大降低系统噪声指数。

3.5.4 黏合剂——无源光器件

在光纤通信系统中，除了光源、光检测器、光放大器等有源器件外，还有许多无源器件，如“黏结剂”一样将整个光纤通信系统连接起来，如光纤连接器、耦合器、光滤波器、光开关、波分复用/解复用器等，都是光纤通信系统的重要组成部分。

1. 光纤连接器

光纤与光纤的连接主要有两种方式，一种是永久性连接，多采用熔接法实现，另一种是活动连接，即采用光纤连接器。光纤连接器是两根光纤之间完成活动连接的器件，主要用于各类有源及无源光器件之间、光器件与光纤线路之间、各类测试仪器与光纤通信系统或光纤线路间的活动连接，以便于系统的接续、测试和维护。

连接器是光纤通信系统中应用最广泛的一种无源器件。光纤连接器的使用必定会引入一定的插入损耗而影响传输性能。对光纤连接器的一般要求是插入损耗小、重复插拔的寿命长、互换性好、拆卸方便等。图 3.41 给出了两种光纤连接器的实物照片。

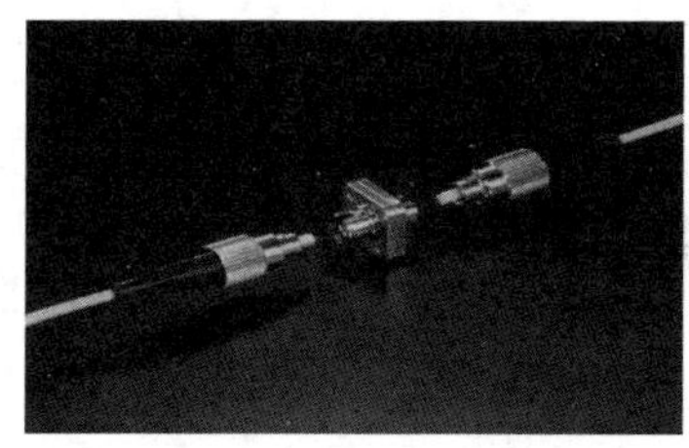

图 3.41 两种光纤连接器的实物照片

2. 光纤耦合器

光纤耦合器的功能是实现光信号的分路/合路，就是把一个输入的光信号分配给多个输出或者把多个输入的光信号组合成一个输出。根据合路和分路的光信号，可以把光纤耦合器分为功率耦合器和波长耦合器。常用的功率耦合器包括三端口四端口光纤耦合器以及星型耦合器，如图3.42所示。图3.43给出了两种光纤耦合器的实物照片。

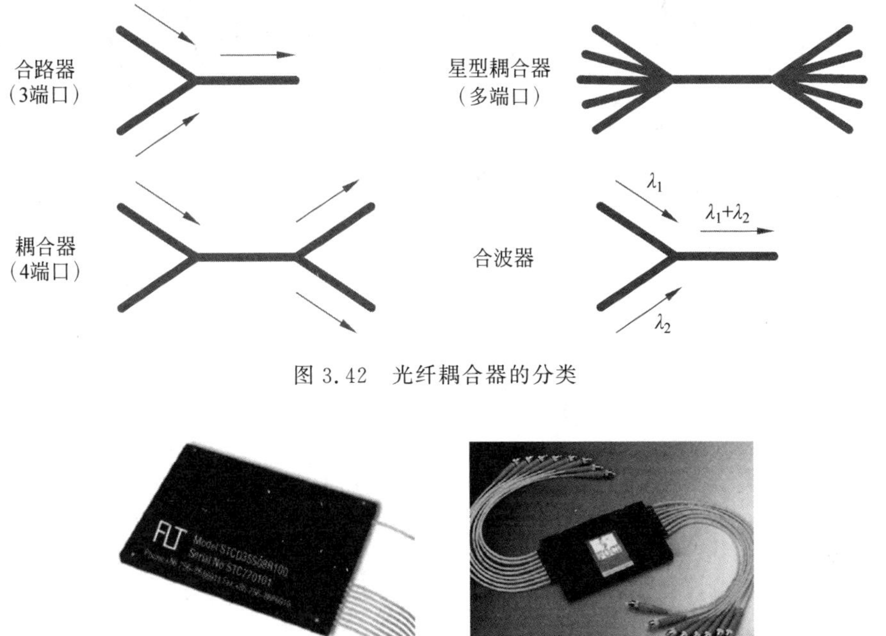

图3.42　光纤耦合器的分类

图3.43　1/N和N/N光纤耦合器实物照片

3. 光衰减器

光衰减器是一种用来降低光功率的器件，它分为可变光衰减器和固定光衰减器两种。可变光衰减器主要用于调节光线路电平，在测量光接收机灵敏度时，需要用可变光衰减器进行连续调节来观察接收机的误码率。固定光衰减器主要用于调整光纤通信线路电平，若光纤通信线路的电平太高，就需要串入固定光衰减器。图3.44给出了一款光纤衰减器实物照片。

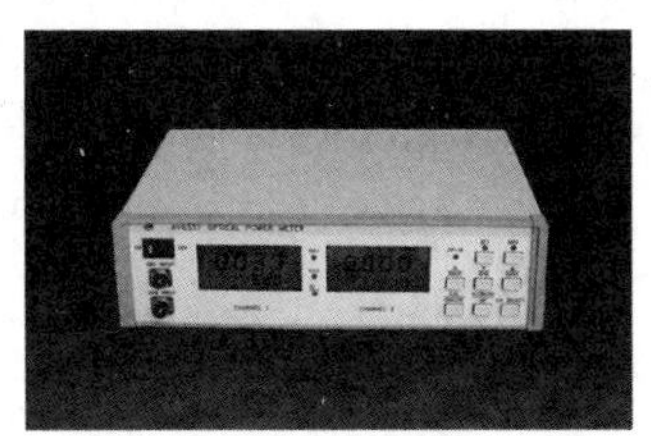

图3.44　光纤衰减器实物照片

4. 光隔离器

光隔离器是一种只允许光波往一个方向传输，阻止光波往其他方向特别是反方向传输的无源器件，主要用在激光器或光放大器的后面，以避免反射光返回导致器件性能变坏。光隔离器的主要参数是插入损耗和隔离度。对正向入射光，插入损耗越小越好，对反向反射光的隔离度则越大越好。目前隔离器的插入损耗典型值约为1dB，隔离度的典型值约在40～50dB之间。

光隔离器的结构及工作原理如图3.45所示。光隔离器主要由起偏器、检偏器和旋光器三部分组成。起偏器和检偏器的特点是当入射光进入后，其输出光束为某一形式的偏振光，当光的偏振方向与透光轴一致时才能全部通过。旋光器由旋光材料和套在材料外面的电流圈组成，可以使通过它的光的偏振状态发生一定程度的旋转。

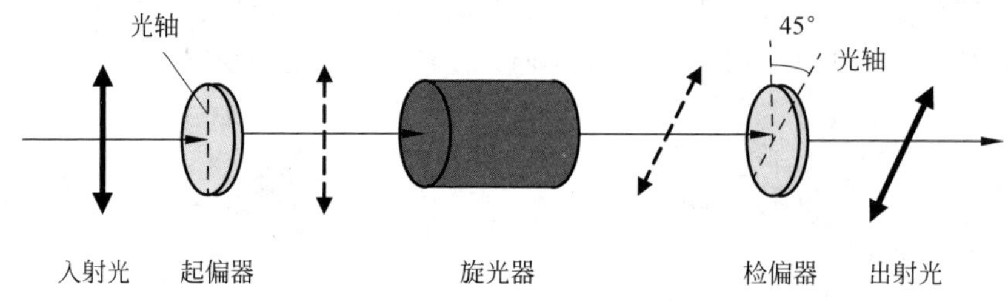

图 3.45　光隔离器的结构与原理图

第 4 章 交换技术基础

CHAPTER 4

交换技术对于大部分国内大学课程来说，涉及的并不太多。主要是因为交换技术涉及具体的硬件交换设备，不容易讲得清楚，学生不容易接受，且需要一定的实验设备辅助来加强理论和实践的结合。

传统的交换技术奠定了现代通信技术的基础，而基于 TCP/IP 体系的 IP 报文交换，则开辟了一个新纪元，在 IP 交换的基础上，发展了多种交换技术，如 ATM 交换、软交换、MPLS 交换，以及 SDN 网络中的 Openflow 协议等，由于近现代无线通信技术的迅猛发展，在无线通信领域，交换技术也有自己的特殊发展。

本章将尽可能系统地、宏观地概括交换技术的前世今生，未来发展方向，相关技术应用等。

4.1 交换技术的一般概念

4.1.1 "交换技术"引入

对于用户来说，交换技术比较抽象。用户对交换最直接的感受是"物物交换"，如图 4.1 所示，即 A 给 B 一个苹果，B 给 A 一个香蕉，如果是只有两个用户的系统，则直接是物物交换。如果是多个用户之间数据的交换，则需要一个专门的"交换系统"来完成用户的识别，交换链路的建立，交换过程的监控，交换数据的验证。因此，现代交换系统则是在如此背景下产生。

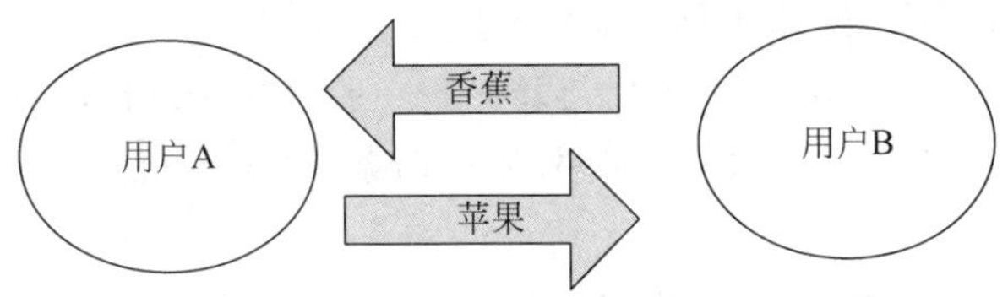

图 4.1 "交换"概念示意图

"交换系统"的任务就是支持任意一个用户之间的语音、文本、数据、图像、多媒体等信息端到端的可靠传输，如图 4.2 所示。换句话来说，就是任意一个用户能够在交换系统内寻找到一条可靠的、能达到目标用户的传输路径，并完成数据传送。

以电话交换用户的需求来说。1876 年 A. G. Bell 发明电话之后，迫切需要在给定数量用户之间建立互相通话的链路。因此需要在任意两个用户之间进行。在用户数量较少的情况下，可以采用网状互联，即所谓"两两互联"，如图 4.3 所示。

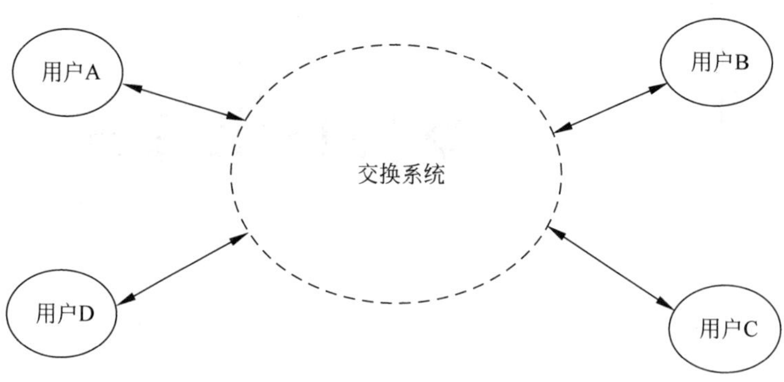

图 4.2 交换系统示意图

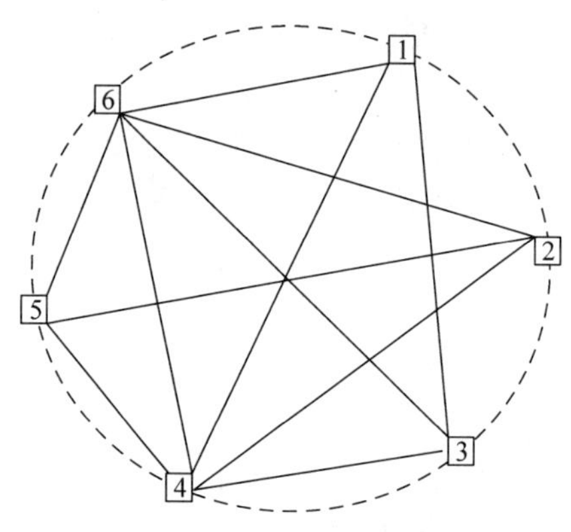

图 4.3 网状交换示意图

在 N 个用户里面随机选取两个用户成为一组链路，则选择的方式为：$\text{Link(Total)}=C_N^2=C_N^{N-2}=N(N-1)/2$

如果 $N=3$，则为 3；如果 $N=8$，则为 28。需要说明一下，是 C_N^2，而不是排列之 P_N^2。

假设网络规模无限大，即 $N\to\infty$，求一下极值，则

$$\text{Link(Total)}=\lim_{N\to\infty}C_N^2=\lim_{N\to\infty}N(N-1)/2=N^2$$

因此所谓两两互联问题，即 N 平方问题。

在这里需要澄清一下，通信双方通常维持一发一收两条物理链路(Link)，即使在物理上只使用一条物理线路(Line)，在实际通信中，还是两条(一对)链路。因此，通信双方需要一对链路。

交换的英文翻译也有所变化，早期交换规模较小，类似开关通断，英文用"Switch"，后来用户数量较多，就用"Exchange"。现在规模较小的单位还保有集团电话这个单位内部自由通话，对外只公布若干个外线号码的形式；在网络时代，由于使用 IP 报文这个分组小单元的交换模式，因此再次回到"Switch"，交换技术即"Switching Technology"。用动名词 ing，来表示交换正在进行时。

4.1.2 交换技术在通信技术的地位

最早的对交换技术的需求来源于电话通信，或者叫语音通信。现代通信技术即是从以

语音通信为特征的程控交换开始的,可以说,程控交换奠定了一个通信时代的里程碑。随着程控交换机的彻底退出市场,进入了纯 IP 报文交换的时代。

IP 报文交换是当前主流的交换模式,在这之前的帧中继 FR、X.25 分组交换、DDN 等技术都只是一个过渡阶段,IP 报文交换开辟了一个新的时代。在这之后的 ATM 交换、MPLS 交换等,都是对 IP 交换在具体业务上的特殊实现。直到多媒体业务的迸发,IMS 交换技术成为运营商交换中心机房的主要业务模式。

总的来说,交换技术是比较难以理解的通信技术,因为交换技术在通信分层体系中所处位置的特殊性决定的。如图 4.4 所示。

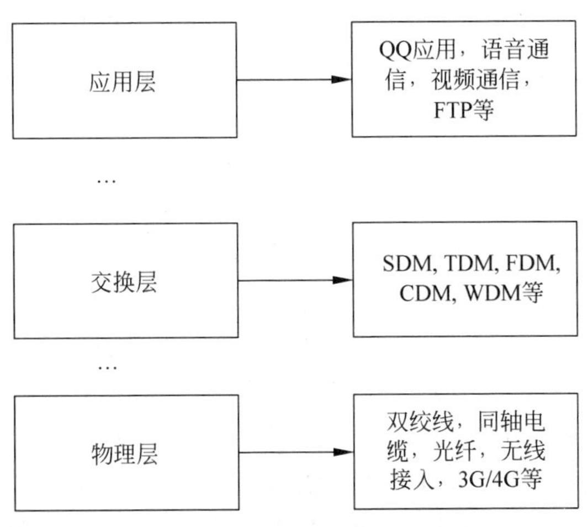

图 4.4 通信分层体系示意图

可以看出,无论是物理层可见的具体设备、通信器材,到用户普遍使用的计算机软件、手机 App 等,用户均有感性认识,而交换技术,通常“潜伏”在运营商的机房之中,对非技术人员来说,交换技术蕴藏在那一排排机架里面的各型“服务器”中,无法感性认识到,只能通过抽象的理论分析来理解。

交换技术中有个名词,叫作“复用”。最初的含义是在同一个信道上,可以承载更多的用户进行通信,由此进行系统倍增扩容,早期的数字电路倍增设备(Digital Circuit Multiplication Equipment,DCME)是为此服务的。那么“交换”,就是在交换局内交换机里面,对不同用户的数据按照寻址进行“转接”的过程。因此,在很多场合,“空分交换”,也被称为“空分复用”,其他相应交换原理也类似。

交换技术中有一些经典的复用技术,例如空分交换、频分交换、时分交换、码分交换,本节特意从原理的级别进行介绍。

4.2 空分复用技术

空分复用(Space Division Multiplex,SDM)技术是指利用空间的分割实现复用的一种方式,最早期使用在古老的模拟制纵横交换机上,之后由于技术较为单一,很少使用。

随着多元传输技术的发展,在其他通信领域也发挥了作用,比如在光纤通信中,将多根光纤组合成束实现空分复用,或者在同一根光纤中实现空分复用,此种模式被单独定义为波分复用(Wavelength Division Multiplex,WDM),在传输章节内也会涉及。光纤通信中的空分复用技术包括光纤复用和波面分割复用。光纤复用是指将多根光纤组合成束组成多个信道,相互独立传输信息。在光纤复用系统中,每根光纤只用于一个方向的信号传输,双向通信需要一对光纤,即所需的光纤数量加倍。光纤复用可以认为是最早的和最简单的光波复用方式。

在移动通信中,能实现空间分割的基本技术就是采用自适应阵列天线,这是一种利用在不同的用户方向上形成不同的波束,也叫作移动通信的空分复用。

如果用空间的分割来区别不同的用户,就叫作空分复用接入(Space Division Multiple Access,SDMA)。卫星通信也采用空间分割来区分每一个接收用户,每个波束可提供一个无其他用户干扰的唯一信道,也有其他叫法:多用户-多输入多输出(Multi-User Multiple-Input Multiple-Output,MU-MIMO)。

如果用空间的分割来区别同一个用户的不同数据,就叫作 MIMO 空分复用。如果用空间的分割来区别同一个用户的相同数据,以求更高的增益,就叫作 MIMO 发射分集。

MIMO(Multiple-Input Multiple-Output)技术指在发射端和接收端分别使用多个发射天线和接收天线,使信号通过发射端与接收端的多个天线传送和接收,从而改善通信质量。它能充分利用空间资源,通过多个天线实现多发多收,在不增加频谱资源和天线发射功率的情况下,可以成倍地提高系统信道容量,显示出明显的优势、被视为下一代移动通信的核心技术。

本节主要从最基本的空分复用原理说起,后面的一些技术都是结合空分复用并进行了深入拓展。最基本的空分交换,可以采用具有开关导通节点的矩阵来进行描述。如图 4.5 所示,A,B,C,D 四个输入用户,它们的数据最终要通过 SDM 交换网络到达 M,N,O,P,在这里以 A 为例,它必须能够根据自己的寻址方式,到达 M,N,O,P 中的任何一个,都不发生阻碍,如何实现呢?

可以构建一个开关矩阵,如图 4.6 所示。

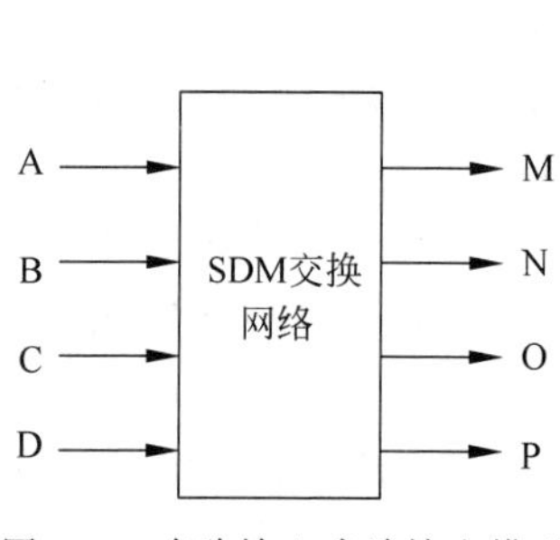

图 4.5 多路输入多路输出模型

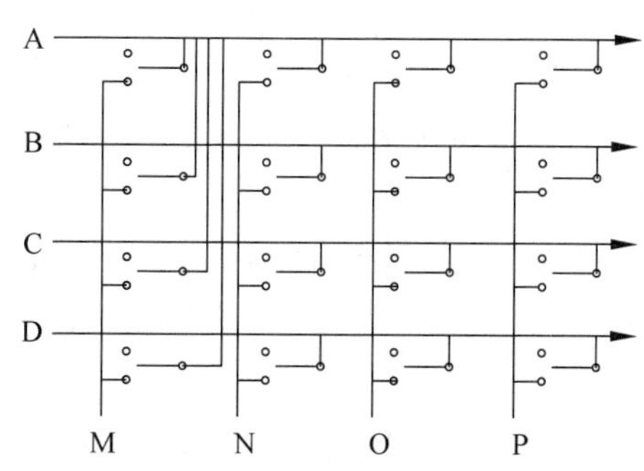

图 4.6 空分复用交换网络示意图

可以定义一个二维开关变量矩阵为:当开关往下闭合,元素值为“1”;当开关置空,元素值为“0”。由此,当发生如下矩阵值时

$$\begin{bmatrix} 1 & 0 & 0 & 0 \\ 0 & 0 & 0 & 0 \\ 0 & 0 & 0 & 0 \\ 0 & 0 & 0 & 0 \end{bmatrix}$$

可以知道，此时 A 与 M 导通，即 A 输入的数据从 M 输出。因此通过发送这个矩阵控制变量，可以灵活地任意输入用户的数据，切换到任意输出信道上。

当然，此种模式也会产生冲突的情况，请同学自己分析一下，在什么情况下会发生何种冲突情况。

4.3　频分复用技术

频分复用(Frequency Division Multiplexing，FDM)技术最早是用在模拟通信上，频分复用就是将用于传输信道的总带宽划分成若干个子频带(或称子信道)，每一个子信道传输1路信号。在传统的调频收音机模式，也就是通常所说的FM频道，每一个频道(或者说频点)代表一个广播频道。频分复用要求总频率宽度大于各个子信道频率之和，同时为了保证各子信道中所传输的信号互不干扰，应在各子信道之间设立隔离带，也叫保护带，这样就保证了各路信号互不干扰，这是FDM通信的必要条件，以语音通信为例，语音信号的频带通常限制在3400Hz以内，可是在多路频分复用模式下，以4000Hz作为考量，则多出来的600Hz带宽做两路相邻信号的隔离保护带。频分复用技术的特点是所有子信道传输的信号以并行的方式工作，每一路信号传输时可不考虑传输时延，因而频分复用技术取得了非常广泛的应用，频分复用的接收机通常内部设置有锁相环，用来负反馈"锁定"发送频点。

频分复用技术还在有线宽带接入中有应用，比如基于双绞线的ADSL，基于同轴电缆的HFC技术，在移动通信的频谱资源划分中，也是先采用频分复用，然后再采用时分复用的基本模式。频分复用技术除传统意义上的频分复用(FDM)外，还有一种是正交频分复用(OFDM)。

图4.7是语音信号的时域图，即 X 轴以时间信号为基准，放大后可以发现是一个类似余弦波的图形，但是通信领域更多是以频域为参考轴的，即频域图，X 轴的单位是赫[兹](Hz)。

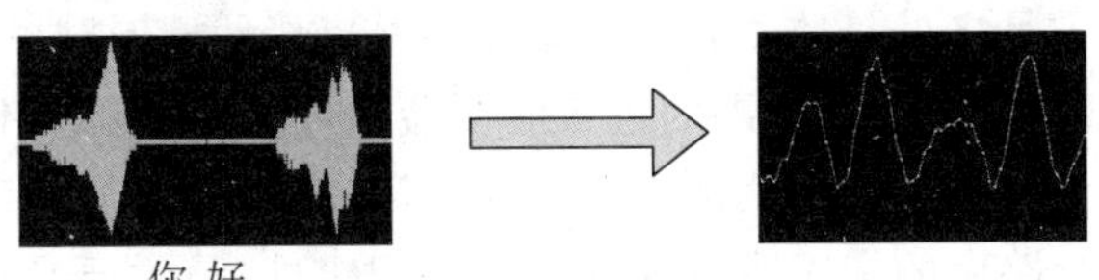

图4.7　语音信号的时域图

如图4.8所示是语音基带信号的频域图，可以看出，在广阔的频谱资源中，只占据了3400赫[兹]的带宽资源，还有无数的频谱资源没有开发利用。

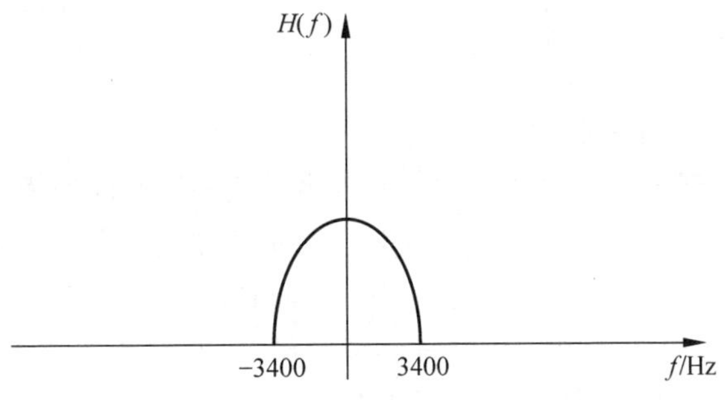

图4.8　语音基带信号的频域图

如果采用频分复用技术，则可以进行频谱扩展，如图 4.9 所示，以 $f_s=8000\text{Hz}$ 的采样频率进行频谱搬迁(即将低频信号的整体迁移到高频段，也叫作调制技术)。很明显，两路信号之间有一个隔离保护带，为 1200Hz。当然，下面的调制技术是采用双边带调制 DSB，如果采用单边带调制 SSB，或者残留边带调制 VSB，这些调制技术的原理将在"通信原理"课程中详细学习。

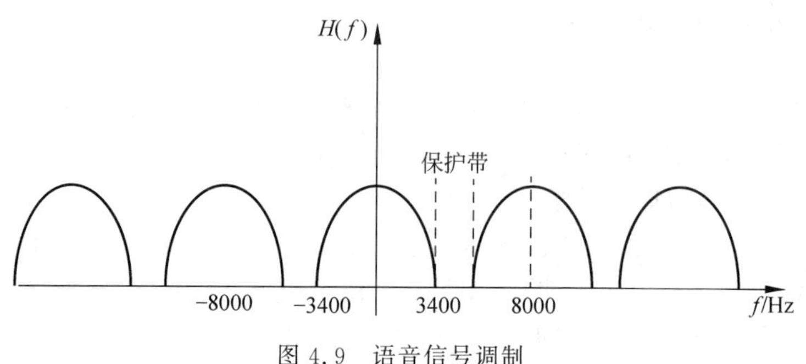

图 4.9 语音信号调制

频率复用系统的最大优点是信道复用率高，允许复用的路数多，同时它的分路也很方便。因此，它是目前模拟通信中最主要的一种复用方式，特别是在有线、微波通信系统及卫星通信系统内广泛应用。例如，在卫星通信系统中的频分多址(FDMA)方式，就是按照频率的不同，把各地球站发射的信号安排在卫星频带内的指定位置进行频分复用，然后，按照频率不同来区分地球站站址，进行多址复用。

① 有效减少多径及频率选择性信道造成接收端误码率上升的影响；

② 接收端可利用简单一阶均衡器补偿信道传输的失真；

③ 频谱效率上升。

频率复用系统的不足之处是收发两端需要大量载频，且相同载频必须同步，设备较复杂。另外，还需要大量的各种频带范围的边带滤波器。对它们的要求不仅是频带特性陡峭，而且对频率的准确性和元件的稳定性都要求很高。第三，频率复用系统不可避免地产生路间干扰。其原因除了分路用的带通滤波器特性不够理想外，最主要是信道本身存在着非线性特性。例如，多路复用信号通过公用的放大器时，由于放大器的非线性失真会引起各路信号频谱交叉重叠，这样会带来路间干扰，通常在传输语音信号时称为路间串话。因此，为了提高传输质量，对信道的线性指标有严格的要求。

4.4 时分复用技术

时分复用(Time Division Multiplexing，TDM)，是采用同一物理连接的不同时段来传输不同的信号，也能达到多路传输的目的。时分多路复用以时间作为信号分割的参量，故必须使各路信号在时间轴上互不重叠。TDM 就是将提供给整个信道传输信息的时间划分成若干时间片，简称时隙(Time Slot，TS)，并将这些时隙分配给每一个信号源使用。

如图 4.10 所示，我们将复用器看成一个轮盘机器，共有 4 路用户 A、B、C 和 D 需要发送数据，对面分别是 A′、B′、C′和 D′。我们认为 A 和 A′、B 和 B′、C 和 C′、D 和 D′形成四组直接通信，由于信道只有一个，如果按照先 A 向 A′通信，结束后再 B 和 B′，接着 C 组，再接着D组，这就违背了通信的公平原则，因此我们采用将A、B、C、D所要说的数据流（以字节Byte为单位），分成若干个时隙TS，当复用器的开关打到A时，A发送一个时隙的数据，接着复用器的开关打到B，再打到C，再打到D，每次只"取"一个时隙的数据发送到信道上去。

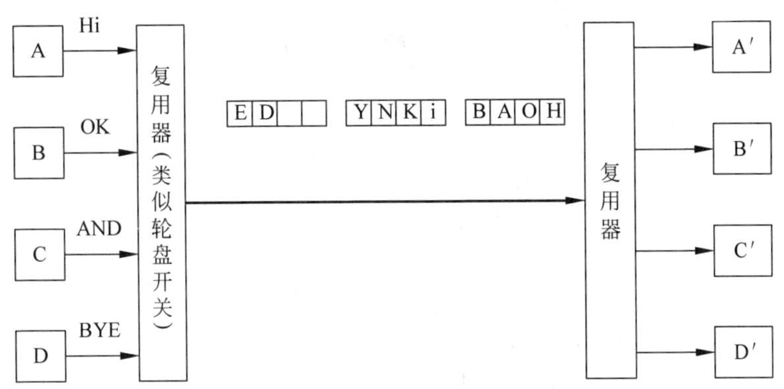

图4.10　TDM工作模型

因此，在复用器的一个周期内，信道上出现了一个由A、B、C和D各出一个时隙数据组成的帧（Frame），接收机解复用器则执行复用器相反的工作，将接收到的一个个的帧分别送入对应的A′、B′、C′和D′，从而完成A、B、C和D各组内部之间的通信。

在具体的实践中，以PCM30/32语音通信为例，复用器的工作频率是8000Hz，负责处理32个时隙。复用器开关在每个位置停留125μs/32=3.9μs，提取1个字节，最终组成一个长度为32×8=256个比特的帧结构。如图4.11所示，通信里面是以"0"开始做下标的，因此是构成一个从TS0～TS31的帧。

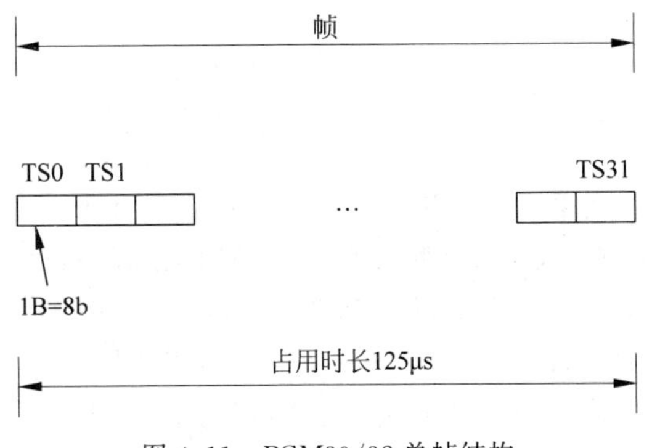

图4.11　PCM30/32单帧结构

下面结合移动通信中的GSM移动通信，如图4.12所示，说明一个FDM和TDM结合的实例。

如图4.12所示，在移动通信中，基站BSS会发送无线信号与手机终端通信，手机只有在基站覆盖的范围内（无线小区），在2G（GSM）移动通信中，将基站发出的无线信号进行资源划分，分配给本地蜂窝小区内的用户进行使用。移动终端通常占用两个频段与基站完成双向通信，即上行信道用来发送用户语音，下行信道用来接收用户语音。

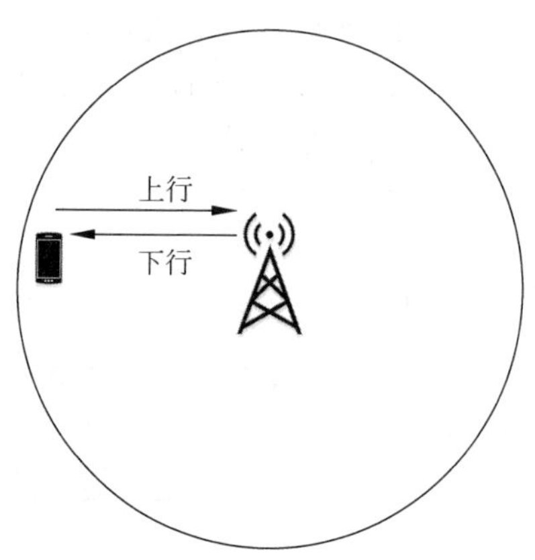

图 4.12　单基站 GSM 移动通信

在概念建立后，模拟出一道习题如下：已知某 GSM 系统 DCS1800 频段分配如下（见图 4.13）：上行 1710～1785MHz，下行 1805～1880MHz，频点保护间隔为 200kHz。①请计算此频段的可用带宽值？②假设某独立小区采用此频段，首尾各留一个保护频点，语音为全速率模式，计算该小区理论上最大多少个用户？

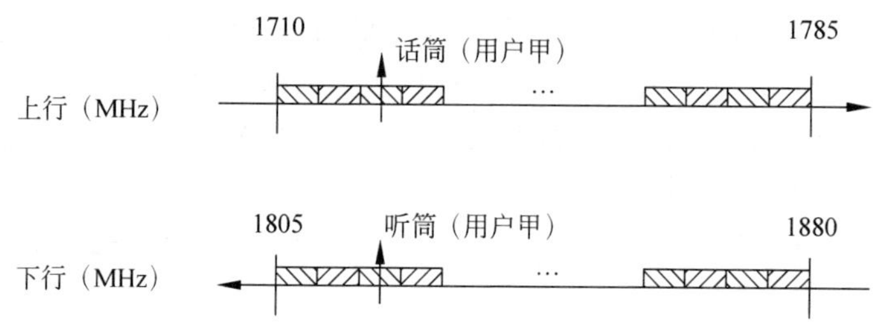

图 4.13　GSM 频谱分配

如图 4.13 所示，可以计算出上行频带＝下行频带＝75MHz

在 75MHz 的无线带宽上，先采用频分复用 FDM 的模式，每 200kHz 一个划分，每个用户必然占据上行频带的一个频点和下行频带的一个频点，用来完成收发双向通信。如果一个频点只分配给一个用户，太浪费频带资源了，因此，可以采用全速率语音通信模式，即每个频点再时分复用 TDM 之后，变成 8 个时隙，这样，理论上，在某一个只有一个蜂窝 GSM 基站天线的理想化模型下，最多可以分配的用户数量为：

$$U_{\text{sers}}=(1785-1710)/0.2\times 8=(1880-1805)/0.2\times 8=3000(\text{个})$$

当然，由于带通滤波器理论上存在，实际上很难做到，因此，受限于带宽滤波器的垂直陡降特性，在通过滚降型带通滤波器后，通常 75MHz 频带的首尾两个频点会被“污染”，因此我们扣除首尾频点，得到：

$$U_{\text{sers}}=[(1785-1710)/0.2-2]\times 8=[(1880-1805)/0.2-2]\times 8=2984(\text{个})$$

以上就是一个典型的“FDM＋TDM”的小小理论案例。

4.5 码分复用技术

现代无线通信的发展，诞生了一个叫作绿色无污染的移动通信技术——码分复用（Code Division Multiple Access，CDMA）。

码分多址（CDMA）是在数字技术的分支——扩频通信技术上发展起来的一种崭新而成熟的无线通信技术。CDMA 技术的原理是基于扩频技术，即将需传送的具有一定信号带宽信息数据，用一个带宽远大于信号带宽的高速伪随机码 PN（Pseudo-Noise Code）进行调制，使原数据信号的带宽被扩展，再经载波调制并发送出去。接收端使用完全相同的伪随机码，与接收的带宽信号做相关处理，把宽带信号换成原信息数据的窄带信号即解扩，以实现信息通信。CDMA 作为一种扩频多址数字式通信技术，通过独特的代码序列建立信道，用于二代和三代无线通信中的任何一种协议。CDMA 采用一信道多路信号方式，多路信号只占用一条信道，极大提高带宽使用率，应用于 800MHz 和 1.9GHz 的超高频（UHF）移动电话系统。CDMA 使用带扩频技术的模-数转换（ADC），输入音频首先数字化为二进制元。传输信号频率按指定类型编码，因此只有频率响应编码一致的接收机才能拦截信号。由于有无数种频率顺序编码，因此很难出现重复，增强了保密性。CDMA 通道宽度名义上 1.23MHz，网络中使用软切换方案，尽量减少手机通话中信号中断。数字和扩频技术的结合应用使得单位带宽信号数量比模拟方式下成倍增加，CDMA 与其他蜂窝技术兼容，实现全国漫游。最初仅用于美国蜂窝电话中 CMDAOne 标准只提供单通道 14.4kb/s 和八通道 115kb/s 的传输速度。CDMA2000 和宽带 CDMA 速度已经成倍提高。

纯自然科学的语言会比较难懂，这里面有一些概念，比如扩频、随机码、伪随机码、正交序列等。首先构建一个通信的场景，如图 4.14 所示。

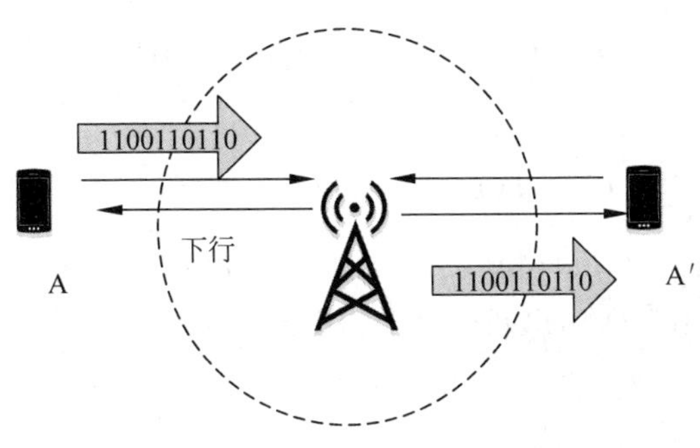

图 4.14 两个用户的 CDMA 通信

无线 CDMA 用户 A 和 B 需要进行 CDMA 通信。A 使用某一个频点发送数据，通常被发送的数据可以是以逻辑的“0”和“1”来表示，由于还存在一个不发送数据的“零状态”，我们将这三种状态定义为“+1”“-1”和“0”，用来分别表示需要数据发送的三种情况，即发送逻辑的二进制位“1”“0”和不发送数据。

假设在某一个频点需要发送“1”或者“0”。为了能发送这一个符号，实际上发送了一长串的“随机码”，即 PN 码，这就是“扩频”思想里面的“直接序列扩频”，直接用一个随机码序列将原有的频点资源扩张。在真实的 CDMA 1X 系统中，除了长码（42 位）、短码（15 位）、还有 64 位的 Walsh 码。在这里，我们选取一组最简单的 8 位随机码做原理性说明(见图 4.15)。

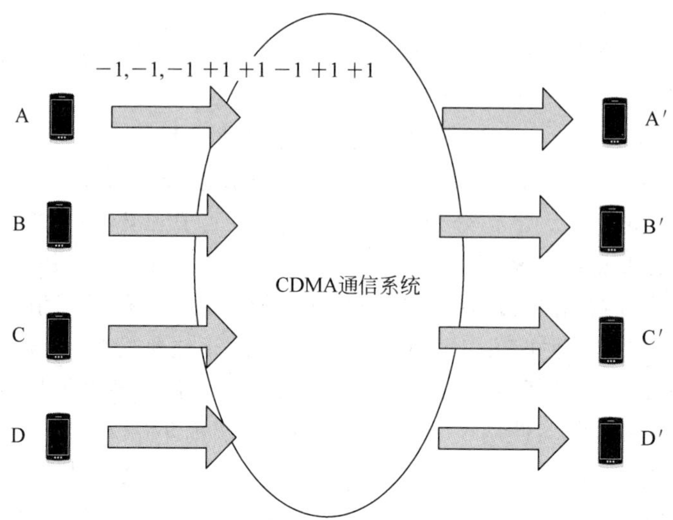

图 4.15 多路 CDMA 用户通信的原理图

在 CDMA 通信中，共有 4 个站进行码分多址 CDMA 通信。4 个站的码片序列为：

A：(－1－1－1＋1＋1－1＋1＋1) B：(－1－1＋1－1＋1＋1＋1－1)

C：(－1＋1－1＋1＋1＋1－1－1) D：(－1＋1－1－1－1－1＋1－1)

以上码片的含义是：如果 A 想要发送逻辑数据“1”的话，则发送信号序列(－1－1－1＋1＋1－1＋1＋1)；如果想发送逻辑数据“0”的话，则发送该码片的反码，即(＋1，＋1，＋1，－1，－1，＋1，－1，－1)；B、C、D 也是如此。

我们观察一个特性，即 4 个码片中，任意两个码片序列两两相乘，数学定义上叫作内积，结果都是为 0，即满足

$$P=\frac{1}{N}\sum I(i)*I(j)=\frac{1}{N}\sum I(i)*\overline{I(j)}=0$$

$$N=8;\ i\neq j,I(1)=A,I(2)=B,I(3)=C,I(4)=D$$

由于 $P=0$，则表明 A、B、C、D 用户两两之间不会产生干扰。

那么同时存在，

$$P(\text{"1"})=\frac{1}{N}\sum I(i)*I(i)=1$$

$$P(\text{"0"})=\frac{1}{N}\sum I(i)*\overline{I(i)}=-1$$

也就是接收端如果用相同的码片序列来进行内积的话，如果收到的是“1”码片序列，则结果为 $P(\text{"1"})=1$，如果收到的“0”码片序列，则检测结果为 $P(\text{"0"})=-1$。

由于无线信道是开放性的、发散性的，每个用户发出物理信号都会在无线空间里面进行叠加，那么我们提出以下几个问题：

如果 B、C、D 都不发送数据，只有 A 发送了逻辑数据“1”，则所有的接收机接收到了什么数据？

如果 A 发送逻辑数据“0”(即发送了 $\overline{A}$),B 发送逻辑数据“1”,则所有的接收机接收到了什么数据?

假设某个场景下,A 站发出了“0”,B 站没有发送数据,C 站发出了“1”,D 站发出了“0”,请写出此时接收机接收到的码片序列是什么?

现收到这样的码片序列 Z:(−1+1−3+1−1−3+1+1)。问哪一个站发送数据了?发送站的数据是“1”还是“0”?

问题 1:此时所有的接收机都接收到了序列:(−1,−1,−1+1+1−1+1+1)

问题 2:此时接收到 $\overline{A}$ 和 B 数据的叠加:

$$\overline{A}:\ (+1,+1,+1,-1,-1,+1,-1,-1)$$
$$B:\ (-1,-1,+1,-1,+1,+1,+1,-1)$$
$$(0,0,+2,-2,0,+2,0,-2)$$

问题 3:如果收到了某一个序列 Z,如何来判断是谁发送的,发送的是“1”还是“0”,还是根本就没有发送,这时就要用到随机码的特性。

对于接收端来说,分别用已知的码本(Codebook)里面的码片序列依次来进行内积求解。方法同上,则可以得到:

$$=\frac{1}{N}Z*A$$
$$=\frac{1}{8}\{-1,+1,-3,+1,-1,-3,+1,+1\}*\{-1,-1,-1,+1,+1,-1,+1,+1\}$$
$$=\frac{1}{8}\{(+1)+(-1)+(+3)+(+1)+(-1)+(+3)+(+1)+(+1)\}$$
$$=1$$

由此我们可以判断在发送端,无论 B、C、D 用户是否发送数据,A 用户一定发送了一个逻辑数据“1”。

由此我们可以分别用 B、C、D 的码片序列进行校验,如果校验的结果为 0,说明对应的码片序列的用户没有发送数据;如果校验的结果为−1,则说明对应的码片发送数据为逻辑数据“0”;如果校验的结果为 1(即“+1”),说明对应的码片发送数据为逻辑数据“1”。

后续的工作由同学们自己完成。

4.6　波分复用

简单的波分复用的含义,就是在同一根光纤中同时让两个或两个以上的光波长信号通过不同光信道各自传输信息。

波分复用(Wavelength Division Multiplexing,WDM)普遍用在运营商骨干网传输设备上,此部分内容可能与书中部分章节有重合,但讨论的角度有所不同。WDM 是将两种或多种不同波长的光载波信号(携带各种信息)在发送端经复用器(也称合波器,Multiplexer)汇合在一起,并耦合到光线路的同一根光纤中进行传输的技术;在接收端,经解复用器(也称分波器或称去复用器,Demultiplexer)将各种波长的光载波分离,然后由光接收机作进一步处理以恢复原信号。这种在同一根光纤中同时传输两个或众多不同波长光信号的技术,称为波分复用。

光纤通信的知识在前面章节可能已经涉及到，在这里仅从复用技术的角度加以说明。如图 4.16 所示，不同波长的激光，通过复用器(multiplexer)汇合进入同一根光纤，通常是无源的具有放大功能的光放大器(Optical Amplifier，OA)，在超长距离的传输过程中，需要光中继系统进行光信号的恢复，再生和重新发送，最终在接收端通过分波器(demultiplexer)分解成原始的波长信号。

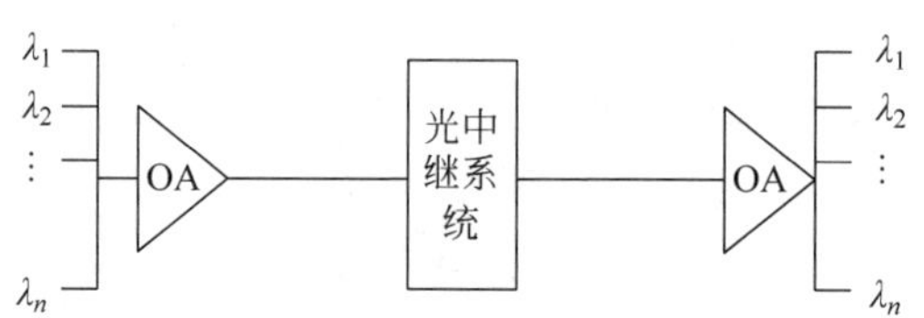

图 4.16 波分复用原理

在这里值得一提的是：首先，发送端的激光波长，通过都集中在 3 个工作窗口，即 0.85μm(短波窗口)，1.31μm 和 1.55μm(长波窗口)。而在 WDM 通信中，集中在某一个窗口的激光波长之间需要一定的保护波长地带，随着保护地带的越来越窄，有时甚至达到 10nm 以内的级别，这时将被称为密集型光波复用(Dense Wavelength Division Multiplexing，DWDM)，充分体现了光通信制造工艺的精密。

比如，某个 DWDM 网络可以在 DWDM 基础上混合 OC-48(2.5Gbps)和 OC-192(10Gb/s)两种速率的 SONET 信号。从而获得高达 40Gb/s 的巨大带宽。采用 DWDM 的系统在达到以上目标的同时，仍然可以维持和现有传输系统同等程度的系统性能、可靠性和稳固性，甚至有过之而无不及。以后的 DWDM 终端更可以承载总计 80 个波长之多的 OC-48 以达到 200Gb/s 的传输速率，或者高达 40 波长的 OC-192 以达到 400Gb/s 的传输速率。

有一个光传输器件的功能对推动现代通信网光纤化功不可没，即光放大器 EDFA，EDFA 是英文"Erbium-doped Optical Fiber Amplifier"的缩写，译为掺铒光纤放大器，是对信号光放大的一种有源光器件，工作窗口在 1550nm 左右。传统的光信号再生都是先将已经衰减的光信号接收下来，再整形、恢复、放大，最后发送出去，而 EDFA 这种特殊的光纤，改变了传统的"光"—"电"—"光"的步骤，变成"光"—"光"的过程，可以直接对光信号进行放大。因此对长距离传输，比如海底光缆、沙漠、森林等穿越无人区的地带，EDFA 发挥了革命性的作用。因此图 4.16 中的 OA，更多的是 EDFA 这种特殊的带有光放大功能的特殊光纤。

掺铒光纤放大器的诞生是光纤通信领域革命性的突破，它使长距离、大容量、高速率的光纤通信成为可能，是 DWDM 系统及未来高速系统、全光网络不可缺少的重要器件。其研发和应用，对光纤通信的发展有着重要的意义。在我国，武汉邮科院研制开发的 EDFA 系列产品，如图 4.17 所示，已大量应用到工程中。主要功能是对传输链路中的信号光进行功率补偿。目前，"掺铒光纤放大器(EDFA)密集波分复用(DWDM)＋非零色散光纤(NZDSF)＋光子集成(PIC)"正成为国际上长途高速光纤通信线路的主要技术方向。

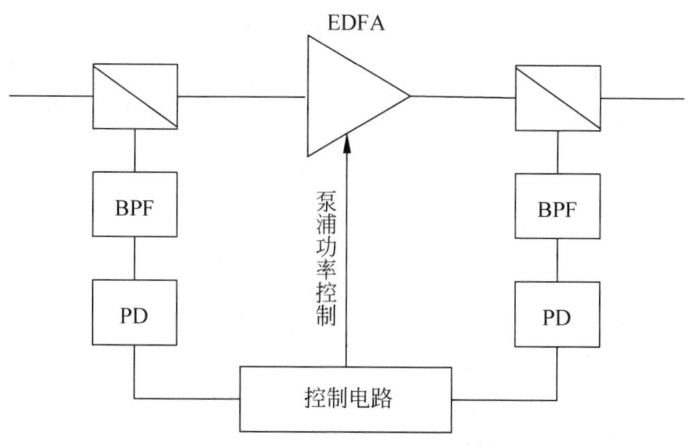

图 4.17 EDFA 的基本工作原理

4.7 向分组交换过渡

4.7.1 电路交换的概念

电路交换(Circuit Switching,CS)是通信网中最早出现的一种交换方式,也是应用最普遍的一种交换方式,主要应用于电话通信网中,完成电话交换,已有 100 多年的历史。

电话通信的过程是:首先摘机,听到拨号音后拨号,交换机找寻被叫,向被叫振铃同时向主叫送回铃音,此时表明在电话网的主被叫之间已经建立起双向的话音传送通路;当被叫摘机应答,即可进入通话阶段;在通话过程中,任何一方挂机,交换机拆除已建立的通话通路,并向另一方传送忙音提示挂机,从而结束通话。

从电话通信过程的描述可以看出,电话通信分为三个阶段:呼叫建立、通话、呼叫拆除。电话通信的过程,即电路交换的过程,如图 4.18 所示,因此,相应的电路交换的基本过程可分为连接建立、信息传送和连接拆除三个阶段。

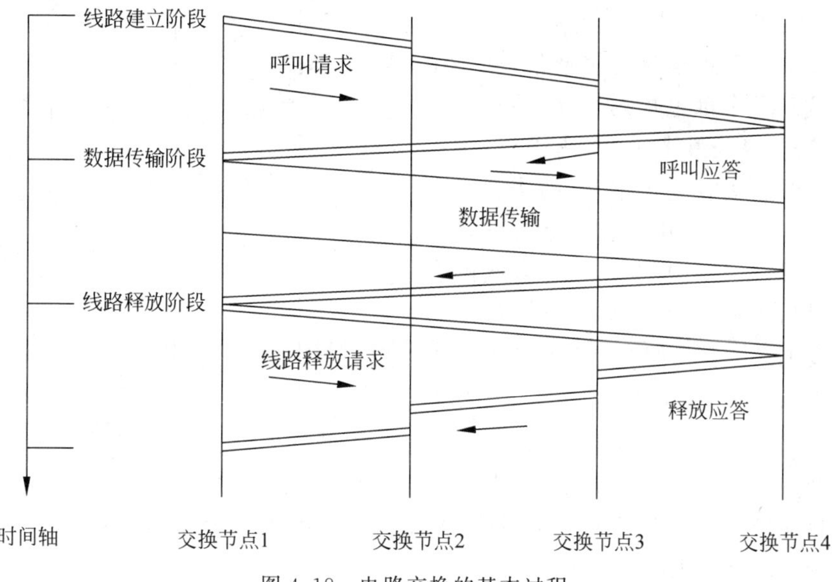

图 4.18 电路交换的基本过程

可以很明显地看出，电路交换是需要在通信双方建立一条物理链路的，一旦建立，则通信双方占据这条链路，直到通信结束后拆链才释放电路。如果是采用频分复用技术，则占据频率电路，如果是采用时分复用，则占据某个时隙电路。因此，电路交换更准确的表达是独占物理资源，可靠性高，因此很明显效率会比较低，且一旦某个节点损坏，则电路全部中断，如图 4.19 所示。

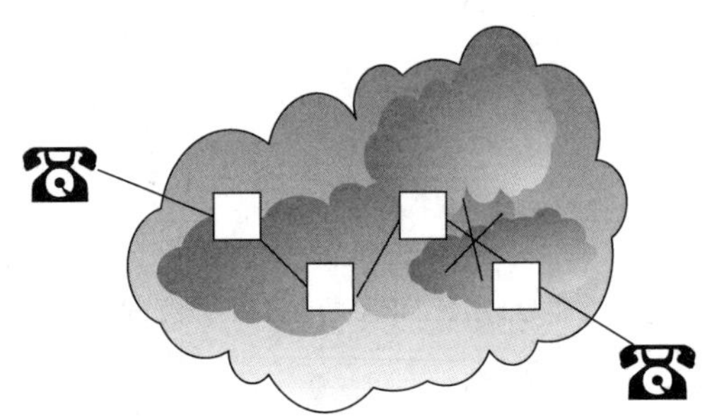

图 4.19 电路交换的易毁性

电路交换很好地引入了两个概念：面向连接和面向无连接。

① 面向连接：通信过程包括建立连接、信息通信和释放连接三个标准步骤的连接过程。

② 面向无连接：通信过程只包括信息通信的一个步骤的过程。

很明显，电路交换是属于面向连接的物理连接过程。在以后的 TCP/IP 协议体系中，TCP 是面向连接的逻辑连接；UDP 是面向无连接的逻辑连接。

4.7.2 报文交换的概念

报文交换(Message Switching)是一种信息传递的方式。报文交换不要求在两个通信节点之间建立专用通路。节点把要发送的信息组织成一个数据包——报文，该报文中含有目标节点的地址，完整的报文在网络中一站一站地向前传送，如图 4.20 所示。

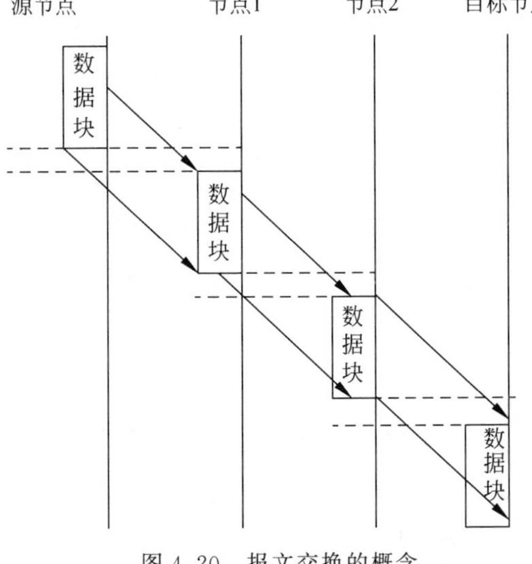

图 4.20 报文交换的概念

报文交换的思想来自电报通信，即每个节点都先接收下全部电报内容，然后再转发给下一个节点，直到最终到达目标节点。

每一个节点接收整个报文，检查目标节点地址，然后根据网络中的交通情况在适当的时候转发到下一个节点。经过多次的存储、转发，最后到达目标，因此这样的网络叫存储—转发网络。其中的交换节点要有足够大的存储空间(一般是磁盘)，用以缓冲收到的长报文。

交换节点对各个方向上收到的报文排队，对照下一个转发节点，然后再转发出去，这些都带来了排队等待延迟。报文交换的优点是不建立专用链路，但是线路利用率较高，这是由通信中的等待时延换来的。

目前电子邮件 E-mail 是采用此种方式进行交换和传输的。

报文交换的优点是：

① 报文交换不需要为通信双方预先建立一条专用的通信线路，不存在连接建立时延，用户可随时发送报文。

② 由于采用存储转发的传输方式，使之具有很多优势。在报文交换中便于设置代码检验和数据重发设施，加之交换节点还具有路径选择，就可以做到某条传输路径发生故障时，重新选择另一条路径传输数据，提高了传输的可靠性；在存储转发中容易实现代码转换和速率匹配，甚至收发双方可以不同时处于可用状态。这样就便于类型、规格和速度不同的计算机之间进行通信；提供多目标服务，即一个报文可以同时发送到多个目的地址，这在电路交换中是很难实现的；允许建立数据传输的优先级，使优先级高的报文优先转换。

③ 通信双方不是固定占有一条通信线路，而是在不同的时间一段一段地部分占有这条物理通路，因此大大提高了通信线路的利用率。

报文交换的缺点是：

① 由于数据进入交换节点后要经历存储、转发这一过程，从而引起转发时延（包括接收报文、检验正确性、排队、发送时间等），而且网络的通信量越大，造成的时延就越大。因此报文交换的实时性差，不适合传送实时或交互式业务的数据。

② 报文交换只适用于数字信号。

③ 由于报文长度没有限制，而每个中间节点都要完整地接收传来的整个报文，当输出线路不空闲时，还可能要存储几个完整报文等待转发，要求网络中每个节点有较大的缓冲区。为了降低成本，减少节点的缓冲存储器的容量，有时要把等待转发的报文存在磁盘上，进一步增加了传送时延。

目前，报文交换由于其使用的局限性，在实际通信系统中已经很少使用，假设未来的某一天，地球上所有的高新通信技术都被破坏，通信机房、移动基站、通信卫星都被摧毁，那么采用带有人工转发性质的电报机，就可以通过报文交换方式进行接力式通信传输，当然我们并不希望这一天的到来。

4.7.3　分组交换思想

在电路交换进入分组交换的过渡过程中，还出现了一些为了适应当时落后线路的技术。技术虽然有可能落后，但是设计思想是非常有帮助的。

首先阐述一下分组交换的基本思想。分组交换完全是与电路交换不同的设计思想，直到现在，无论是 IP 交换、ATM 交换、MPLS 交换、都是在分组交换的思想下的演变。

首先，原有的电路交换 CS 主要是面向最早的语音通信的，设计思想比较简单，效率非常低，对网络的承受能力非常差。而随着社会的发展，数据通信以摩尔级数上升，效率优先的问题提上了日程。

分组交换（Packet Switch）的思想是将要发送的原始数据分片，也就是拆分（封装）成若干个分组，每个分组都具有自己的独立信息，比如包含目的信息和分组编号等信息的分组头部、数据体等。分组交换网的节点，这时被称为路由器，每个路由器都拥有一张可变的路由表，记录着当前网络的拥塞信息，当路由器收到一个带有头部的分组，会根据当前路由表信息，为它指定下一跳路由器。如果有节点损毁，如图 4.21 中的 F，则路由器 E 会自动将当前分组转向别的路由。由此，所有的分组将遵循着尽可能贴合网络实际拥塞状态的逐跳转发。在接收端，所有来自不同路径的分组汇聚在缓存中，重新按照编号进行排序，恢复成原始数据信号。

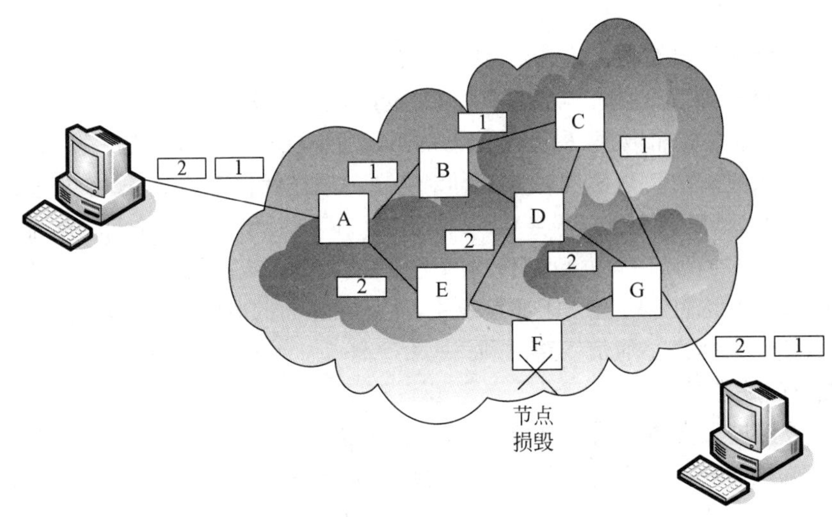

图 4.21　分组交换原理

最简单的描述如图 4.22 所示。

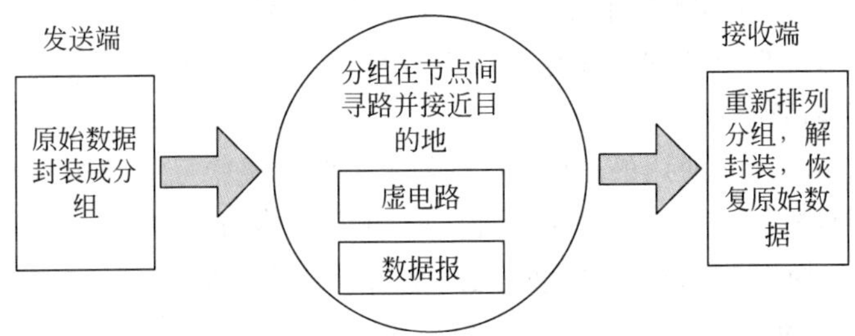

图 4.22　两种途径：数据报和虚电路

虚电路的含义：虚电路是在分组交换中，虽然从发送端到接收端可以产生无数条可以到达的物理链路，但我们可以选择其中一条，并从发送端到接收端建立一条逻辑路径，该逻辑路径由逻辑链路标志定义。

虚电路包括两种，一种是交换式虚电路 SVC，另一种是永久式虚电路 PVC。

SVC 是只有在有发送数据需求时才建立，建立后，所有分组数据沿着这条既定 SVC 虚电路高速传输，数据传输结束后，SVC 链路被拆除，下次有数据发送请求时再重新申请建立一条逻辑链路。

PVC 是一旦建立，基本不会被拆除的虚电路，比如一些专线。虚电路中，所有的分组都是按先后次序到达目的地。SVC 和 PVC 的思想在后期 ATM 交换中得到很大的应用。

数据报的含义：每个被封装的分组动态根据网络状况，由路由器进行独立判断和转发，最终由接收端进行恢复。在数据报模式中，分组到达有先有后，如果分组到达超时，为网络时延；如果分组到达不一致，为网络抖动；如果在规定允许的时间没到达，为丢包率。

由此可见，虚电路更适用一些可靠性要求高的专线场合；数据报则更开放，更符合普通人的思维方法。

下面对电信运营建设曾经出现过的一些分组交换技术进行简单介绍。

(1) X.25

X.25 交换网是第一个面向连接的网络，也是第一个公共数据网络。其数据分组包含 3 字节头部和 128 字节数据部分。它运行 10 年后，20 世纪 80 年代被无错误控制、无流控制，被面向连接的新的叫作帧中继的网络所取代。90 年代以后，出现了面向连接的 ATM 网络。

X.25 是 CCITT 制定的在公用数据网上供分组型终端使用的，数据终端设备(DTE)与数据通信设备(DCE)之间的接口协议。

概括地说，X.25 只是一个以虚拟电路服务为基础对公用分组交换网接口的规格说明。它动态地对用户传输的信息流分配带宽，能够有效地解决突发性、大信息流的传输问题，分组交换网络同时可以对传输的信息进行加密和有效的差错控制。虽然各种错误检测和相互之间的确认应答浪费了一些带宽，增加了报文传输延迟，但对早期可靠性较差的物理传输线路来说是一种提高报文传输可靠性的有效手段。

X.25 突破性地在较差传输线路上提供可靠的报文传输。X.25 接口可支持 64kb/s 的线路，这个速率恰恰是数字语音所需要的最低速率，CCITT 在 1992 年重新制定了这个标准，并将速率提高到 2.048Mb/s。在技术层面，X.25 已经成为电信行业的历史。

(2) 帧中继 FR

帧中继(Frame Relay)是一种用于连接计算机系统的面向分组的通信方法，是从窄带综合业务数字网(NISDN)中引入，它主要用在公共或专用网上的局域网互联以及广域网连接。大多数公共电信局都提供帧中继服务，把它作为建立高性能的虚拟广域连接的一种途径。帧中继是进入带宽范围从 56kb/s～1.544Mb/s 的广域分组交换网的用户接口。

帧中继的主要应用之一是局域网互联，特别是在局域网通过广域网进行互联时，使用帧中继更能体现它的低网络时延、低设备费用、高带宽利用率等优点。帧中继是一种先进的广域网技术，实质上也是分组通信的一种形式，只不过它将 X.25 分组网中分组交换机之间的恢复差错、防止阻塞的处理过程进行了简化。

帧中继的思想，就是加快中继节点的转发，即转发节点不再校验接收到的分组是否有错误，而是直接按照 FR 分组的头部的 DLCI 字段直接转发，加快了分组的转接过程，这个思想在后来沿用到了 ATM 网络交换技术上。在技术层面，FR 已经不再成为广域网的通信入口协议。

(3) DDN

DDN(Digital Data Network，数字数据网，即平时所说的专线上网方式)就是适合这些业务发展的一种传输网络。它是将数万、数十万条以光缆为主体的数字电路，通过数字电路管理设备，构成一个传输速率高、质量好、网络延时小、全透明、高流量的数据传输基础网络。

DDN 的基本思想是在 64kb/s 数据链路上，由于程控数据话音占据 64kb/s 带宽。因此在早期，如果有用户需要申请数字专线，会将多路 64kb/s 数据链路分配给其使用，因此 DDN 又被称为 $64*N$ 专线。DDN 可向用户提供 2.4kb/s，4.8kb/s，9.6kb/s，19.2kb/s，$N*64$(N=1～31)及 2048kb/s 速率的全透明专用电路。

DDN 提供半固定连接的专用电路，是面向所有专线用户或专网用户的基础电信网，可为专线用户提供高速、点到点的数字传输。DDN 本身是一种数据传输网，支持任何通信协议，使用何种协议由用户决定（如 X.25 或帧中继）。所谓半固定是指根据用户需要临时建立的一种固定连接。对用户来说，专线申请之后，连接就已完成，且连接信道的数据传输速率、路由及所用的网络协议等随时可根据需要申请改变。

DDN 的主要贡献是：解决了当时以 64kb/s 速率的电话线承载的通信技术，并提供 $N*64$kb/s 的可调整速率，解决了当时 PSTN 网上走数据业务的需求；主要缺点是：使用 DDN 专线上网，需要租用一条专用通信线路，租用费用太高，绝非一般个人用户所能承受，所以 DDN 又被称为“租用线”(Lease Line)。因此，在技术层面上已经彻底进入历史。

4.8 IP 交换

IP 交换技术是一个里程碑式的分水岭。虽然以前也有分组交换技术，但那都是电信运营商内部完成的技术标准，相对封闭，不对外开放。在我国，最典型的是要符合邮电部指定的通信规范和标准。随之而来蓬勃发展的大计算机行业，以开放、自由为思想的标准不断冲击着通信行业的建设。通信行业建设的是“专网”，目标是特定用户；计算机行业建设的“因特网”，目标是所有用户分享，在这个演变过程中，可以略微体会到“通信行业”和“计算机行业”的区别。

所有的高新技术最初都是由军事动机推动的，计算机网络技术也是如此。

最早的计算机网络是 1980 年前后出现的，最初是为了解决数据共享，最后变成了计算机互联，逐渐形成了自己的互联协议标准。1983 年，ARPA 和美国国防部通信局研制成功了用于异构网络的 TCP/IP 协议——“阿帕”(ARPA)，是美国高级研究计划署(Advanced Research Project Agency)的简称。美国加利福尼亚伯克莱分校把该协议作为其 BSD UNIX 的一部分，使得该协议得以在社会上流行起来，从而诞生了真正的 Internet。

在这些互联协议中，最基本的标准体系就是国际官方组织的七层的 OSI/RM 体系和五层的 TCP/IP 协议。最终，以简化的企业版的 TCP/IP 协议得到最终大规模应用，一直沿用到现在，包括 TCP/IP v4 和 TCP/IP v6 两个版本。目前在很多校园网中，都可以自由切换这两种协议。

4.8.1 OSI/RM 和 TCP/IP 体系

在这里首先要阐述一下分层的思想，实际上完成两个通信实体之间的通信是非常复杂的，涉及物理器件的差异化，数据定义的不同，数据收发速率的同步和匹配，收发双方的一些约定，通信会话机制，安全加密机制，等等。因此对通信实体进行分层，每层完成既定功能，这样不同的企业可以从事自己擅长的那个层面的研究，比如物理层的企业专注于提高传输器件的速率，物理接口的实现；网络层的企业专注于路由算法，应用层的企业专注于软件开发，比如 APP 等。因此，分层的思想相当于古代战争中，兵对兵、将对将、战马踢战马，每一个对等层之间都建立完善的交互机制。

在这里提出三个基本概念，协议、服务和接口，如图 4.23 所示。

协议(Protocols)：指的是在通信网分层体系中，对等层之间建立起来的规章，规程和约束。如图 4.23 所示，注意，最下面一层画的是实线，表明物理层之间的互联一定是“物理”的

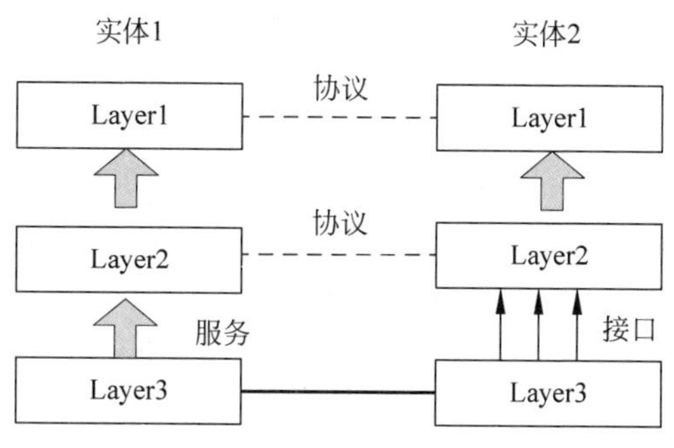

图 4.23 分层的含义

连接。而上面的协议,用虚线表示,说明最终都是要通过物理上的连接才能真正"落地"。

服务(Service):指的是分层体系中,下一层为上一层所提供的数据交付。很显然,下一层的数据中包含了上一层的数据,因此上一层相当于从下一层的"服务"中,提取到自己所需要的数据。

接口(Interface):这是一个介乎硬件和软件功能的名词。对于最下面的一层来说,物理层向上提供的是标准的物理层接口的应用服务;对于中间层来说,可能对上层提供的不同 APIs 的函数接口的服务。因此,不同的"服务"由不同的"接口"来完成。

开放系统互联参考模型(Open System Interconnect,OSI)是国际标准化组织(ISO)和国际电报电话咨询委员会(CCITT)联合制定的开放系统互联参考模型,为开放式互联信息系统提供了一种功能结构的框架。ISO 标准组织总部在瑞士,ISO 和 ITU(国际电信联盟)都是国际性的标准组织,负责各种工业标准的制定。ITU-T 是 ITU 中的电信分支,我校杰出校友赵厚麟为现任 ITU 秘书长,为我国参与制定通信国际标准竭尽全力。OSI/RM 模型从低到高分别是:物理层、数据链路层、网络层、传输层、会话层、表示层和应用层。

开放系统互联参考模型为实现开放系统互联所建立的通信功能分层模型,简称 OSI 参考模型。其目的是为异种计算机互联提供一个共同的基础和标准框架,并为保持相关标准的一致性和兼容性提供共同的参考。这里所说的开放系统,实质上指的是遵循 OSI 参考模型和相关协议能够实现互联的具有各种应用目的的计算机系统。OSI 参考模型如图 4.24 所示。

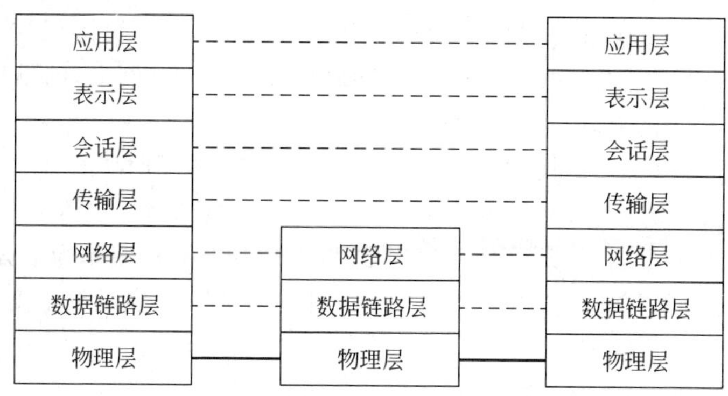

图 4.24 通用的 OSI 体系

OSI参考模型是计算机网路体系结构发展的产物。它的基本内容是开放系统通信功能的分层结构。这个模型把开放系统的通信功能划分为七个层次,从邻接物理媒体的层次开始,分别赋予1,2,…,7层的顺序编号,相应地称为物理层、数据链路层、网络层、运输层、会话层、表示层和应用层。每一层的功能是独立的。它利用其下一层提供的服务并为其上一层提供服务,而与其他层的具体实现无关。这里所谓的"服务"就是下一层向上一层提供的通信功能和层之间的会话规定,一般用通信原语实现。两个开放系统中的同等层之间的通信规则和约定称为协议。通常把1～4层协议称为下层协议,5～7层协议称为上层协议。它的核心机构之一是信息处理(Information Processing Techniques Office,IPTO),一直在关注计算机图形、网络通信、超级计算机等研究课题。

OSI参考模型的特性:是一种异构系统互联的分层结构;提供了控制互联系统交互规则的标准骨架;定义一种抽象结构,而并非具体实现的描述;不同系统中相同层的实体为同等层实体;同等层实体之间通信由该层的协议管理;相邻层间的接口定义了原语操作和低层向上层提供的服务;所提供的公共服务是面向连接的或无连接的数据服务;直接的数据传送仅在最底层实现;每层完成所定义的功能,修改当前层的功能并不影响其他层。从社会化分工的角度出发,OSI参考模型也是社会化分工在通信模型上的具体应用。

① 物理层:提供为建立、维护和拆除物理链路所需要的机械的、电气的、功能的和规程的特性;有关的物理链路上传输非结构的位流以及故障检测指示。

② 数据链路层:在网络层实体间提供数据发送和接收的功能和过程;提供数据链路的流控。

③ 网络层:控制分组传送系统的操作、路由选择、拥护控制、网络互联等功能,它的作用是将具体的物理传送对高层透明。

④ 传输层:提供建立、维护和拆除传送连接的功能;选择网络层提供最合适的服务;在系统之间提供可靠的透明的数据传送,提供端到端的错误恢复和流量控制。

⑤ 会话层:提供两进程之间建立、维护和结束会话连接的功能;提供交互会话的管理功能,如三种数据流方向的控制,即一路交互、两路交替和两路同时会话模式。

⑥ 表示层:代表应用进程协商数据表示;完成数据转换、格式化和文本压缩。

⑦ 应用层:提供OSI用户服务,例如事务处理程序、文件传送协议和网络管理等。

由于OSI/RM制定的协议过于"完美",反而在实现中增加了麻烦,因此企业界推出了简化版的TCP/IP互联体系,如果有特殊功能需求,则在相应的协议层里面进行补充。TCP/IP以其取OSI/RM之精要的模式,随着标准网络适配卡(网卡)的推广而迅速得到了推广,最终建立了庞大的互联网帝国。

在有的教材上将TCP/IP协议分为四层,将OSI/RM的下两层合并为网际接入层;本节还是保留OSI/RM的思想,保留物理层和数据链路层,这样概念更清晰。TCP/IP协议将会话层、表示层和应用层合并成大"应用层",如图4.25所示。这只是为了方便初学者理解,随着从业者的水平而提供,在应用层实现中,实际上会根据需要自动派生出会话层或表示层的功能。

我们再次精要地总结一下TCP/IP各层的特征,如图4.26所示。

① 物理层:透明地传输比特流,因此特征为"比特"(bit)。

② 数据链路层:该层主要是尽可能无差错地传输数据帧,因此特征为"帧"(frame)。

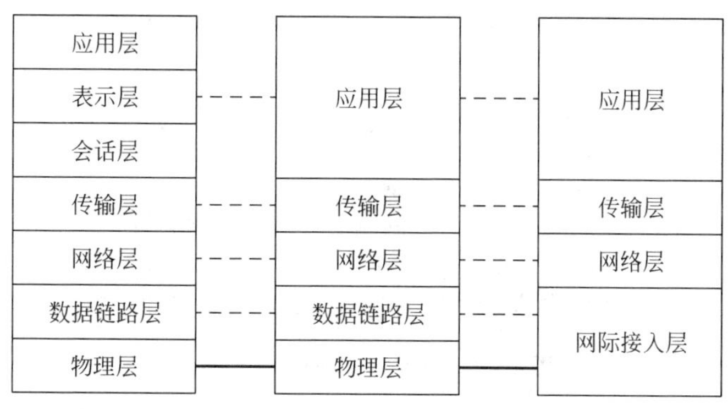

图 4.25 OSI/RM 与 TCP/IP 体系

③ 网络层：完成分组数据在路由器之间的交付，因此特征为“分组”(packet)。

④ 传输层：主要是建立端到端的逻辑连接，建立可靠的 TCP 连接链路或者不可靠的 UDP 连接链路，因此特征为“链路”(link)。

⑤ 应用层：直接面向用户，提供用户可以理解的“消息”数据。因此特征为“消息”(message)。

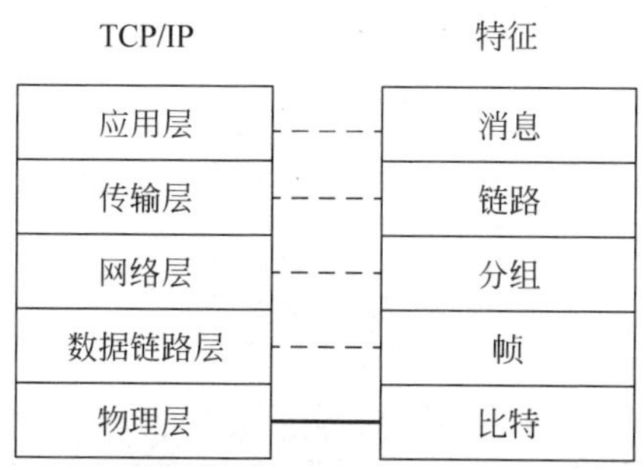

图 4.26 TCP/IP 各层特征

4.8.2 IP 交换的思想

IP 报文交换是发生在网络层，可以将网络层理解为无数个 IP 报文自由来往的世界。通常从端到端要经过无数个路由器才能到达目的地。

如图 4.27 所示，中间的路由器只有三层，是不需要将传输层和应用层的数据“落地”的。对路由器来说，最重要的是如何将收到的 IP 分组以更好的方式交付给“下一跳”路由器，至于说该 IP 分组最终能不能到达目的地，那不是本路由器的责任，因此 IP 报文交换最大的特性是“尽力而为”，英文是“best of effort”。在这里，能窥探出 IP 交换其中隐藏的不可靠因素。

由此，如图 4.28 所示，当前的 IP 交换的思想就是“Everything in IP”，即不管是什么应用，最终都会封装成 IP 分组进入路由器进行转发；或者说“Everything over IP ”，即不管是什么物理信道，形成怎样的物理帧结构，最终都是以产生 IP 分组的形式提供应用数据承载。如此“细腰”结构，自然就是当初设计者没有考虑到的因素，当网络以超乎想象的趋势膨胀时，当前的 IPv4 就出现了一些弊端，但总的来说，IP 交换是一个革命性的交换模式，还必将继续下去。

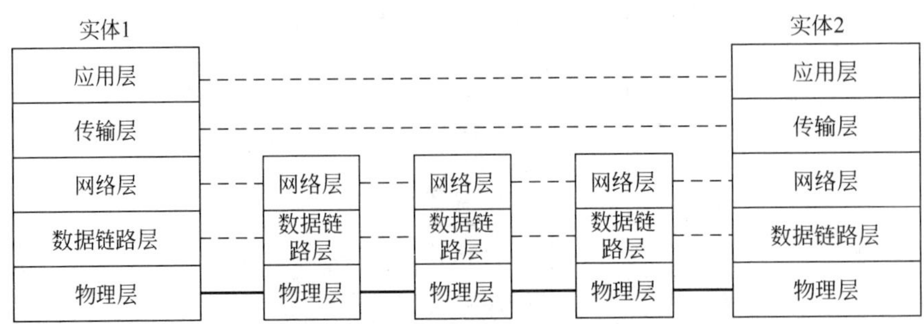

图 4.27 TCP/IP 带中继传输模型

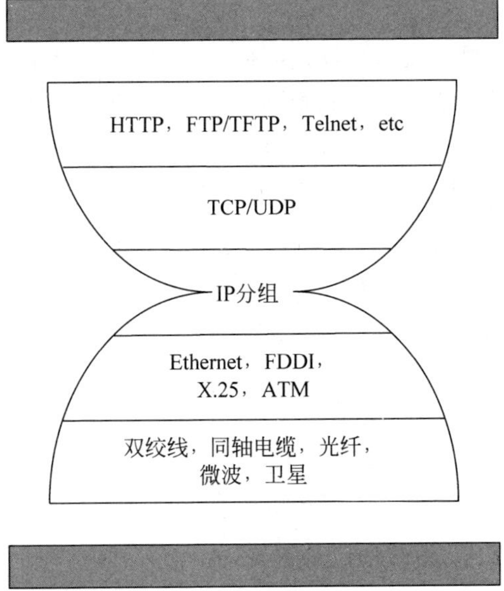

图 4.28 IP 层的重要性

4.8.3 IPv4 报文结构

IPv4 是互联网协议(Internet Protocol,IP)的第四版,也是第一个被广泛使用、构成现今互联网技术的基础的协议。1981 年,Jon Postel 在 RFC791 中定义了 IP,IPv4 可以运行在各种各样的底层网络上,比如端对端的串行数据链路(PPP 协议和 SLIP 协议)、卫星链路等。局域网中最常用的是以太网。

目前的全球互联网所采用的协议族是 TCP/IP 协议族。IP 是 TCP/IP 协议族中网络层的协议,是 TCP/IP 协议族的核心协议。目前 IP 协议的版本号是 4(简称 IPv4,v,version 版本),它的下一个版本就是 IPv6。IPv6 正处在不断发展和完善的过程中,它在不久的将来将取代目前被广泛使用的 IPv4。据国外媒体报道,欧盟委员会曾经希望于 2010 年前将欧洲其成员国境内四分之一的商业和政府部门以及家用网络转换成 IPv6 标准。美国已经开始对已经与网络服务商签订 IPv6 协议的政府部门给予有条件的奖励政策。而欧盟希望跟随美国的步伐,促使其成员国的政府部门在这次转型过程中起到带头作用。

IP 报文通过 IP 报文头部说明了 IP 数据的各种属性，图 4.29 给出了 IPv4 的报文头部结构。

<table>
<tr><td>0</td><td>4</td><td>8</td><td>16</td><td>19</td><td>31</td></tr>
<tr><td>Version</td><td>IHL</td><td>Type of Service</td><td colspan="3">Total Length</td></tr>
<tr><td colspan="3">Identification</td><td>Flags</td><td colspan="2">Fragment Offset</td></tr>
<tr><td colspan="2">Time-to-Live</td><td>Protocol</td><td colspan="3">Header Checksum</td></tr>
<tr><td colspan="6">Source IP Address</td></tr>
<tr><td colspan="6">Destination IP Address</td></tr>
<tr><td colspan="5">Options</td><td>Padding</td></tr>
</table>

图 4.29　IPv4 报文头部结构

Version 是个 4 位字段，指出当前使用的 IP 版本。

IP Header Length(IHL) HL 指数据报协议头长度，表示协议头具有 32 位字长的数量。指向数据起点。正确协议头最小值为 5。

Type of Service(TOS)指出上层协议对处理当前数据报所期望的服务质量，并对数据报按照重要性级别进行分配。这些 8 位字段用于分配优先级、延迟、吞吐量以及可靠性(即TOS)。

Total Length 指定整个 IP 数据包的字节长度，包括数据和协议头。其最大值为 65 535 字节。典型的主机可以接收 576 字节的数据包。

Identification 协议头包含一个整数，用于识别当前数据报。该字段由发送端分配帮助接收端集中数据报分片。

Flags 由 3 位字段构成，其中最低位(MF)控制分片，存在下一个分片置为 1，否则置 0 代表结束分片。中间位(DF)指出数据包是否可进行分片。第三位即最高位保留不使用，但是必须为 0。

Fragment Offset 表示最高位字段，指出与源数据报的起始端相关的分片数据位置，支持目标 IP 适当重建源数据报。

Time-to-Live(TTL)是一种计数器，在处理数据报的每个节点上，该值依次减 1 直至减少为 0，然后被丢弃。这样确保数据包无止境的环路过程(即 TTL)。

Protocol 指出在 IP 包处理过程完成之后，有哪种上层协议接收导入数据包。

Header Checksum 用于确保 IP 协议头接收的完整性。由于某些协议头字段的改变，如在生存期内(Time-to-Live)，则每个处理节点重新计算和检验。

Source Address 是源主机 IP 地址。

Destination Address 是目标主机 IP 地址。

Options 允许 IP 支持各种选项，如安全性。

Data 项包含上层信息。

IPv4 报文的头部包含了所有在路由器间转发需要的消息，但是在设计时没有加上子网掩码(Submask)的功能，后来通过在路由表内增加子网掩码来进行补充。

上述的定义似乎过于僵硬，我们可以动态的来分析，假设有一个路由器收到一个 IP 报文，它应该如何来处理这个 IP 报文呢？可能的执行步骤如下：

① 首先检查 Version 字段，判断是否是 IPv4 报文。如果是，则执行 IPv4 报文处理协议；如果是其他的，说明是自定义协议或者是“伪包”，则丢失。

② 看看该报文的 TTL 是多少？如果已经到 1，说明该 IP 报文已经在网络中转发达到生命期，可以结束其使命了。

③ 如果 TTL＞1，校验一下 IP 报文头部，看看是否在转发过程中 IP 报文头部数据出错。

④ 查看一下目的地址，对照自己的路由表，如果有匹配的项，则按照路由表转发；如果没有匹配的项，则按照默认路由转发，至于后默认路由器将来如何处理，则是那个路由器的责任了。

⑤ 如果当前网络拥塞，无法指定一个可行的下一跳路由器，则观察 IP 报文里面的 TOS，如果该报文级别太低，则彻底丢弃，如果该报文级别较高，就存放在缓存里多等一段时间，等网络负荷减轻时，优先发送 TOS 级别高的报文。

⑥ 每当在发送一个 IP 报文前，就需要对当前 TTL 递减 1，同时生成新的 IP 校验和，更新此 IP 报文后，发送给下一跳。

4.8.4 域的概念和路由表

计算机网络里提出了域的概念，即在某一个地区内的所有路由器都属于一个自治域 AS(Autonomous System)的标识，框架概念如图 4.30 所示。

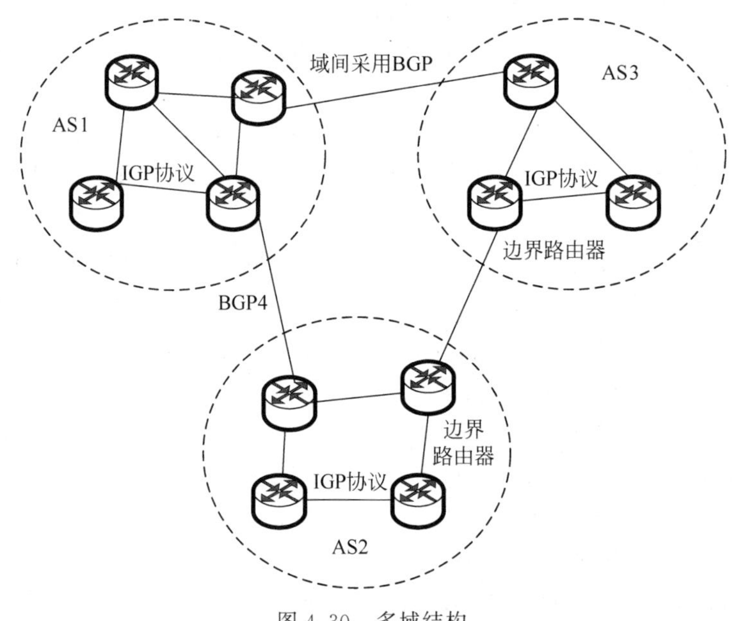

图 4.30 多域结构

自治系统是在单一技术管理体系下的多个路由器的集合，在自治系统内部使用内部网关协议(Interior Gateway Protocols，IGP)，在自治系统之间采用外部网关协议(Exterior Gateway Protocol，EGP)。而目前 EGP 协议在用的版本只有一个，那就是边界网关协议(Border Gateway Protocols，BGP)，版本为 4，如图 4.31 所示。

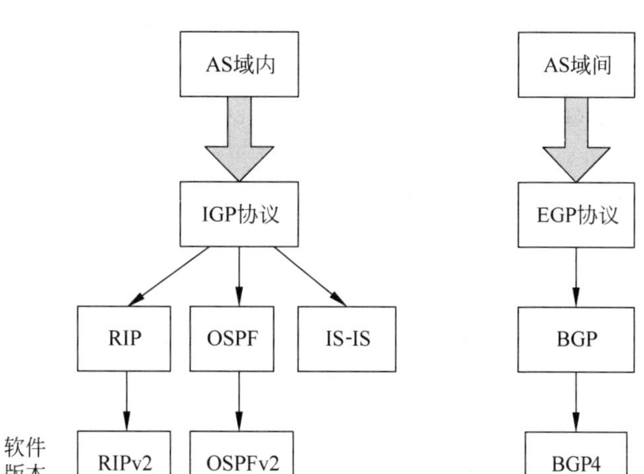

图 4.31　当前路由协议族

自治系统号(ASN)由 16 个比特组成,共具有 65 536 个可能取值。

① 号码 0 被保留了,可能会用来标识非路由网络;

② 最大号码 65 536 也被保留了;

③ 在 64 512～65 534 的号码块被指定为专用;

④ 23 456 被保留作为在 ASN 池转换时使用;

⑤ 从 1～64 511(除去 23 456)的号码能够用于互联网路由;

⑥ ASN 号码是非结构性的,因为在 ASN 号码结构中没有内部字段,ASN 也不具备汇总或总结功能。

内部网关协议(Interior Gateway Protocol,IGP)是一种专用于一个自治网络系统(比如:某个当地社区范围内的一个自治网络系统)中网关间交换数据流转通道信息的协议。网络 IP 协议或者其他的网络协议常常通过这些通道信息来决断怎样传送数据流。目前最常用的两种内部网关协议分别是:路由信息协议(RIP)和最短路径优先路由协议(OSPF),这些都是思科设备的标准协议。值得赞扬的是,华为公司开发的路由器上,不仅兼容 RIP 协议和 OSPF 协议(同学们可以使用思科公司推出的 Packetracer 软件来学习),同时也有自己的 IS-IS 协议(同学们可以使用华为的网络模拟工具 ENSP 进行学习)。

一个自治系统 AS 内经常会使用多个 IGP 协议,并且有时也会使用多种参数。在这里之所以要使用自治系统这个术语,是因为我们想强调这样一个事实:即使在一个自治系统内可以使用多种 IGP 协议和参数,对其余的自治系统来说,某一自治系统的管理都具有统一的内部路由方案,并且通过该自治系统要传输到的目的地始终是一致的。站在一个更宏观的角度,对自治系统边缘的两个路由器来说,当前 AS 就是一个可以穿越过去的通道,只要保证入口和出口的方向性,至于 AS 内部采用何种 IGP 协议和参数,那就是 AS 自己内部的事情。

4.8.5　RIP 协议

1. RIP 路由协议

RIP(Routing Information Protocol,路由信息协议)是一种内部网关协议(IGP),是一

种分布式的动态路由选择协议，用于自治系统（AS）内的路由信息的传递。RIP 协议基于距离矢量算法（Distance Vector Algorithms），使用“跳数”（即 metric）来衡量到达目标地址的路由距离。这种协议的路由器只关心自己周围的世界，只与自己相邻的路由器交换信息，范围限制在 15 跳或（15 度）之内，再远，它就不关心了。RIP 应用于 OSI 网络七层模型的网络层。各厂家定义的管理距离（AD，即优先级）如下：华为定义的优先级是 100，思科定义的优先级是 120。

这里需要对距离向量做一个简单的说明，从分组报文由当前路由器到下一个路由器，“距离向量”是一跳，如果再转发到另一跳，则“距离向量”是两跳；如果转发到下一条后，又回到原来的路由器，虽然是走了“两跳”，但“距离向量”为 0，因为在方向上是相反的，所以称为“矢量”。

随着 OSPF 和 IS-IS 的出现，许多人认为 RIP 已经过时了。但事实上 RIP 也有它自己的优点。对于小型网络，RIP 就所占带宽而言开销小，易于配置、管理和实现，并且 RIP 还在大量使用中。但 RIP 也有明显的不足，即当有多个网络时会出现环路问题。为了解决环路问题，IETF 提出了分割范围方法，即路由器不可以通过它得知路由的接口去宣告路由。分割范围解决了两个路由器之间的路由环路问题，但不能防止 3 个或多个路由器形成路由环路。触发更新是解决环路问题的另一方法，它要求路由器在链路发生变化时立即传输它的路由表。这加速了网络的聚合，但容易产生广播泛滥。总之，环路问题的解决需要消耗一定的时间和带宽。若采用 RIP 协议，其网络内部所经过的链路数不能超过 15，这使得 RIP 协议不适于大型网络。

RIP-1 被提出较早，其中有许多缺陷。为了改善 RIP-1 的不足，在 RFC1388 中提出了改进的 RIP-2，并在 RFC1723 和 RFC2453 中进行了修订。RIP-2 定义了一套有效的改进方案，新的 RIP-2 支持子网路由选择，支持 CIDR，支持组播，并提供了验证机制。

RIP 协议特点是协议简单。适用于相对较小的自治系统，它们的直径“跳数”一般小于 15，基于距离矢量算法根据目的地的远近（远近等于经过路由器的数量）来决定最好的路径。而 RIP 协议的工作原理如下：

① 初始化——RIP 初始化时，会从每个参与工作的接口上发送请求数据包。该请求数据包会向所有的 RIP 路由器请求一份完整的路由表。该请求通过 LAN 上的广播形式发送 LAN 或者在点到点链路发送到下一跳地址来完成。这是一个特殊的请求，向相邻设备请求完整的路由更新。

② 接收请求——RIP 有两种类型的消息，响应和接收消息。请求数据包中的每个路由条目都会被处理，从而为路由建立度量以及路径。RIP 采用跳数度量：值为 1 的意味着一个直连的网络；16 表示网络不可达。路由器会把整个路由表作为接收消息的应答返回。

③ 接收到响应——路由器接收并处理响应，它会通过对路由表项进行添加，删除或者修改作出更新。

④ 常规路由更新和定时——路由器以 30s 一次地将整个路由表以应答消息的形式发送到邻居路由器。路由器收到新路由或者现有路由的更新信息时，会设置一个 180s 的超时时间。如果 180s 没有任何更新信息，路由的跳数设为 16。路由器以度量值 16 宣告该路由，直到刷新计时器从路由表中删除该路由。刷新计时器的时间设为 240s，或者比过期计时器时间多 60s。思科还用了第三个计时器，称为抑制计时器。接收到一个度量更高的路

由之后的 180s 时间就是抑制计时器的时间,在此期间,路由器不会用它接收到的新信息对路由表进行更新,这样能够为网络的收敛提供一段额外的时间。

⑤ 触发路由更新——当某个路由度量发生改变时,路由器只发送与改变有关的路由,并不发送完整的路由表。

其工作原理图及基本工作流程图如图 4.32 所示。

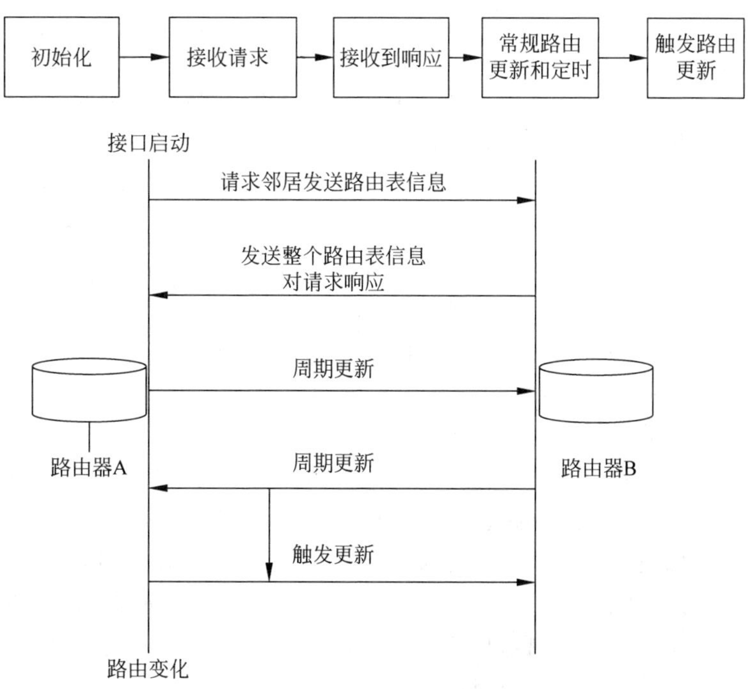

图 4.32　RIP 协议工作流图

RIP 协议适合一些网络规模较小,业务吞吐量相对较少,广播式业务较大的网络,尤其是一些拓扑变化比较缓慢的网络结构,通常可以生动地将 RIP 协议概括为"好消息传递得快,坏消息传递得慢"。原因:①每个路由器的 RIP 路由表的拓扑信息都是通过和邻居(neighbor)交换信息得来;②类似"新增路由器"之类的"好消息"采用主动更新的"active"模式传播,类似"某个路由器突然断电"之类的"坏消息"采用周期性被动的"passive"交换传播。因此,假如发生了"好消息",则该 RIP 路由消息会"主动"地迅速传遍整个当前网络;而如果发生了"一个坏消息",则最后一个路由器所收到该消息的时间为所有相邻路由器的周期时间之和。

同学们可以采用 Packet Tracer 或者 ENSP 来观察 RIP 路由的变化。

4.8.6　OSPF 协议

OSPF 路由协议是一种典型的链路状态(Link State)的路由协议,一般用于同一个路由域内。在这里,路由域是指一个自治系统(Autonomous System,AS),它是指一组通过统一的路由政策或路由协议互相交换路由信息的网络。在这个 AS 中,所有的 OSPF 路由器都维护一个相同的描述这个 AS 结构的数据库,该数据库中存放的是路由域中相应链路的状态信息,OSPF 路由器正是通过这个数据库计算出其 OSPF 路由表的。

在现代的计算机网络中，通常采用动态路由协议来自动计算最佳路由。OSPF 就是动态路由协议，它采用 SPF 算法，基于带宽来选择最佳路径使用，具有更快的收敛速度，支持变长子网掩码 VLSM，而传统的 A、B、C、D、E 类子网掩码的分类法，只具有教科书的意义，在工程时间中均采用变长子网掩码。OSPF 路由功能强大（可以支持高达 255 度量数的大型网络），现在大多数路由器都支持 OSPF，它已经成为目前动态路由协议中使用最广泛的内部网关协议。

OSPF（Open Shortest Path First，开放最短路径优先）协议在选择最佳路径时采用最短路径（SPF）算法，也称为 Dijkstra 算法。SPF 算法是 OSPF 路由协议的基础。SPF 算法将每一个路由器作为根（Root）来计算其到每一个目的地路由器的距离，每一个路由器根据一个统一数据库计算出路由器的拓扑结构图，该结构图类似于一棵树，在 SPF 算法中，被称为最短路径树或最短支撑树，很显然同学们会想到数据结构中的二叉树的判决思想。在 OSPF 路由协议中，最短路径树的树干长度，即 OSPF 路由器至每一个目的地路由器的距离，称为 OSPF 的 Cost，此“Cost”是一个抽象值，是网络带宽资源、时延、抖动、误码率的综合指标，是一个抽象出来的概念。然后路由器根据 Cost 值判断自己到每一个路由器的最短路径，判断的依据就是所经过的链路的 Cost 值之和最小。

OSPF 协议所应用的 Dijkstra 算法能得出最短路径的最优解，但由于它遍历计算的节点很多，所以效率低。最短路径问题是图论研究中的一个经典算法问题，旨在寻找图（由节点和路径组成的）中两节点之间的最短路径。算法具体的形式包括：

① 确定起点的最短路径问题。即已知起始节点，求最短路径的问题。

② 确定终点的最短路径问题。与确定起点的问题相反，该问题是已知终结节点，求最短路径的问题。在无向图中该问题与确定起点的问题完全等同，在有向图中该问题等同于把所有路径方向反转的确定起点的问题。

③ 确定起点终点的最短路径问题。即已知起点和终点，求两节点之间的最短路径。

④ 全局最短路径问题。求图中所有的最短路径。

图 4.33 是 OSPF 协议的路由计算过程图：

对图 4.33 的工作过程做如下简单解释：

① 因为网络中的每台 OSPF 路由器之间交换的不是路由表，而是链路状态信息 LAS（Link State Advertisement，链路状态广播）。LSA 是 OSPF 接口上的描述信息，例如接口上的 IP 地址、子网掩码、网络类型、Cost 值等。OSPF 路由器通过发送协议报文将 LSA 发送给网络中的邻居路由器。这样每台路由器都收到了其他路由器的 LSA，所有的 LSA 放在一起便建立起链路状态数据库 LSDB（Link State Database，链路状态数据库），生成整个 AS 的拓扑结构。

② 有了完整的链路状态数据库，每台路由器根据链路连接状态构造出反映网络拓扑的带权有向图，这张图便是对整个网络拓扑结构的真实反映。各个路由器得到的是一张完全相同的图。

③ 每台路由器都使用 SPF 算法计算出一棵以自己为根的最短路径树，这棵树给出了到自治系统中各节点的路由，路由器根据最短路径树中的最短路径构造出路由表，各个路由器各自得到的路由表是不同的。

在 OSPF 数据包头中有一个 type 选项，表示的就是 OSPF 报文的协议形式，分为五种：

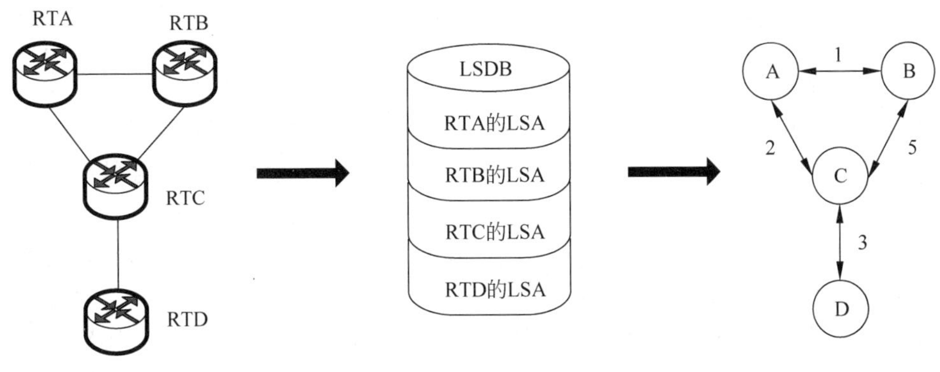

(a) 网络的拓扑结构　　(b) 每台路由器的链路转态数据库　　(c) 由链路转态数据库得到的带权有向图

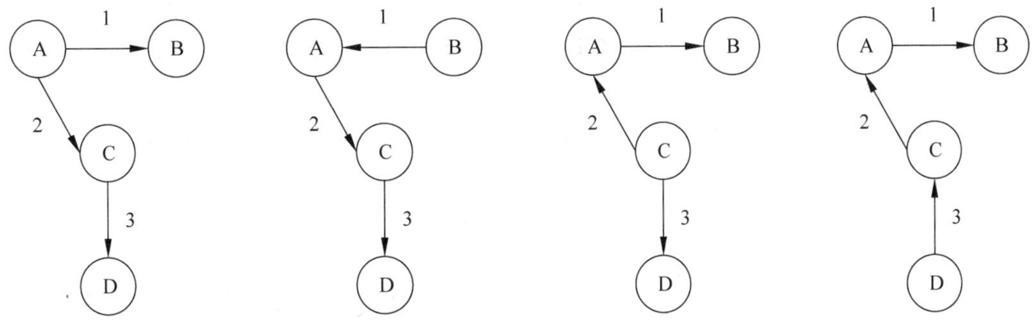

(d) 每台路由器分别以自己为根节点计算最小生成树

图 4.33　OSPF 协议的路由计算过程

① Hello 报文协议，用于发现与维持邻居，后期还可用来进行广播以及 NBMA 网络中 DR 以及 BDR 的选取；根据网络结构的不同，Hello 协议的工作方式也不同。

② DD(数据库描述)报文，描述本地 LSDB(链路状态数据库)的情况。

③ LSR(链路状态请求)报文，向对端请求本端没有或者对端更新的 LSA。

④ LSU(链路状态更新)报文，向对方更新 LSA。

⑤ LSAck(链路状态确认)报文，收到 LSU 后进行确认。

其中，Hello 报文用于双向通信连接，即发到对方路由器的 Hello 报文协议中的邻居路由器中必须具有源路由 ID 才能建立邻居状态，达到 two-way 状态，并且会在建立成功后每隔一段时间进行 Hello 报文的发送确认邻居路由器的变化情况。DD 报文与 LSR 报文是形成邻接同步的过程，在这个阶段中邻接状态形成，根据路由器生成的 LSA 类型进行数据库汇总，向整个区域进行 LSA 的洪泛；而 LSU 和 LSAck 保证了报文交换的状态的确认刷新机制，对 LSR 报文发出的请求的 LSA 进行回复，假如未收到更新报文 LSU，会在一定时间段内进行 LSAck 报文进行确认，确认到未收到更新报文或者更新失败，则要求重新发送。

4.8.7　RIP 协议和 OSPF 协议对比

开放最短路径优先(Open Shortest Path First，OSPF)协议是由网络工程任务组

(Internet Engineering Task Force,IETF)开发的一种路由选择协议。OSPF 使用 Dijkstra 的最短路径优先(SPF)算法。它是一种链路状态协议,使用链路状态算法来传播选路消息,并且引入了区域的概念。

路由信息协议(Routing Information Protocol,RIP)是一种使用最广泛的内部网关协议(IGP)。IGP 是在内部网络上使用的路由协议(在少数情形下,也可以用于连接到互联网的网络),它可以通过不断的交换信息让路由器动态地适应网络连接的变化,这些信息包括每个路由器可以到达哪些网络,这些网络有多远等。RIP 协议使用矢量距离算法在网关和主机中传播路由信息,其最大的优点就是简单。

根据使用的算法,路由协议可分为距离矢量协议和链路状态协议,距离矢量协议包括 RIP 和 BGP。链路状态协议包括 OSPF 和 IS-IS。以上两种算法的主要区别在于发现和计算路由的方法不同。

RIP 协议是一种比较传统的路由协议,较为适合小型的网络,但是当前 Internet 网络的迅速发展和急剧膨胀使 RIP 协议无法适应今天的网络。OSPF 协议则是在 Internet 网络急剧膨胀的时候制定出来的,它克服了 RIP 协议的许多缺陷。RIP 是距离矢量路由协议;OSPF 是链路状态路由协议。

RIP 协议是距离矢量路由选择协议,它选择路由的度量标准(metric)是跳数,最大跳数 15 跳,如果大于 15 跳,它就会丢弃数据包。

OSPF 协议是链路状态路由选择协议,它选择路由的度量标准是带宽、延迟。

RIP 协议的优点:

对于小型网络,RIP 就所占带宽而言开销小,易于配置、管理和实现,并且 RIP 还在大量使用中。

RIP 协议具有一定的局限性,RIP 在大型网络中使用会产生的问题有:

① RIP 的 15 跳限制,超过 15 跳的路由被认为不可达。

② RIP 不能支持可变长子网掩码(VLSM),导致 IP 地址分配的低效率。

③ 周期性广播整个路由表,在低速链路及广域网云中应用将产生很大问题。

④ 收敛速度慢于 OSPF,在大型网络中收敛时间需要几分钟。

⑤ RIP 没有网络延迟和链路开销的概念,路由选路基于跳数。拥有较少跳数的路由总是被选为最佳路由即使较长的路径有低的延迟和开销。

⑥ RIP 没有区域的概念,不能在任意比特位进行路由汇总。

⑦ 一些增强的功能被引入 RIP 的新版本 RIPv2 中,RIPv2 支持 VLSM,认证以及组播更新。但 RIPv2 的跳数限制以及慢收敛使它仍然不适用于大型网络。相比 RIP 而言,OSPF 更适合用于大型网络:没有跳数的限制;支持可变长子网掩码(VLSM);使用组播发送链路状态更新,在链路状态变化时使用触发更新,提高了带宽的利用率;收敛速度快;具有认证功能。

OSPF 协议的优点:

① OSPF 是真正的 Loop-Free(无路由自环)路由协议,源自其算法本身的优点(链路状态及最短路径树算法)。

② OSPF 收敛速度快,能够在最短的时间内将路由变化传递到整个自治系统。

③ 提出区域(area)划分的概念,将自治系统划分为不同区域后,通过区域之间的对路

由信息的摘要，大大减少了需传递的路由信息数量。也使得路由信息不会随网络规模的扩大而急剧膨胀。

④ 将协议自身的开销控制到最小。具体原因如下：

a. 用于发现和维护邻居关系的是定期发送的是不含路由信息的 hello 报文，非常短小。包含路由信息的报文时是触发更新的机制(有路由变化时才会发送)。但为了增强协议的健壮性，每 1800s 全部重发一次。

b. 在广播网络中，使用组播地址(而非广播)发送报文，减少对其他不运行 OSPF 的网络设备的干扰。

c. 在各类可以多址访问的网络中(广播，NBMA)，通过选举 DR，使同网段的路由器之间的路由交换(同步)次数由 $0(N*N)$次减少为 $0(N)$次。

d. 提出 STUB 区域的概念，使得 STUB 区域内不再传播引入的 ASE 路由。

e. 在 ABR(区域边界路由器)上支持路由聚合，进一步减少区域间的路由信息传递。

f. 在点到点接口类型中，通过配置按需拨号属性(OSPF over On Demand Circuits)，使得 OSPF 不再定时发送 hello 报文及定期更新路由信息。只在网络拓扑真正变化时，才发送更新信息。

⑤ 通过严格划分路由的级别(共分四极)，提供更可信的路由选择。

⑥ 良好的安全性，OSPF 支持基于接口的明文及 MD5 验证。

⑦ OSPF 适应各种规模的网络，最多可达数千台。

OSPF 协议的缺点：

① 配置相对复杂。由于网络区域划分和网络属性的复杂性，需要网络分析员有较高的网络知识水平才能配置和管理 OSPF 网络。

② 路由负载均衡能力较弱。OSPF 虽然能根据接口的速率、连接可靠性等信息，自动生成接口路由优先级，但通往同一目的的不同优先级路由，OSPF 只选择优先级较高的转发，不同优先级的路由，不能实现负载分担。只有相同优先级的，才能达到负载均衡的目的，不像 EIGRP 那样可以根据优先级不同，自动匹配流量。

4.8.8 BGP 协议

边界网关协议(BGP)是运行于 TCP 上的一种自治系统的路由协议。BGP 是唯一一个用来处理像因特网大小的网络的协议，也是唯一能够妥善处理好不相关路由域间的多路连接的协议。BGP 构建在 EGP 的经验之上。BGP 系统的主要功能是和其他的 BGP 系统交换网络可达信息。网络可达信息包括列出的自治系统(AS)的信息。这些信息有效地构造了 AS 互联的拓扑图并由此清除了路由环路，同时在 AS 级别上可实施策略决策。

BGP 最新的版本是 BGP 第 4 版本(BGP4)，它是在 RFC4271 中定义的；一个路由器只能属于一个 AS。AS 的范围从 1～65 535(64 512～65 535 是私有 AS 号)，RFC1930 提供了 AS 号使用的定义和指南。通常对于运营商来说，一个地区，比如南京地区、镇江地区，所有的三层以上的交换机都处于一个 AS 编号区，因此在 AS 内部，可以通过配置 RIP 协议、OSPF 协议，IS-IS 协议来完成内部城域网的组网。

4.9 移动交换

4.9.1 移动通信概述

本节部分内容可能会与无线通信技术章节有部分重合，本段主要从无线通信中的移动通信领域出发，并对于移动通信中的最基本的移动交换思想进行讲解。

移动通信是指通信的一方或双方在移动台中进行的通信过程，即至少有一方具有移动性。也正是因为这样，移动通信可以是移动台与移动台之间的通信，也可以是移动台与固定台之间的通信。曾经有一个用户在一边走圆圈一边打移动电话，认为移动电话必须在移动状态下才能进行，实际上移动通信本质上是要保证在移动的小区切换中，通信保证不中断。移动通信满足了人们无论在何时何地都能进行通信的需求，即3W(Who，When，Where)问题，解决谁来通信，任意时间任意地点之间的通信。从通信网的角度来看，移动通信可以看成是有线通信网的延伸，从实际推广应用来看，移动通信技术是之前所有已存在的无线通信技术的革命性应用。

相比于固定通信而言，移动通信不仅要给用户提供与固定通信一样的通信业务，而且用于用户的移动性，其控制与管理技术要比固定通信复杂得多，这属于移动性管理(Moblity Management)技术。与此同时，由于移动通信采用无线传输，其传播环境要比固定网中的有线媒质复杂，因此，移动通信有着与固定通信不同的特点。

1. 移动通信的特点

① 用户的移动性。要保持用户在移动状态下的通信，必须保持无线通信，或无线通信与有线通信的结合。因此，移动通信系统要有完善的管理技术来对用户的位置进行登记、跟踪，使用户在移动时也能进行通信，不会因为位置的改变而中断。

② 电波传播系统复杂。移动台可能在各种环境中运动，如受到建筑物、地容地貌等的影响，存在各种障碍，因而电磁波在传播时不仅有直射信号，而且还会有反射、折射、绕射和多普勒效应等现象，从而产生多径干扰、信号传播时延和时延展宽等。因此，从电磁波的波粒二象性角度都必须要充分考虑，使系统具有足够的抗衰落能力，才能保证通信系统正常运行。

③ 噪声和干扰严重。移动台在移动时不仅受到城市环境中各种工业噪声和天电噪声的干扰，同时，由于系统内有多个用户，因此，不可避免地会出现移动用户之间的互调干扰、邻近干扰、同频干扰等。这就要求在移动通信系统中对信道进行合理的划分和频率规划。

④ 系统和网络结构复杂。移动通信系统是一个多用户通信的系统和网络，必须使用户之间互不干扰，能协调一致地工作。此外，移动通信系统还应与固定网、数据网等互联，整个网络结构比较复杂。

⑤ 有限的频率资源。在有线网中，可以依靠铺设电缆或者光缆来提高系统的带宽资源。而在无线网中，频率资源是有限的，无线电规则委员会(Radio Regulations Board，RRB)是国际电信联盟(ITU)中无线电通信部门(RS，或称ITU-R)的下属分支机构，专门负责对各国无线频率的划分。因此，如何提高系统的频率资源利用率是发展移动通信要解决的主要问题之一，目前前沿的移动通信技术，就是在有线的无线资源上如何更好的通信数字信号处理技术获得最佳的带宽收益。

2. 移动通信的分类

移动通信的种类繁多，其中陆地移动通信系统有：

① 寻呼系统。无线电寻呼系统是一种单向传递信息的移动通信系统。它由寻呼台发送信息，寻呼机接收信息来完成通信。2007 年 3 月 22 日，国内所存最大 BP 机业务运营商——中国联通公司正式停止寻呼业务，自此寻呼机彻底退出通信市场。

② 无绳电话。对于室内外慢速移动的手持终端的通信，一般采用功率小、通信距离近、轻便的无绳电话。它们可以经过通信点与其他用户进行通信。

集群移动通信。集群移动通信是一种高级移动调度系统。所谓集群移动通信，是指系统所具有的可用信道为系统的全体用户公用，具有自动选择信道的功能，是共享资源、分担费用、公用信道设备及服务的多用途和高效能的无线调度通信系统。

③ 公用移动通信系统。它是指给公众提供移动通信服务的网络。这是移动通信最常见的方式。这种系统又可以分为大区制移动通信和小区制移动通信，小区制移动通信又称蜂窝移动通信。

④ 卫星移动通信。移动通信还可与卫星通信相结合形成卫星移动通信，实现全球范围内的移动通信服务。它是利用卫星转发信号来实现移动通信的。对于车载移动通信可采用同步卫星，而对于手持终端，采用中低轨道的卫星通信系统较为有利。

本节从最基本的公用数字蜂窝移动通信来概要介绍移动交换相关知识。

3. 移动通信网络结构

为了实现移动网络设备之间的互联互通，ITU-T 于 1988 年对公用陆地移动通信网（Public Land Mobile Network，PLMN）的功能、结构和接口等做出了详细的规定。PLMN 的功能结构如图 4.34 所示。这些定义规范了基本的移动通信框架和接口。

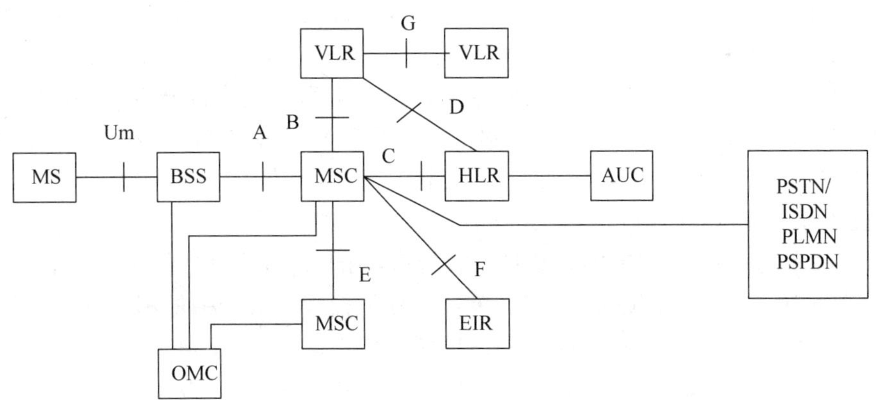

图 4.34　PLMN 的功能结构

(1) 网络功能实体

1) 移动台（Mobile Station，MS）

MS 是移动通信网的用户终端，并不特指手机终端（Mobile Terminal），用户使用 MS 接入 PLMN，得到所需的通信服务。MS 分为车载台、便携台和手持台等类型。MS 通常由移动终端设备（裸机）和标识用户信息的 SIM（Subscriber Identity Module，SIM）卡组成，对于 GSM 系统，移动台并非固定于一个用户，在系统中的任何一个移动台上，还可以设置个人识别码(PIN),以防止 SIM 卡未经授权而被使用。

2) 基站系统(Base Station System,BBS)

BBS 负责在一定区域内与移动台之间的无线通信。一个 BSS 包括一个基站控制器(Base Station Controller,BSC)和一个或多个基站收发信台(Base Transceiver Station,BTS)。BTS 是 BSS 的无线部分,完成 BSC 与无线信道之间的转换,实现 BTS 与 MS 之间通过空中接口的无线传输及相关的控制功能。BSC 是 BSS 的控制部分,主要功能是无线信道管理、实施呼叫和通信链路的建立和拆除等,在移动通信的升级换代中,主要是更换 BSC 设备;BTS 也是一个大概念,在运营商设备维护中,目前采用室内基带处理单元 BBU(Building Baseband Unit,BBU)和远端射频模块 RRU(Remote Radio Unit,RRU),BBU 和 RRU 之间用光纤连起来传输的是基带数字信号。

3) 移动业务交换中心(Mobile Service Switching Center,MSC)

MSC 完成移动呼叫接续、越区切换控制、无线信道资源和移动性管理等功能,是移动通信网的核心,每一地区 MSC 都有自己唯一的编号,也被称为局向号。同时,MSC 也是 PLMN 与固定网之间的设备接口,比如通过物理光纤走七号信令协议,完成移动语音业务与固定电话业务之间的信令控制。

4) 归属位置寄存器(Home Location Register,HLR)

HLR 是一种用来存储本地归属用户位置信息的数据库。归属是指移动用户开户登记所属区域。在移动通信网中,可以设置一个或是若干个 HLR,这还取决于用户数量、设备容量和网络的组织结构等因素。每个用户都必须在某个 HLR 中登记。登记主要内容包括:用户信息、位置信息与业务信息等。

5) 访问者位置寄存器(Visitor Location Register,VLR)

用于存储所有当前在其管理区活动的移动台(漫游用户)的相关数据,如 IMSI、MSISDN、TMSI 及 MS 所在的位置区、补充业务、O-CSI、T-CSI 等。VLR 是一个动态数据库,它从用户归属的 HLR 获得并存储必要的信息,一旦移动用户离开 VLR 在另一个 VLR 控制区登记,原 VLR 将取消该用户的数据记录。通常 MSC 和 VLR 处在同一物理设备中,理论上 MSC 访问 VLR 较 MSC 访问 HLR 更快一些,因此常记作 MSC/VLR。

6) 设备标识寄存器(Equipment Identity Register,EIR)

EIR 是存储移动台设备参数(IMEI)的数据库,用于对移动设备的鉴别与监视,并拒绝非法移动台入网,通常可以用黑、白、灰名单进行登记标识。对于手机用户,IMEI 号可以通过输入"*#06#"获得唯一的 15 位"手机串号"。

7) 鉴权中心(Authentication Center,AUC)

AUC 存储移动用户合法性检验的专用数据和算法,用于防止无权用户接入系统和保证通过无线接口的移动用户通信安全。通常,AUC 与 HLR 合设于一个物理实体中。

8) 操作维护中心(Operation and Maintenance Center,OMC)

OMC 是网络运营者对移动网进行监视、控制和管理的功能实体。

(2) 网络接口

网络接口具体内容如表 4.1 所示。

表 4.1　网络接口具体内容

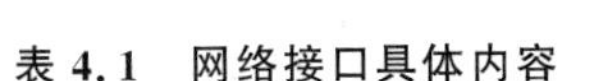

Um 接口	Um 口又称为空中接口，是 MS 与基站之间的接口。Um 接口传递的信息包括无线资源管理、移动性管理和连接管理等信息。用户开机后则立即通过 Um 接口来确认 MS 的通信制式、频点等通信信息	
网络内部接口（除空中接口外，PLMN 各网络部件之间的接口称为网络内部接口）	A 接口	为基站系统与 MSC 之间的接口。该接口传送有关移动呼叫处理、基站管理、移动台管理、无线资源管理等信息，并与 Um 接口互通，在 MSC 和 MS 之间传递信息。该接口采用 NO.7 信令作为控制协议
	A-bis 接口	BSC 与 BTS 之间的接口，该接口采用类似 ISDN 中的 UNI 接口的 3 层结构
	B 接口	为 MSC 与 VLR 之间的接口，MSC 通过该接口传送漫游用户位置信息，并在呼叫建立时向 VLR 查询漫游用户的有关数据。该接口采用 NO.7 信令的移动应用部分(MAP)协议规程。由于 MSC 与 VLR 常合设在同一物理设备中，该接口为内部接口
	C 接口	为 MSC 与 HLR 之间的接口，MSC 通过该接口向 HLR 查询被叫的选路信息，以便确定呼叫路由，并在呼叫结束时向 HLR 发送计费信息等。该接口采用 MAP 协议规程
	D 接口	为 HLR 与 VLR 之间的接口，该接口主要用于传送移动用户数据、位置和选路信息。该接口采用 MAP 协议规程
	E 接口	为 MSC 之间的接口，该接口主要用于越区切换和话路接续。当通话中的移动用户由一个 MSC 进入另一个 MSC 服务区时，两个 MSC 需要通过该接口交换信息，由另一个 MSC 接管该用户的通信控制，使移动用户的通信不中断。对于局间话路接续，该接口采用 ISUP 或 TUP 信令规程；对于越区频道切换的信息传送，采用 MAP 协议规程
	F 接口	为 MSC 与 EIR 之间的接口，MSC 通过该接口向 EIR 查询移动台的合法性数据。该接口采用 MAP 协议规程
	G 接口	为 VLR 之间的接口，当移动用户由一个 VLR 管辖区进入另一个 VLR 管辖区时，新老 VLR 通过该接口交换必要的控制信息。该接口采用 MAP 协议规程
PLMN 与其他网络之间的接口	为 PLMN 实现与其他网络(如 PSTN/ISDN、PSPDN 等)业务互通的网间互联接口	

4. 移动通信的发展

蜂窝移动通信已经经历了第 1 代、第 2 代、第 3 代、第 4 代系统，目前正向第 5 代系统演进。在未来 IP 宽带系统中，移动通信将作为一种接入手段融入全球 IP 系统。我国的移动通信技术发展厚积薄发，简单地可以将移动通信发展史分为 1G 模拟蜂窝移动，2G GSM 数字蜂窝移动通信，以 CDMA 为特征的 3G 移动通信，以 LTE-A 标准的 4G 移动通信，以及即将推广的 5G 移动通信。通俗地讲，1G 时代引入为主，2G 时代模仿加工，3G 时代插班站队，4G 时代并驾齐驱，并希望 5G 时代能够引领移动通信技术。

第 1 代移动通信系统(1G，First Generation)是模拟蜂窝系统，1G 系统主要提供模拟语音业务，实现了公众移动通信的第一次跨越。但 1G 系统存在诸多不足，如系统容量有限、制式多、兼容性和保密性差、通话质量不高、不能提供数据业务和自动漫游服务等。

第 2 代移动通信系统(2G，Second Generation)属于数字蜂窝系统，如欧洲的 GSM(全球移动通信)等。针对 1G 系统的缺陷，2G 系统直接采用数字技术，GSM 基于先频分再时分复用方式，支持对数字信道的直接接入，通话质量、保密性都有所提高。但对突发型的数据业务、电路型数据业务的信道利用率较低，导致通信费用较高。

第 2.5 代移动通信系统，就是在 GSM 基础上发展了通用分组无线电业务（Global Packet Radio Service，GPRS）以更好地支持移动数据业务，可实现无线信道的统计复用，用户数据速率可达 100kb/s，信道利用率有所提高。CDMA 体制的第 5 代移动系统为 CDMA2000 1X，该系统开放的上行速率峰值为 153.6kb/s。但在 GSM/GPRS、CDMA2000 1X 系统内部，语音和数据是分别传输的，语音业务依然采用电路交换。

第 3 代移动通信系统（3G，Third Generation）是能实现语音、数据和移动多媒体等综合业务的宽带移动网。它由无线接入、宽带核心网和智能化的控制系统组成。无线接入部分包括移动卫星接入，用于覆盖边远地区、空中和海上目标，还包括以微微蜂窝、微蜂窝和宏蜂窝等多种接入方式，用于覆盖城市高密度话务区和郊区低密度话务区，终端包括普通话机、手持机、车载台和多媒体智能终端等。3G 选择 IP 技术，并向全 IP 演进。同固定网一样，移动通信从 1G 模拟系统到 2G 数字系统以后，也开始了向宽带综合业务网的演进。发展 3G 的目的是为了提供移动多媒体业务，同时扩展频率资源，提高频谱利用率和扩大系统容量，实现全球无缝漫游。3G 强调从 2G 演进，先在 2G 的基础上过渡到 2.5G（GPRS、CDMA 2000 1X 等），然后再演进到 3G 系统。

第 4 代移动通信（Fourth Generation）实际上是指 ITU 提出的超 3G 系统，超 3G 的概念涵盖了现有的 3G 和 3G 增强型技术，作为 4G 时代主流选择的 LTE 技术，可以根据双工方式的不同，采用空中接口模式，提升用户峰值速率，减少系统延时。以及新定义的无线接入能力，如新型移动接入和新型游牧/本地无线接入，前者一般是指蜂窝移动系统，后者一般由固定无线接入/无线局域网（WLAN）演变而来。ITU 当时设想的目标是：在 2005 年前后实现最高约 30Mb/s 的数据速率，而在 2020 年前后在高速移动环境下支持最高 100Mb/s 的速率，在低速移动环境，如游牧/本地无线接入环境下达到最高 1Gb/s 数据速率。4G 的概念还强调不同系统之间的互通和关联，包括 3G、4G 系统与其他无线系统之间的协同等。

相对于已有的移动通信技术，5G 移动通信更加注重用户的需求，并力求为用户带来全新的体验。2014 年得到广泛讨论的 5G 关键技术指标包含了用户体验平均速率、端到端传输时延等；移动交互式游戏、3D、虚拟现实及全息图像等新型移动业务应用也被纳入 5G 系统的技术需求；此外还力求将 5G 的应用范围从目前的人与人通信拓展至人机物协同通信、超密集连接物联网、车联网以及新型工业化等更为广泛的领域。

本节主要介绍以 GSM 为代表的数字移动交换技术，因为这些技术是后续先进技术前进的基础。

4.9.2 移动交换基本原理

1. GSM 概述

GSM 是第 2 代数字蜂窝移动通信系统中最有代表性和比较成熟的制式，它是完全依照欧洲通信标准化委员会（ETSI）制定的 GSM 规范研制成的，任何 GSM 数字蜂窝移动通信系统都必须符合 GSM 技术规范。GSM 系统是一种典型的开放式结构，作为一种面向未来的通信系统，它具有的主要特点是：

① GSM 系统有几个分系统组成，各系统之间都有明确的定义且详细的标准化接口

方案；

② GSM 系统除了可以开放基本的语音业务外，还可以开放各种承载业务、补充业务以及与 ISDN 相关的各种业务；

③ GSM 系统采用 FDMA 与 TDMA 及跳频相结合的复用方式，载波间隔为 200kHz，每个载波有 8 个基本物理信道。频率重复利用率较高，同时它具有灵活方便的组网结构，可满足用户的不同容量需求；

④ GSM 系统具有较强的鉴权和加密功能，能确保用户与网络的安全需求；

⑤ GSM 系统干扰能力较强，系统的通信质量较高。

我国 GSM 通信系统采用 900MHz 与 1800MHz 频段，分配给各个移动运营商。

GSM900MHz 频段为：890～915MHz(移动台发，基站收)，935～960MHz(基站发，移动台收)。

DCS1800MHz 频段为：1710～1785MHz(移动台发，基站收)，1805～1880MHz(基站发，移动台收)，如表 4.2 所示。

表 4.2 GSM 网络的工作频段

GSM 系统	上行频段/MHz	下行频段/MHz	带宽/MHz	收发频差/MHz	双工信道数
GSM900	890～915	935～960	2 * 25	45	124
GSM900E	880～915	925～960	2 * 35	45	174
GSM1800	1710～1785	1805～1880	2 * 75	95	374
GSM1900	1850～1910	1930～1990	2 * 60	80	299

下面我们简要地对 GSM900 系统的理论信道数进行估算：

上下行带宽值为 915－890＝960－935＝25(MHz)，GSM 用户将分别选取上行和下行的一个频点进行工作。

收发频差是固定的，即 935－890＝45(MHz)，或者用 960－915＝45(MHz)，用来保证用户发送和接收的载波信号之间隔离带为 45MHz。

由于 GSM 采用先频分复用 FDM 的方法，每一个子载波信道带宽为 200kHz，则当前 25MHz 的可用带宽可以进行均匀划分，共得到 124 个中心频点，即可以提供 124 个双工信道，双工包括独立的上行信道和下行信道。由此扩展开去，GSM 在每个子信道上又采用 8 个时隙的时分复用技术，请估算在单基站的条件下，理论上 GSM900 可以覆盖多少个用户？

2. 移动呼叫的一般过程

移动网呼叫建立过程与固定网具有相似性，不同点在于，由于无线接口资源有限，移动用户每次都需要动态申请一个业务信道和信令信道，通信结束后释放资源。

1) 接入网络阶段

在蜂窝网系统中，每个小区都配置了一定数量的信道，其中有用于广播系统参数的广播信道，用于信令传送的控制信道和用于用户信息传送的业务信道。MS 开机时通过自动扫描，捕获当前所在小区的广播信道，根据系统广播的训练序列完成与基站的同步；然后获得移动网号、基站识别码、位置区识别码等信息：此外，MS 还需获取接入信道、寻呼信道等公共控制信道的标识。上述任务完成后，移动台就监视寻呼信道，处于侦听状态。

2）用户的“附着”与“登记”

移动台一般处于空闲、关机和忙三种状态之一，网络需要对这三种状态进行管理。

① MS 开机，网络对其做“附着”标记

若 MS 是开户后首次开机，在其 SIM 卡中找不到网络的位置区识别码(LAI)，于是 MS 以 IMSI 作为标识申请入网，向 MSC 发送“位置更新请求”，通知系统这是一个位置区内的新用户。MSC 根据用户发送的 IMSI 中 $H_0H_1H_2H_3$ 向该用户的 HLR 发送“位置更新请求”，HLR 记录发送请求的 MSC 号码，并向 MSC 回送“位置更新证实”消息。至此当前服务的 MSC 认为此 MS 已被激活，在其 VLR 中对该用户做“附着”标记；再向 MS 发送“位置更新接收”消息，MS 的 SIM 卡记录此位置区识别码(LAI)。

若 MS 不是开户后的首次开机，当接收到的 LAI(来自广播控制信道)与 SIM 卡中的 LAI 不一致，也要立即向 MSC 发送“位置更新请求”。MSC 首先判断来自 MS 的 LAI 是否属于自己的管辖范围。如是，MSC 只需修改 VLR 中该用户的 LAI，对其做“附着”标记，并在“位置更新接收”消息中发送 LAI 给 MS，MS 更新 SIM 卡中的 LAI。如不是，MSC 需根据该用户的相关标识信息，向其归属 HLR 发送“位置更新请求”，HLR 记录发送请求的 MSC 号码，并回送“位置更新证实”；同时，MSC 在 VLR 中对该用户做“附着”标记，并向 MS 回送“位置更新接收”，MS 更新 SIM 卡中的 LAI。若 MS 接收到的 LAI 与 SIM 卡中的 LAI 相同，那么 MSC/VLR 只需对该用户做“附着”标记。

② MS 关机，网络对其做“分离”标记

当 MS 切断电源关机时，MS 在断电前需向网络发送关机消息，其中包括分离处理请求，MSC 收到后，即通知 VLR 对该用户做“分离”标记，但 HLR 并没有得到该用户已经脱离网络的通知。当该用户做被呼叫时，归属地 HLR 会向拜访地 MSC/VLR 索取 MSRN，MSC/VLR 通知 HLR 该用户已离开网络，网络将中止接续，并提示主叫用户被叫已关机。

③ 用户忙

此时，网络分配给 MS 一个业务信道用以传送语音或数据，并标注该用户“忙”，当 MS 在小区间移动时必须有能力转换至别的信道上，实现信道切换。

④ 周期性登记

当 MS 要求“IMSI 分离”时，由于无线链路问题，系统没能正确译码，这就意味着系统仍认为 MS 处于附着状态。再如 MS 在开机状态移动到覆盖区以外的地方(如盲区)，系统仍认为 MS 处于附着状态。此时如该用户被呼叫，系统就会不断寻呼该用户，无效占用无线资源。为了解决上述问题，GSM 系统采取了强制登记措施，例如，要求 MS 每 30 分钟登记一次(时间长短由运营者决定)，这就是周期性登记。这样，若 GSM 系统没有接收到某 MS 的周期性登记信息，它所在的服务 VLR 就以“隐分离”状态对该 MS 做标记；只有当再次接收到正确的位置更新或周期性登记后，才将它改写成“附着”状态。周期性登记的时间间隔由网络通过广播控制信道(BCCH)向用户广播。

MS 呼叫 MS 比较简单，由于存在着大量以传统七号信令协议为基础的固定电话 PSTN 用户，因此本节借用参考文献[1]中的 MS 呼叫 PSTN 和 PSTN 呼叫 MS 来进行案例说明，其他比如本地 MS 呼叫漫游 MS，漫游 MS 呼叫当前所在地 MS，由同学们自己调研后绘制移动交换信令交互图。

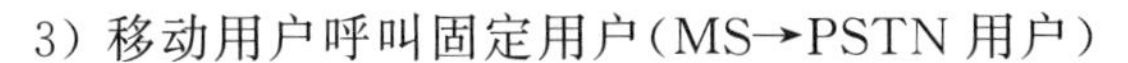

3）移动用户呼叫固定用户（MS→PSTN 用户）

MS 入网后，见图 4.35，即可进行呼叫，包括做主叫或被叫。移动用户呼叫固定用户流程如图 4.35 所示。

① 移动用户起呼时，MS 采用类似于无线局域网中常用的“时隙 ALOHA”协议竞争所在小区的随机接入信道 RACH 向系统发出“信道请求”（Channel Request），要求网络提供回一条专用信道 SDCCH。如果由于冲突，小区基站没有收到移动台发出的接入请求，则 MS 将收不到基站返回的响应消息。此时，MS 随机延时若干时隙后再重发接入请求。从理论上说，第二次发生冲突的概率将很小。系统通过广播信道发送“重复发送次数”和“平均重复间隔”参数，以控制信令业务量。

② MS 通过系统分配的专用信道与系统建立信令连接，并发送业务请求消息。请求消息中包含移动台的相关信息，如该移动台的 IMSI、本次呼叫的被叫号码等参数。

③ MSC 根据 IMSI 检索主叫用户数据，检查该移动台是否为合法用户，是否有权进行此类呼叫。在此，VLR 直接参与鉴权和加密过程，如果需要 HLR 也将参与操作。如果需要加密，则需协商加密模式。然后进入呼叫建立起始阶段。

④ 对于合法用户，系统为 MS 分配一个空闲的业务信道。一般地，GSM 系统由基站控制器分配业务信道。MS 收到业务信道分配指令后，即调谐到指定的信道，并按照要求调整发射电平。基站在确认业务信道建立成功后，通知 MSC。

⑤ MSC 分析被叫号码，选择路由，采用 NO.7 信令协议（ISUP/TUP）与固定网（ISDN/PSTN）建立至被叫用户的通话电路，并向被叫用户振铃，MSC 将终端局回送的建立成功消息转换成相应的无线接口信令回送给 MS，MS 听回铃音。

⑥ 被叫用户摘机应答，MSC 向 MS 发送应答（连接）指令，MS 回送连接确认消息。然后进入通话阶段。

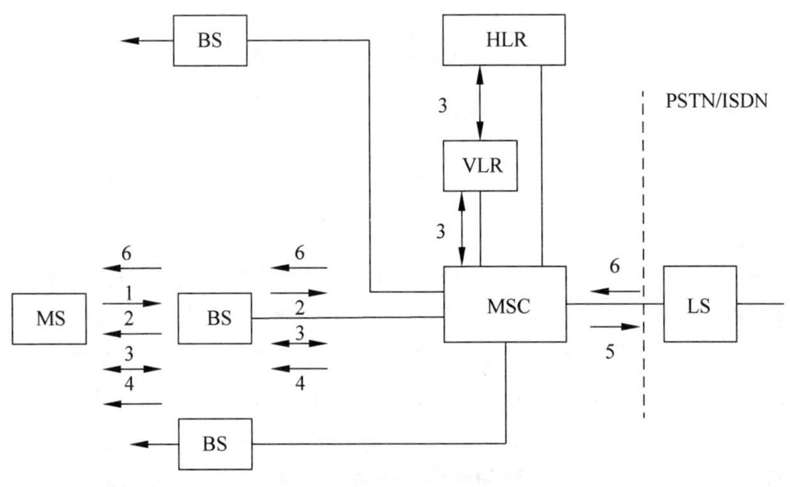

图 4.35 MS 呼叫 PSTN

MS 作被叫，固定用户呼叫移动用户的基本流程如图 4.36 所示。GMSC 为网关 MC，在 GSM 系统中定义为与主叫 PSTN 最近的 MSC。图中流程说明如下：

① PSTN 交换机 LS 通过号码分析判定被叫为移动用户，通过 ISUP/TUP 信令将呼叫

接续至 GMSC。

② GMSC 根据 MSISDN 确定被叫所属的 HLR，向 HLR 询问被叫用户正在拜访的 MSC 地址。

③ HLR 检索用户数据库，若该用户已漫游至其他地区，则向用户当前所在的 VLR 请求漫游号码，VLR 动态分配 MSRN 后回送 HLR。

④ HLR 将 MSRN 回送 GMSC，GMSC 根据 MSRN 选择路由，将呼叫接续至被叫当前所在的 MSC。

⑤、⑥ 拜访 MSC 查询数据库，从 VLR 获取有关被叫用户的呼入信息。

⑦、⑧ 拜访 MSC 通过位置区内的所有 BS 向 MS 发送寻呼消息。各 BS 通过寻呼信道发送寻呼消息，消息的主要参数为被叫的 IMSI 号码。

⑨、⑩ 被叫用户收到寻呼消息，发现 IMSI 与自己相符，即回送寻呼响应，基站将寻呼响应消息转发至 MSC。MSC 然后执行与移动用户呼叫固定用户流程①～④相同的过程，直到 MS 振铃，向主叫用户回送呼叫接通证实信号(图 4.36 中省略)。

⑪ 移动用户摘机应答，向固定网发送应答(连接)消息，最后进入通话阶段。

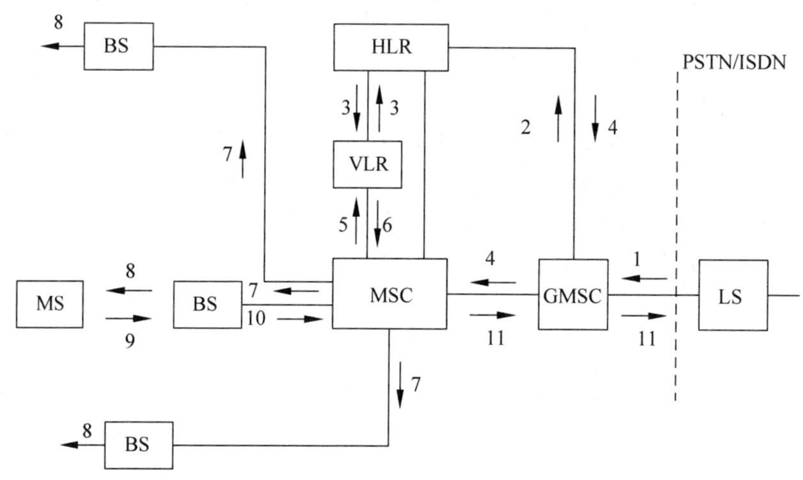

图 4.36 PSTN 呼叫 MS

4) 呼叫释放

在移动网中，为节省无线信道资源，呼叫释放采用互不控制复原方式。通话可由任意一方释放，移动用户通过按挂机“NO”键终止通话。这个动作由 MS 翻译成“断连”消息，MSC 收到“断连”消息后，向对端局发送拆线或挂机消息，然后释放局间通话电路。但此时信道资源仍未释放，MSC 与 MS 之间的信道资源仍保持着，以便完成诸如收费指示等附加操作，当 MSC 决定不再需要呼叫时，发送“信道释放”消息给 MS，MS 以“释放完成”消息应答，直至这时，连接信道才被释放，MS 回到空闲状态。

3. 漫游与越区切换

漫游(roaming)是蜂窝移动网的一项重要服务功能，它可使不同地区的移动网实现互联。移动台不但可在归属区中使用，也可以在拜访区使用。具有漫游功能的用户，在整个移动网内都可以自由的通信，其使用方法不因位置不同而异。在移动通信的发展过程中，曾经出现过人工漫游、半自动漫游和自动漫游三种形式。前两种方式，大多用于早期的模拟网。

目前，数字蜂窝移动网均支持自动漫游方式，这种方式要求移动网数据库通过NO.7信令进行互连，网络可自动检索漫游数据，并在呼叫时自动分配漫游号码，而对于移动用户则是无感的。

越区切换是指当通信中的MS从一个小区进入另一个小区时，网络把MS从原小区占用的信道切到新小区的某一信道，以保证用户的通信不中断。移动网的特点就是用户的移动性，因此，保证用户信道的成功切换是移动网的基本功能，也是移动网和固定网的重要区别。切换是由网络决定的，除越区需要切换外，有时系统出于业务平衡需要也需要进行切换。如MS在两个小区覆盖重叠区进行通话时，由于被占信道小区业务特别繁忙，这时BSC可通知移动台测试它临近小区的信号质量，决定将它切换到另一个小区。

切换时，基站首先要通知MS对其周围小区基站的有关信息及广播信道载频、信号强度进行测量，同时还要测量它所占用业务信道的信号强度和传输质量，并将测量结果传送给BSC，BSC根据这些信息对MS周围小区的情况进行比较，最后由BSC做出切换的决定。另外，BSC还需判别在什么时候进行切换，切换到哪个基站。

越区切换是由网络发起，移动台辅助完成的。MS周期性地对周围小区的无线信号进行测量，及时报告给所在小区基站，并上报MSC。MSC会综合分析MS送回的报告和网络所测的情况，当网络发现符合切换条件时，执行越区切换的信令过程，指示MS释放原来所用的无线信道，在邻近小区的新信道上建立连接并进行通信。MSC内部切换与MSC间切换就是两种情况下的越区切换。

(1) MSC内部切换

同一MSC服务区内基站之间的切换，称为MSC内部切换(Intra-MSC)。它又分为同一BSC控制区内不同小区之间(Intra-BSS)的切换和不同BSC控制区内(Inter-BSS)小区之间的切换。MSC内部切换过程如图4.37所示。

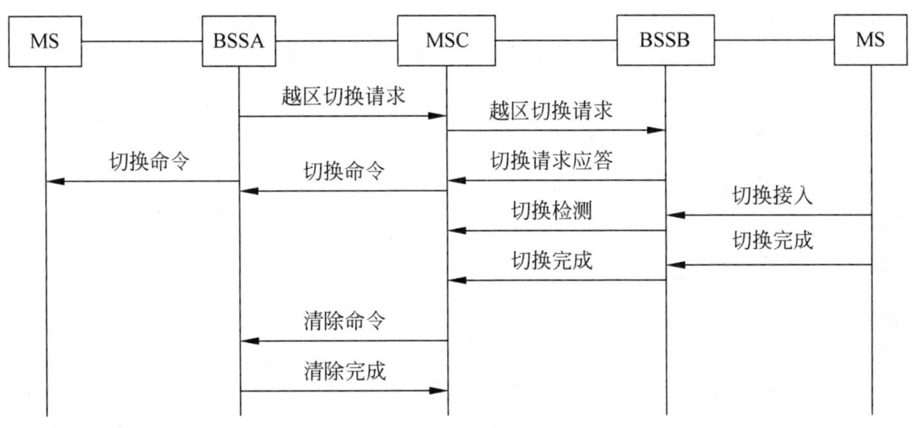

图4.37　漫游切换过程

MS周期地对周围小区的无线信号进行测量，并及时报告给所在小区基站。当信号强度过弱时，该MS所在的基站(BSSA)就向MSC发出“越区切换请求”消息，该消息中包含了MS所要切换的候选小区列表。MSC收到该消息后，开始向切入基站(BSSB)转发该消息，要求切入基站分配无线资源，BSSB开始分配无线资源。

若BSSB分配无线信道成功，则给MSC发送“切换请求应答”消息。MSC收到后，通过

BSS 向 MS 发送“切换指令”，该指令中包含了由 BSSB 分配的一个切换参考值，包括所分配信道的频率等信息。MS 将其频率切换到新的频点上，向 BSSB 发送“切换接入”消息。BSSB 检测 MS 的合法性，若合法，BSSB 发送“切换检测”消息给 MSC。同时，MS 通过 BSSB 发送“切换完成”消息给 MSC，MS 通过 BSSB 进行通信。当 MSC 收到“切换完成”消息后，通过“清除命令”释放 BSSA 上的无线资源，完成后，BSSA 回送“清除完成”给 MSC。至此，一次切换过程完成。

(2) MSC 间切换

不同 MSC 服务区基站之间的切换，称为 MSC 间切换(Inter-MSC)。MSC 之间切换的基本过程与 Intra-MSC 的切换基本相似。所不同的是，由于切换是在 MSC 之间进行的，因此，MS 的漫游号码要发生变化，由切入服务区的 VLR 重新分配，并且在两个 MSC 之间建立电路连接。

4.9.3 移动交换信令协议

GSM 系线设计的一个重要出发点是支持泛欧漫游和多厂商环境。因此定义了完备的接口和信令，其接口和信令协议结构对后续有重要影响。

1. LAPD 与 LAPDm 协议

LAPD 协议(Link Access Protocol for D Channel)，GSM 的 LAPD 协议是 ISDN D 信道链路接入协议，是 CCITT 建议的 Q 系列中的 920-921 规定的一个简化，LAPD 对应于 OSI 模型的数据链路层(层 2)，为层 3 的消息传递服务。主要功能在信令信道上提供一个或多个数据链路连接，向高层提供可靠的数据通路。对传输的数据帧进行顺序控制，差错控制及流量控制。

LAPDm 协议(Link Access Protocol for Dm Channel)，GSM 的 LAPDm 类似于 LAPD 协议，它在某种程度上是 LAPD 在无线通道(Dm)上的衍生，用于通过 Dm 通道对移动台(MS)和基站(BTS)间进行信息的传输，是 GSM 的专用信令协议(GS04.05，04.06)(https://wenku.baidu.com/view/501bfb83c281e53a5802ffec.html)。

2. LAPDm 与 LAPD 的主要区别

允许报文最大长度为 264，23

窗口尺寸：>1，=1

点到多点，点到一点

计数周期：128(7b)，8(3b)

分段重组：无，有

GSM 高层应用协议为移动应用部分(MAP)，MAP 的主要功能是支持 MS 移动性管理、漫游切换和网络安全。为实现网络互连，GSM 系统需要在 MSC 和 HLR/AUC、VLR 和 EIR 等网络部件之间频繁地交换数据和指令，这些信息大都与电路无关，因此最适合采用 NO.7 信令传送。MSC 与 MSC 之间及 MSC 与 PSTN/ISDN 之间关于电路接续的信令则采用 TUP/ISUP 协议。

下面以一个 RZ6003 移动交换机网络实例简单说明一下移动交换应用。

RZ6003 移动交换机和多台 RZ6001 型移动终端实验箱以及 RZ6002 移动基站组成一个移动通信系统，可以完成移动台之间的语音和数据通信。RZ6001 型移动终端完成语音、数据的处理，和 RZ6002 基站的信令交互，RZ6002 基站完成各终端的频率分配和信令分析、处理，以及和 RZ6003 交换机之间一起完成跨基站的移动终端之间的通信，同时将本基站管理移动终端的状态送往交换机。交换机终端完成跨基站之间的移动终端之间的通信管理，同时将各移动终端的状态送往 PC，PC 上配套移动系统软件对各移动终端的状态和数据进行显示、分类、存储和分析，如图 4.38 所示。

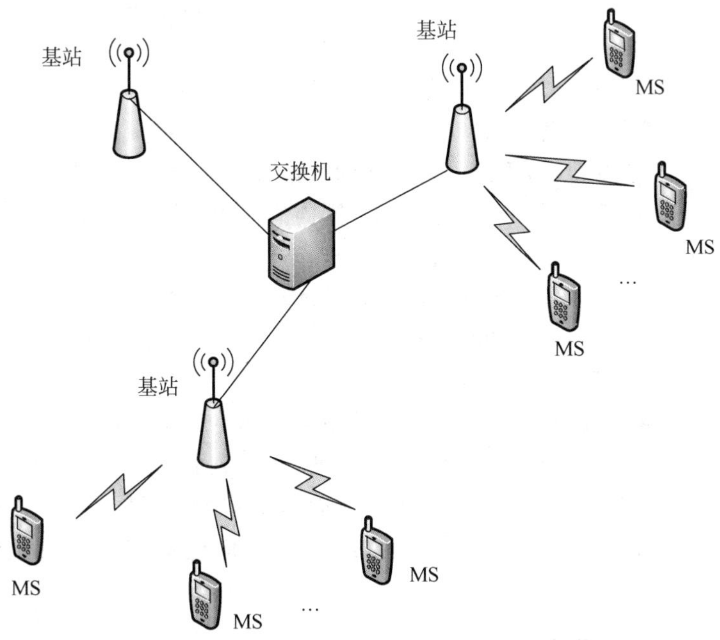

图 4.38 RZ6003 移动交换机应用

4.10 ATM 交换

ATM(异步传输模式)是相对于传统的电路交换中的同步传输而言的。ATM 的主要特点有：信元长度固定为短小精悍的 53 字节，ATM 信元在网络中高速转发，ATM 交换机会根据信元的概率优先级进行优化发送顺序，从而使网络交换的效率更高。

由于 ATM 在设计之初考虑过于完美，力图能包容所谓未来的宽带业务，涵盖网络和终端，导致最终的设备价格昂贵，目前 ATM 技术主要用于网络交换中心，而设计复杂的 ATM 终端则几乎没有进入应用市场，也可以称为“完美的贵族”。

ATM 虽然没有全面占领通信市场，但是仍在核心交换网中占用很大的比例。ATM 适用于局域网和广域网。目前，ATM 技术在思想上不断创新，同时也在实际生活中得到快速的发展。ATM 的发展促进了互联网的发展，互联网的进步也推动了 ATM 的进步，两者相辅相成。为了满足互联网因自身发展而提出的新要求，ATM 只能不断发展自身，不断进行改进来迎合互联网的要求，在这一过程中 ATM 得到了发展并且有着极其光明的未来。而互联网在得到 ATM 的支持后，发展速度不断加快，为 ATM 提供了发展空间，两者共同发展，不断进步。

1870 年电话被发明后，因为电话的使用十分方便并为人们平时与他人的联系提供了便利，所以使用电话的人越来越多。而随着使用电话的人越来越多，一个问题出现了，那就是如何在有很多人通话的时候将要连接的两位用户快速而正确地连接在一起。为了解决这个问题，人们发明了电话交换网。刚开始是使用人工交换，但是后来人们发现人工交换的效率太低并容易出错，所以对人工交换进行了改进变为机电式自动交换系统。机电式自动交换系统虽然效率提高了，但其仍无法满足日益增加的用户需求，紧接着数字程控系统出现了。而这也是电路交换的发展过程。

计算机的出现也带来了公共数据网的诞生，分组交换网随之出现。分组交换与电路交换相比较而言，分组交换在传输信息时的正确率更高，但是分组交换也存在很大的缺点，那就是分组交换的处理速度很慢，无法处理高速的数据流。由于这个缺点，分组交换只能在一些固定的场合里使用而无法得到在更加广阔范围内的应用。

传统网络一般都存在很多缺点。例如，传统网络的灵活性比较差，无法开发出新的业务来满足人们的需求。不断出现的新业务的要求远远超过原有网络的服务质量。传统网络的业务依赖性强，传统网络只能用于专一服务。X.25 不能用来传送对实时性要求较高的语言信号和高带宽的图像，公用电话网不能用来传送 TV 信号。传统网络无法对网络资源进行最大程度的利用，使很多资源白白浪费，没有使用到应该使用到的地方上。

随着网络的发展，网络所能提供的服务也不断增加，人们可以通过网络与同学聊天，分享自己的照片，欣赏电影。但这仍然无法满足人们不断提高的要求，人们希望一个网络能够拥有所有的网络服务，不需要同时使用几个网络就可以享受到各种网络服务。为了满足人们的这个愿望，ATM 诞生了。

4.10.1 ATM 概念

ATM 也叫作异步转移模式。异步转移模式中信息必须以 ATM 所规定的信元格式来进行转移，所以信息以固定格式进行转移可以大大提高网络的转移速度，提高网络的利用率，这也是异步转移模式中的优点。异步转移模式中的信元一般是由 53 字节组成，不管是什么种类的数据信息在异步转移模式中都会被分成若干个信元，然后将这些信元在传输链路上进行转移。信元也包含了几部分，首先是存储信息内容的数据块，数据块在信元里所占的比重很大，信元 53 字节里数据块占了 48 字节，然后就是包含各种控制信息的信元头，信元头虽然在信元里所占的比例不大但却起着很大的作用，信元能否正确地转移到目的地还要依靠信元头来决定，信元 53 字节里信元头占了 5 字节。虽然在转移过程中统一的信元格式对于转移十分有利，但是在被接收端接收后仍然要转变成原来数据信息的格式。

异步转移模式中的信元可以分为两部分，一部分是数据块，另一部分是信元头。两部分在网络转移的过程中所起的作用大不相同。数据块主要是用来存储信息内容。因为在转移的过程中，不管是何种数据信息都要被分成若干个信元，然后进行转移，而这些数据信息所包含的内容就存储在数据块中。数据块主要起着存储的作用。信元头的作用也十分重要，如果信元头出错，那么整个信元就无法被正确转移到目的地。信元头内包含着信元所要转移到的接收端的地址，一旦丢失或出错就会导致整个信元出错。

异步转移模式与传统网络相比更加优秀。比如，异步转移模式将所有信息分为固定格式的信元，这不但提高了信息在网络中转移的速度，还使信息在转移过程中出错的概率大大减少。就算在整个转移过程中丢失了几个信元或几个信元在转移过程中出现错误，也不会对整体信息造成太大的影响，毕竟信息是由很多个信元组成的，而出错的信元只占了很小的一部分。同时，异步转移模式与传统网络相比更加灵活。不像传统网络那样固定死板地分配网络资源，异步转移模式的资源分配方式更加灵活，可以根据现实情况灵活的分配资源，实现资源分配的最优化。

4.10.2 ATM 分组结构

由于 ATM 主要负责 ATM 分组的高速转发，在这里需要定义 UNI、NNI、和 UUI 的概念，如图 4.39 所示。

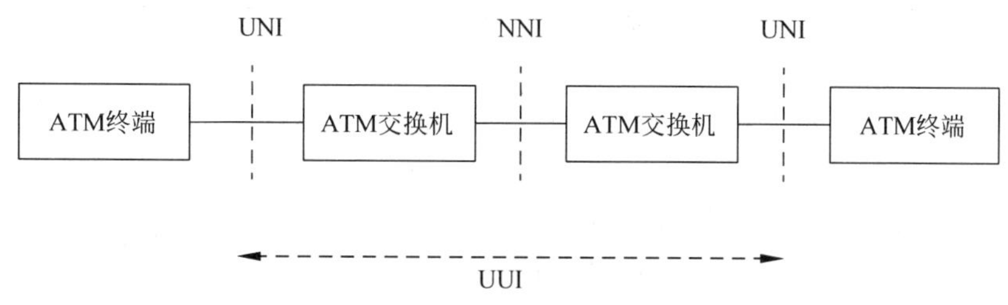

图 4.39　ATM 接口的基本定义

异步转移模式中，信息都是先被分成若干个信元然后进行转移的。信元的格式大体如下，如图 4.40 所示。信元可以分为两部分，一部分是数据块，另一部分是信元头。

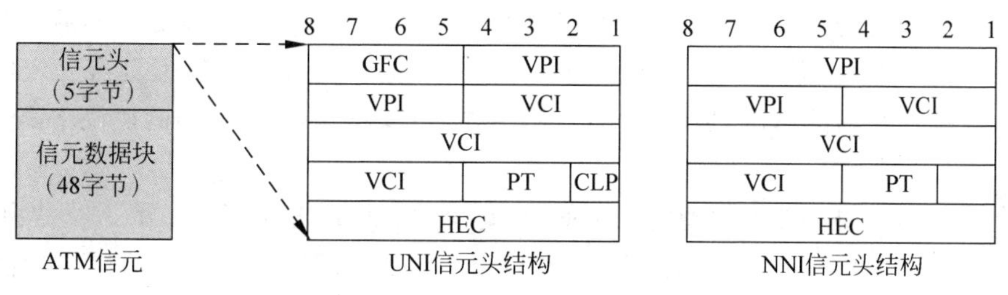

图 4.40　ATM 信元类型

数据块主要用于存储信息内容，数据块在信元里所占的比重很大，信元 53 字节里数据块占了 48 字节。

信元头包含了各种控制信息，信元头虽然在信元里所占的比例不大但却起着很大的作用，信元能否正确地转移到目的地还要依靠信元头来决定，信元 53 个字节里信元头占了 5 字节。信元头中主要有 6 个字段。一般流量控制主要是用来控制端点与交换机之间的流量。虚路径标识符主要用来表示异步转移模式网络中的一条虚路径连接。一般流量控制和虚路径标识符在信元头内共占 12b。虚通道标识符主要用来表示异步转移模式网络中的一条虚通道连接。虚通道标识符在信元头内共占 16b。信元载体类型人们一般用它来分辨异步转移模式网络中的信元是用户信元和管理信元中的哪一种。信元载体类型在信元头内共占 3b。信元优先级在异步转移模式网络中起着至关重要的作用，当转移遇到拥塞时，信元优先级决定着哪一个信元被放弃，哪一个信元被保留。信元优先级在信元头内共占 1b。信元头错误控制一般用来验证信元头是否正确。信元头错误控制在信元头内共占 8b。

4.10.3 ATM的协议参考模型

B-ISDN与窄带ISDN在本质上是有所不同的,B-ISDN即以ATM信元交换为核心的综合业务数字网。

B-ISDN协议参考模型就是异步转移模式所使用的协议参考模型,这个参考模型我们可以将它看作是包含用户面、控制面和管理面这三个面的立体模型。

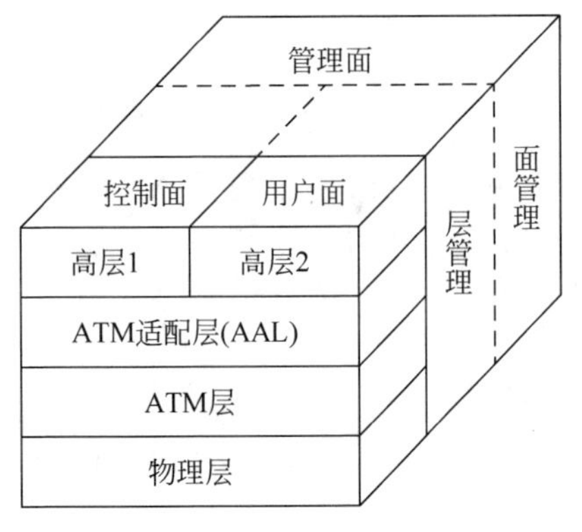

图4.41 ATM分层体系

这三个面在协议中发挥着不同的作用。用户面主要负责的是对异步转移模式的控制。而这种控制功能有很多种,既可以对异步转移模式中的转移差错进行控制,也可以对异步转移模式中的流量大小进行控制。控制面的功能也是对异步转移模式的控制,但与用户面不同,控制面是对异步转移模式中产生的连接和异步转移模式中发生的呼叫进行控制。在进行控制的同时,控制面也可以控制信令。信令在异步转移模式中能起到很大的作用,如建立呼叫和连接,在呼叫和连接建立后对其进行监视,最后将呼叫和连接释放。管理面与用户面、控制面相比更加复杂,管理面有两种功能。首先是管理面的层管理功能,层管理功能主要是解决与每一层都有一定关系的操作与维护(OAM)信息流的问题。同时层管理功能在解决信息流问题的同时还负责管理与各层协议实体有一定关系的参数。然后是管理面的面管理功能,面管理功能主要是起到一个调节作用,同时对系统整体也具有一定的管理功能。以上就是三个面的作用,虽然各不相同,但在异步转移模式所使用的协议中都是不可或缺的。

以上介绍的是协议参考模型的三个面,而每个面又可以分为四层。第一层是物理层,物理层又可以分成两层,一层是传输汇聚子层,另一层是物理媒体子层。两层的功能各不相同,其中传输汇聚子层有5项功能,而物理媒体子层有2项功能,接下来对这两个子层的功能进行简单介绍。传输汇聚子层可以对信元速率进行解耦,产生信元头错误控制并对信元头错误控制进行检查看看信元是否正确,确定信元正确性后给信元划分界限,将信元与转移帧进行适配,适配后重新产生转移帧。这就是传输汇聚子层所包含的所有功能。物理媒体子层有两种功能:一是对比特进行定时,二是完成线路编码的光电转换。网络媒体子层通过这两种功能来确保在异步转移模式中转移的比特流的准确性。第二层是异步转移模式层,异步转移模式层一共有四项功能。第一,对异步转移模式中的流量进行控制;第二,生成信元中的信元头;第三,对信元头中的虚路径标识符和虚路径通道符进行翻译;第四,信元复用并完成信元的分路。第三层是异步转移模式适配层。异步转移模式适配层的主要功能就是适配,无论何种业务在经过异步转移模式适配层适配后,都可以用固定格式的信元来进行转移。异步转移模式适配层十分灵活,对于不同类型的业务会采取不同的适配方法,但最终结果都是一样的,都可以以固定格式的信元转移。异步转移模式适配层也可以分成两层,一是汇聚子层,一是拆装子层。汇聚子层主要负责四项功能。第一,将定时信息准确地转移到目的地;第二,对所转移的信元进行检测,如果发现错误就对错误信元进行处理;第三，检测信元转移时延，如果时延太长就要对信元进行处理；第四，对网络中产生的用户数据单元进行检测，如果出错则及时进行处理。拆装子层主要负责高层信息的拆分和组装，于接收端将高层信息拆分，于接收端将已拆分的高层信息重新组装。第四层是高层，主要负责提供高层信息给异步转移模式适配层适配。以上就是组成每一面的四层的具体功能。

4.10.4 ATM 中的 AAL 适配层

异步转移模式适配层主要负责将用户层的信息转换成为异步转移模式网络中统一的格式。当一个较长的数据包由用户层提交给异步转移模式适配层后，异步转移模式适配层将先按固定信元格式将数据分组成若干信元体，然后再传送给异步转移模式层。异步转移模式适配层是由汇聚子层和拆装子层组成的。

异步转移模式的传输服务可以分为五种类型：

① A 类服务：A 类服务的特点是端点间保持定时同步、面向连接、比特率恒定。这种服务也称恒定比特率业务。主要用于语音以及静态图像的传输服务。由 AAL1 子层适配于 A 类服务。

② B 类服务：B 类服务的特点是端点间保持定时同步、面向连接、比特率可变。这种服务也称实时可变比特率业务。主要用于支持可变速率语音和压缩视频图像的传输服务。由 AAL2 子层适配于 B 类服务。

③ C 类服务：C 类服务的特点是端点间不要求定时同步、面向连接、比特率可变。这种服务也称非实时可变比特率业务。主要用于支持突发性数据的传输服务。由 AAL3/AAL4 或 AAL5 子层适配于 C 类服务。

④ D 类服务：D 类服务的特点是端点间不要求定时同步、无连接、比特率可变。主要用于 QoS 要求较低或不要求的场合。如果提供拥塞反馈机制，则称可用比特率业务；如果不提供拥塞反馈机制，称为未确定比特率业务。由 AAL3/AAL4 或 AAL5 子层适配于 D 类服务。

⑤ X 类服务：X 类服务由用户或厂家自定义的服务。

目前最多是 AAL5 层的 IPover ATM 的业务，即在 ATM 层上走 IP 数据报，同学们可以阅读相关资料来完成。

最后对 ATM 交换技术做一点概要总结，ATM 在设计之初建立了复杂而完美的解决 B-ISDN 的方案，但由于终端设备集成了复杂技术，造成了价格昂贵，因此目前 ATM 主要用在传输层面。即以光纤为传输的 SDH 接口，可以先承载 ATM 信元，再利用 ATM 信元承载 IP 报文，即 IP over ATM over SDH 的结构，从而造成了在数据链路层(SDH)和网络层(IP)层之间的 2.5 层，当前 SDH 理论上也可以直接承载 IP 报文，但那样就失去了大量的管理开销。

4.11 MPLS 交换

ATM 负责高速转发，IP 报文负责数据报服务，从宏观的角度，没有一种是特别针对不同业务分类而进行的数据交换业务，尤其是在核心网内的交换中心。因此，提出了一种给不同业务分类打上标签(Label)的，按照 Label 进行高速转发的 MPLS 交换技术。

4.11.1 MPLS的基本概念

MPLS(Multi-protocol Label Switching)即多协议标记交换属于第三代网络架构，是新一代的IP高速骨干网络交换标准，由IETF(Internet Engineering Task Force，互联网工程任务组)所提出。

MPLS是集成式的IP Over ATM技术，即在Frame Relay及ATM Switch上结合路由功能，数据包通过虚拟电路来传送，只需在OSI第二层(数据链路层)执行硬件式交换，以取代第三层(网络层)软件式路由，它整合了IP选径与第二层标记交换为单一的系统，因此可以解决Internet路由的问题，使数据包传送的延迟时间减短，增加网络传输的速度，更适合多媒体讯息的传送。因此，MPLS最大技术特色为可以指定数据包传送的先后顺序。MPLS使用标记交换(Label Switching)，网络路由器只需要判别标记后即可进行转送处理。

MPLS是一种特殊的转发机制，它为进入网络中的IP数据包分配标记，并通过对标记的交换来实现IP数据包的转发。标记作为IP包头在网络中的替代品而存在，在网络内部MPLS在数据包所经过的路径沿途通过交换标记，而不是看IP包头来实现转发；当数据包要退出MPLS网络时，数据包被解开封装，继续按照IP包的路由方式到达目的地。

MPLS将IP技术与下层技术结合在一起，兼具了高速交换、QoS性能、流量控制以及IP技术的灵活和可扩展等特性。它不仅能够解决当前网络中存在的问题，而且能够支持许多新的功能，是一种较为理想的骨干IP网络技术。它吸收了ATM的VPI/VCI交换一些思想，无缝地集成了IP路由技术的灵活性和二层交换的简捷性，MPLS基于IP路由和控制协议，提供面向连接的基于标记的分组交换，在面向无连接的IP网络中增加了MPLS这种面向连接的属性。通过采用MPLS建立“虚连接”的方法，为IP网增加了一些管理和运营的手段。MPLS提供一套核心的机制，以多种方式提供丰富的功能。MPLS核心技术可以在多个网络层协议得到扩展，而且并不局限于任何一种特定的链路层技术。此外，MPLS也为支持更加先进的路由服务提供了基础，因为它解决了下面一系列复杂的问题：使用MPLS可以使网络具有很好的可伸缩性能；降低了网络操作的复杂性；促进新的路由技术的发展，提高了IP选路技术；并且日益成为扩大IP网络规模的重要标准，促进不同业务提供商之间的合作。在IP网中，MPLS流量工程技术成为一种主要的管理网络流量、减少拥塞、一定程度上保证IP网络的QoS的重要工具。在解决企业互联，提供各种新业务方面，成为在IP网络运营商提供增值业务的重要手段。

4.11.2 MPLS技术中常用术语

标记(Label)：标记是一个包含在每个包中的短的具有固定长度的数值，用于通过网络转发包。

标记边缘路由器(Lable Edge Router，LER)：LER是MPLS网络同其他网络相连的边缘设备，它提供流量分类和标签的映射(作为Ingress)、标签的移除功能。

标记交换路由器(Lable Switching Router，LSR)：LSR是MPLS网络的核心设备，提供标签交换、标签分发功能，具有第三层转发分组和第二层交换分组的能力。

等价转发类(Forwarding Equivalence Class，FEC)：FEC是在转发过程中以等效的方式处理的一组数据包，例如目的地址前缀相同的数据包。FEC归类的方法可以各不相同，粒度也可有差别。

标记交换路径(Lable Switching Path,LSP):MPLS 实际上是一个面向连接的系统,标记的分配实际上就是一个建立连接的过程,也即建立了一条 LSP。LSP 可以是动态的,也可以是静态的,动态 LSP 是通过路由信息自动生成,静态 LSP 是被明确提供的。

标记分配协议(Label Distribution Protocol,LDP):LDP 提供一套标准的信令机制用于有效地实现标签的分配与转发功能。LDP 基于原有的网络层路由协议 OSPF、IS-IS、RIP、EIGRP 或 BGP 等构建标签信息库,并根据网络拓扑结构,在 MPLS 域边缘节点(即入节点与出节点)之间建立 LSP。

CR-LDP(Constraint Route Label Distribution Protocol):限制路由的标记分配协议。

4.11.3 MPLS 技术的工作原理

MPLS 的工作流程可以分为 3 个方面,即网络的边缘行为、网络的中心行为以及如何建立标记交换路径,如图 4.42 所示。

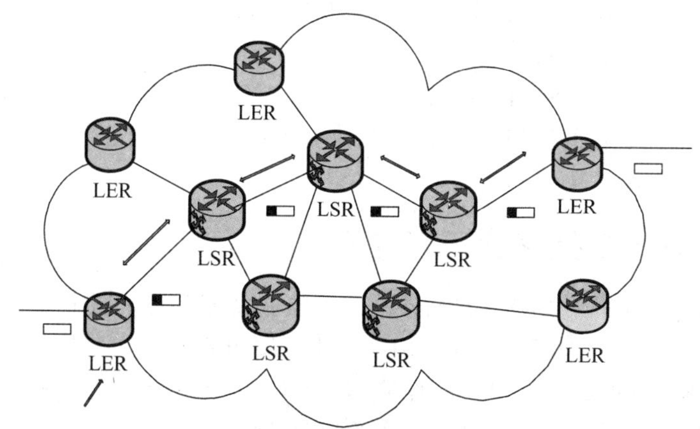

图 4.42　MPLS 的基本原理

1. 网络的边缘行为

当 IP 数据包到达一个 LER 时,MPLS 第一次应用标记。首先,LER 要分析 IP 包头的信息,并且按照它的目的地址和业务等级加以区分。在 LER 中,MPLS 使用了转发等价类(FEC)的概念将输入的数据流映射到一条 LSP 上。简单地说,FEC 就是定义了一组沿着同一条路径、有相同处理过程的数据包。这就意味着所有 FEC 相同的包都可以映射到同一个标记中。对于每一个 FEC,LER 都建立一条独立的 LSP 穿过网络,到达目的地。数据包分配到一个 FEC 后,LER 就可以根据标记信息库(LIB)为其生成一个标记。标记信息库将每一个 FEC 都映射到 LSP 下一跳的标记上。如果下一跳的链路是 ATM,则 MPLS 将使用 ATM VCC 里的 VCI 作为标记。转发数据包时,LER 检查标记信息库中的 FEC,然后将数据包用 LSP 的标记封装,从标记信息库所规定的下一个接口发送出去。

2. 网络的核心行为

当一个带有标记的包到达 LSR 的时候,LSR 提取入局标记,同时以它作为索引在标记信息库中查找。当 LSR 找到相关信息后,取出出局的标记,并由出局标记代替入局标签,从标记信息库中所描述的下一跳接口送出数据包。最后,数据包到达了 MPLS 域的另一端,在这一点,LER 剥去封装的标记,仍然按照 IP 包的路由方式将数据包继续传送到目的地。

3. 如何建立标记交换路径

建立 LSP 的方式主要有两种:"Hop by Hop"路由和显式路由。

(1) "Hop by Hop"路由

一个 Hop-by-Hop 的 LSP 是所有从源站点到一个特定目的站点的 IP 树的一部分。对于这些 LSP,MPLS 模仿 IP 转发数据包的面向目的地的方式建立了一组树。

从传统的 IP 路由来看,每一台沿途的路由器都要检查包的目的地址,并且选择一条合适的路径将数据包发送出去。而 MPLS 则不然,数据包虽然也沿着 IP 路由所选择的同一条路径进行传送,但是它的数据包头在整条路径上从始至终都没有被检查。

在每一个节点,MPLS 生成的树是通过一级一级为下一跳分配标记,而且是通过与它们的对等层交换标记而生成的。交换是通过 LDP 的请求以及对应的消息完成的。

(2) 显式路由

MPLS 最主要的一个优点就是它可以利用流量设计"引导"数据包,比如避免拥塞或者满足业务的 QoS 等。MPLS 允许网络的运行人员在源节点就确定一条显式路由的 LSP (ER-LSP),以规定数据包将选择的路径。

不像 Hop-by-Hop 的 LSP,ER-LSP 不会形成 IP 树。取而代之,ER-LSP 从源端到目的端建立一条直接的端到端的路径,MPLS 将显式路由嵌入到限制路由的标记分配协议的信息中,从而建立这条路径。

4.11.4 MPLS 报文的封装结构

如图 4.43 所示,MPLS 的标签是封装在链路层标志之后 IP 报文标记之前,类似于在第二层数据链路层和第三层 IP 层之间增加了一个标签。链路层则由具体的实际链路决定,比如在以太网上,则为标准的 14 字节(目的 MAC 地址、源 MAC 地址、控制字段)组成。

如图 4.43 所示,从简单的原理级别,对照 MPLS 包封装载 PPP 帧,以及封装在以太帧的情况,思考一下,MPLS 包如何封装在 PPPoE 帧里面。

4.11.5 MPLS 流量工程

1. MPLS 在流量工程中的优势

MPLS 是近几年发展起来的新型网络交换技术。它主要是在传统的 IP 网络中增加了面向连接的特性,从而使得在传统 IP 网络中实施流量工程成为可能。由于 MPLS 采用集成模型,将三层技术与链路层技术结合在一起,较之其他技术,MPLS 在实现流量工程方面具有许多优势,主要体现在以下几个方面:

① MPLS 集成了二层的标记交换和三层的路由技术。在 MPLS 域内使用定长的短标签对分组进行转发,不仅克服了 ATM 交换机控制信令的复杂性,而且提高了使用传统路由协议的路由器的转发效率。

② MPLS 流量工程是基于业务流的需求以及网络的状态约束为业务流选择路径的。MPLS 流量工程采用约束的"显式路由"方式,使用此方式可选择满足业务流需求的路径,从而克服了传统路由协议的逐条选路方式的局限性。

③ MPLS 流量工程可以使用多种策略属性,在不中断业务的情况下,恢复网元节点和

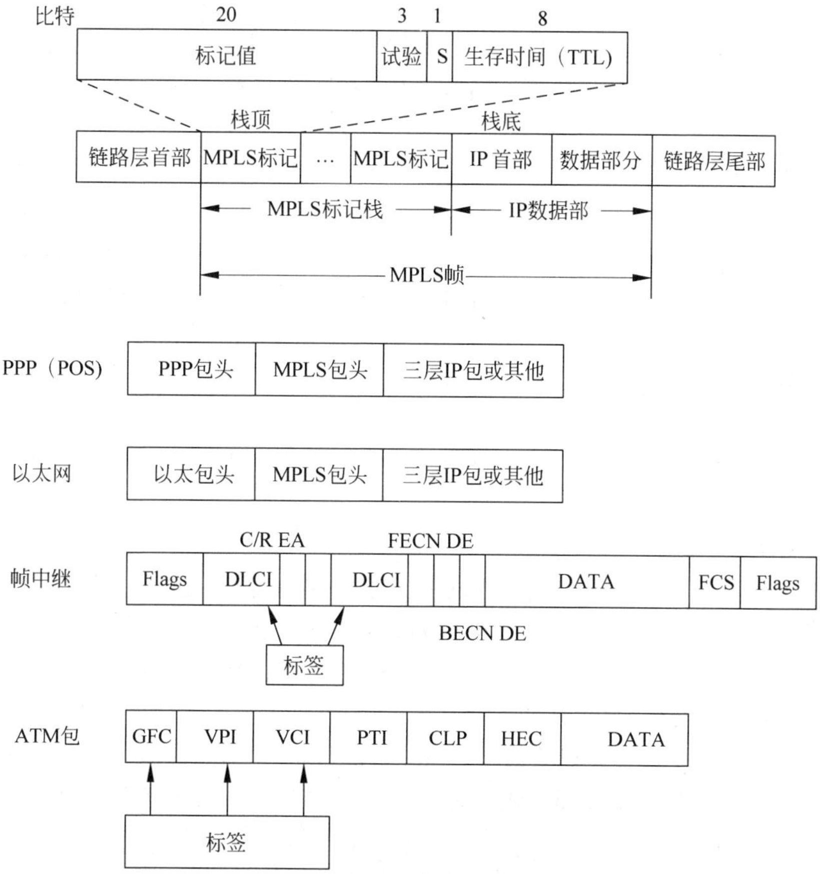

图 4.43 MPLS 标签结构

链路的故障。

④ 通过手动的网管配置或是下层协议的自动配置，可以很容易地建立起不受传统逐跳路由协议限制的显式 LSP，LSP 可以被高效地维护。

⑤ 流量主干可以被使用并被映射到 LSP 上，可以给流量主干规定一套属性来调整流量主干的行为，可以给各种网络资源规定属性，对建立的 LSP 通过的流量加以限制。

⑥ 既可以对业务进行组合，也可以对业务进行分割，而基于传统的路由协议的 IP 转发只支持对业务的组合，可以较容易地实现“约束路由”。

⑦ MPLS 流量工程是一种软资源，网络管理人员可以随时根据需要启动并利用它，具有调整周期短、见效快、开销低的特性。

MPLS 流量工程的主要原理是基于 MPLS 支持“显式路由”功能，支持 MPLS 网络域边缘建立满足业务流需求和网络约束条件的最优路径，达到优化网络资源和满足业务流需求的流量工程的目标。

2. MPLS 流量工程的机制

MPLS 的流量工程机制就是采用约束显式路由技术来实现路径选择、负载均衡、自愈恢复、路径优先级等机制。

（1）路径选择

传统 IP 网络一旦为一个 IP 包选择了一条路径，则不管这条链路是否拥塞，IP 包都会沿着这条路径传送，这样就会造成整个网络在某处资源过度利用，而另外一些地方网络资源闲置不用。

MPLS 则采用显式路由的方式为 IP 包选一条从源到目的地的路径，网络中的核心节点不需要再为 IP 包选择路由，仅需根据支持流量工程的信令协议中携带的路由信息将信令信息转发到下一节点。这种显式路由的选择是在 MPLS 入口节点 LER 上完成的，具体实现可以由网络管理员手动配置或通过源路由协议实现。这种显式路由的优点就是网络管理者可以根据网络资源合理的引导业务的流向，控制 IP 包在网络中的行为，避免网络业务流向已经拥塞的节点，从而实现网络资源的合理利用。

（2）负载均衡

MPLS 可以使用两条和多条 LSP 来承载同一个用户的 IP 业务流，合理地将用户业务流分摊在这些 LSP 之间。

（3）自愈恢复

MPLS 故障恢复是 MPLS 流量工程的一种重要应用特性，是指在网络发生故障时，如何及时进行故障切换，保障网络应用不受影响。MPLS 自愈恢复实现包括以下两种方式：

① 链路或节点保护。这种方式采用 MPLS 快速重路由技术(Fast Reroute)。在这种情况下，为每个链路和节点提供单独的迂回路由进行保护，在建立标签交换路径时，每个节点负责为每条链路或节点计算保护路径，一旦某个链路或节点发生故障立即由其直接上游节点检测到。然后在该路由器上把流量立即切换到迂回路径。这种方法的优点是切换速度快，缺点是需要很多备份资源，并且路由器需要维护的状态也比较多。

② 路径保护。采用 MPLS 进行路径保护基本上有两种方式：路由重新计算和备份路径恢复。路由重新计算是指在标签交换路径发生故障后，通知该路径的入口路由器，该入口路由器再利用约束路由自动重新计算新的路由，并重新建立一条新的标签交换路径。由于有计算和重新建立过程，在实际网络中的恢复时间量级通常和路由恢复量级相当。它的主要优点是，无须手动安排额外的路径，直接与网络相适应，缺点在于恢复时间比较长。备份路径恢复是指在建立标签交换路径时，指定其备份路径，在主路径发生故障，通知入口路由器把流量切换到备份路径。它的主要优点是恢复时间比较快，缺点是需要占用额外的资源。

（4）路径优先级等机制

在网络资源匮乏时，应保证优先级高的业务优先使用网络资源。MPLS 通过设置 LSP 的建立优先级和保持优先级来实现的。每条 LSP 有 n 个建立优先级和 m 个保持优先级。建立优先级高的 LSP 先建立。而且当网络资源缺乏，即发生网络拥塞时，该 LSP 的建立优先级又高于另外一条已经建立的 LSP 的保持优先级，那么它可以将已经建立的那条 LSP 断开，抢占其网络资源。

3. 实现 MPLS-TE 的功能模型和运作原理

基于 MPLS 流量工程集成模式的方式采用 MPLS 技术，在网络中可以配置显式路由实现流量工程。使用 MPLS 技术实现流量工程集成模式的实现机制包括以下四个功能组成构件，如图 4.44 所示：

① 报文转发组件；

② 信息发布组件；
③ 约束路径选择组件；
④ 信令组件。

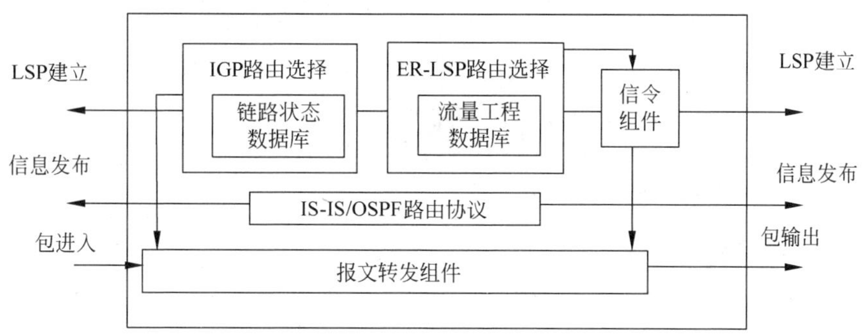

图 4.44　MPLS 的功能组成构件

每一个功能构件都是一个单独的模块，报文转发部分负责转发数据，使用的是 MPLS 技术。信息发布部分负责更新网络状态信息，通过支持流量工程扩展的 IGP 实现。约束路径选择部分负责根据收集的链路属性和拓扑信息采用约束路由计算源到目的节点的路径。信令部分负责计算出路径后使用一定的信令协议在各个节点间就标记达成一致，建立起 LSP。

4.12　软交换

软交换(Soft Switch)是从下一代网络 NGN(Next Generation Network)中而来，NGN 作为电信提出来能够融合固网通信和移动通信的标志，在一段时间，也曾成为通信热门，而随着无线宽带化的发展，3G、4G 等新技术的出现，NGN 慢慢也作为一个历史事件退出历史舞台，但是软交换的思想却一直保留下来，并至今仍然在核心交换机房中运用。

NGN 是电信史上的一块里程碑，标志着新一代电信网络时代的到来。从发展的角度来看，NGN 在传统的以电路交换为主的 PSTN 网络中逐渐迈出了向以分组交换为主的步伐，它承载了原有 PSTN 网络的所有业务，同时把大量的数据传输卸载(offload)到 ATM/IP 网络中以减轻 PSTN 网络的重荷，又以 ATM/IP 技术的新特性增加和增强了许多新老业务。从这个意义上讲，NGN 是基于 TDM 的 PSTN 语音网络和基于 ATM/IP 的分组网络融合的产物，它使得在新一代网络上语音、视频、数据等综合业务成为可能。

在构建 NGN 的网络结构时，要充分考虑现有网络包括 PSTN 网络、ATM/IP 网络的结构特点，通过去粗取精，争取经得起历史考验。

4.12.1　NGN 模型

NGN 的物理模型如图 4.45 所示。

该模型从结构上看似乎与原电路交换模型同构，其实内涵上不可相提并论。此处表明，只是通过比较来增加对新模型的理解。

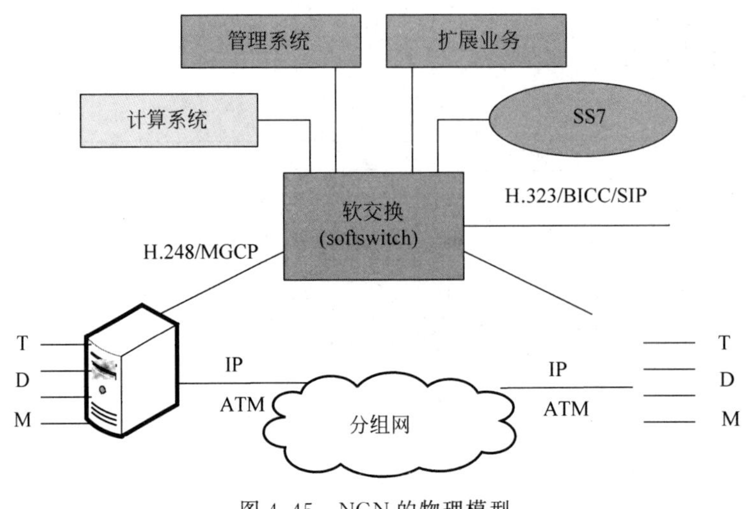

图 4.45 NGN 的物理模型

在 NGN 物理模型基础上，国际、国内网络设备提供商和 NGN 研究组织就 NGN 的功能构架基本能达成一种默契。这种默契的 NGN 功能构架如图 4.46 所示。

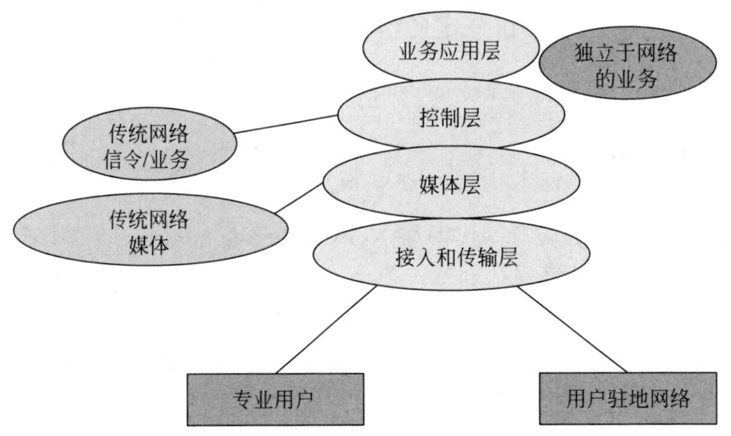

图 4.46 NGN 功能构架

4.12.2 NGN 特点

通过将 NGN 层次化，可以达到以下特点：

1. 控制与承载分离

控制与承载分离的最大好处是，承载可以重用现有分组网络(ATM/IP)，就成本和效益而言，这可以大大降低运营商的初期设备投资成本，对现有网络挖潜增效，提供现有分组网络的利用率；就容量而言，重用现有分组网络，其容量经过多年的投资，部分地区容量已经存在一定冗余；就可靠性而言，网络单点或局部故障对 NGN 网络没有影响或影响有限。

由于在媒体层上采用现有分组网络，现有分组网络上的业务能够得到充分继承。另外，承载采用分组网络，NGN 可以很好地与现有分组网络实现互联互通，结束原 PSTN 网络、DDN 网络、HFC 网络、计算机网络等孤岛隔离独自运营状况。再者，不同域的互联互通，也

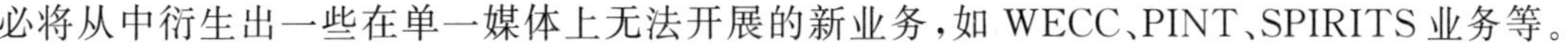

必将从中衍生出一些在单一媒体上无法开展的新业务，如 WECC、PINT、SPIRITS 业务等。

控制与承载以标准接口分离，可以简化控制，让更多的中小企业参与竞争，打破垄断，降低运营商采购成本。

2. 业务与呼叫分离

业务是网络用户的需求，需求的无限性决定了业务将是无限和不收敛的。如果将业务与呼叫集成在一起，则呼叫的规模和复杂度也必将是无限的，无限的规模和复杂度是不可控和不安全的。事实上，呼叫控制相当于业务而言是相对稳定和收敛的，我们将呼叫控制从业务中分离出来，可以保持网络核心的稳定和可控，而不会妨碍人们无限想象力。人们可以通过业务服务器（Application Server）的方式，不断延伸用户的需求。

3. 接口标准化、部件独立化

部件之间采用标准协议，如媒体网关控制器（或软交换）与媒体网关之间采用 MGCP、H.248、H.323 或 SIP 协议。媒体网关控制器（或软交换）之间采用 BICC、H.323 或 SIP-T 协议等。接口标准化是部件独立化的前提和要求，部件独立化是接口标准化的目的和结果。部件独立化，可以简化系统、促进专业化社会分工和充分竞争，优化资源配置，并进而降低社会成本。

另外，接口标准化可以降低部件之间的耦合，各部件可以独立演进，而网络形态可以保持相对稳定，业务的延续性有一定保障。

4. 核心交换单一化、接入层面多样化

在核心交换层（即 Media Layer），NGN 采用单一的分组网络，网络形态单一、网络功能简单化，这与 IP 核心网络的发展方向一致。因为核心网络的主要功能是快速路由和转发。如果功能复杂，则难以达到这个目标。

接入层面向最广大用户，来自各个国家、各个地区、各个民族和种族，不同年龄、不同性别、不同职业、不同背景决定了需要的差异。所以，单一的接入层面根本无法满足千差万别的需求。以个性化、人性化的接入层面亲近用户是网络发展的方向。

核心层面单一化与接入层面多样化字面上看是矛盾的，但实际上是可以调和的。这种矛盾可以通过媒体网关这个桥梁来解决。

5. 开放的 NGN 体系架构

不但 NGN 之间采用开放的标准接口，而且 NGN 还对外提供 Open API，开放的网络接口设置可以满足人们业务的自编自演，比如 Parley API 等。

4.12.3 软交换协议族

1. 软交换的概念

软交换的基本含义就是把呼叫控制功能从媒体网关（传输层）中分离出来，通过服务器上的软件实现基本呼叫控制功能，包括呼叫选路、管理控制、连接控制（建立会话、拆除会话）和信令互通（如从 SS7 到 IP）。其结果就是把呼叫传输与呼叫控制分离开，为控制、交换和软件可编程功能建立分离的平面，使业务提供者可以自由地将传输业务与控制协议结合起来，实现业务转移。其中更重要的是，软交换采用了开放式应用程序接口（API），允许在交换机制中灵活引入新业务。软交换主要提供连接控制、翻译和选路、网关管理、呼叫控制、带宽管理、信令、安全性和呼叫详细记录的生成等功能。

软交换就是位于网络分层中的控制层，它与媒体层的网关交互作用，接收正在处理的呼叫相关信息，指示网关完成呼叫。它的主要任务是：在各点之间建立关系，这些关系可能是一个简单的呼叫，也可以是一个较复杂的处理。软交换主要处理实时业务，首先是语音业务，也可以包括视频业务和其他多媒体业务。软交换通常也提供一些基本的补充业务，相当于传统交换机的呼叫控制部分和基本业务提供部分。

Softswitch 思想吸取了 IP、ATM、IN 和 TDM 等众家之长，完全形成分层的全开放的体系架构，使得各个运营商可以根据自己的需要，全部或者部分利用 Softswitch 体系的产品，采用适合自己的网络解决方案，在充分利用现有资源的同时，寻找到自己的网络立足点。

软交换是下一代网络的控制功能实体，为下一代网络提供具有实时性要求的业务的呼叫控制和连接控制功能，是下一代网络呼叫与控制的核心。简单地看，软交换所完成的功能相当于原有交换机所提供的功能。软交换是实现传统程控交换机的"呼叫控制"功能的实体，但传统的"呼叫控制"功能是和业务结合在一起的，不同的业务所需要的呼叫控制功能不同，而软交换则是与业务无关的，这要求软交换提供的呼叫控制功能是各种业务的基本呼叫控制。未来的软交换应该是尽可能简单的，智能则尽可能地移至外部的业务层或应用层。

2. 软交换的主要功能

具体而言，软交换主要完成以下功能：

(1) 媒体网关控制功能

该功能可以认为是一种适配功能，它可以连接各种媒体网关，如 PSTN/ISDN IP 中继媒体网关、ATM 中继媒体网关、用户媒体网关、无线媒体网关、数据媒体网关等，完成 H.248 协议功能。同时还可以直接与 H.323 终端和 SIP 客户端终端进行连接，提供相应业务。

(2) 呼叫控制功能

呼叫控制功能是软交换的重要功能之一，它完成基本呼叫的建立、维持和释放提供控制功能，包括呼叫处理、翻译和选路、连接控制、智能呼叫触发检出和资源控制等，可以说 Softswitch 是整个 NGN 网络的灵魂。

(3) 业务提供功能

由于软交换在网络从电路交换网向分组网演进的过程中起着十分重要的作用，因此软交换应能够提供 CLASS 4 和 CLASS 5 交换机提供的全部业务，包括基本业务和补充业务；同时还应该可以与现有智能网配合提供现有智能网提供的业务。

(4) 信令互通功能

软交换为 NGN 的控制中心，软交换可以通过一定的协议与外部实体如媒体网关、应用服务器、SCP、媒体服务器、多媒体服务器、策略服务器、信令网关、其他软交换进行交互，NGN 系统内部各实体协同运作来完成各种复杂业务。

3. 软交换协议

在软交换网络中，网元之间的通信都是通过标准协议来进行的。大家所熟知的，在国际上进行软交换相关标准研究与制定的组织主要是 IETF(国际互联网工程任务组)和 ITU-T(国际电信联盟电信标准分局)。它们分别从计算机领域和电信领域的角度出发，对软交换网的协议制定和发展具有不可磨灭的影响。下面介绍 4 种最常见的协议。

(1) 媒体网关控制协议(MGCP)

媒体网关协议是一种基于 VOIP 的协议,它主要应用于不相互连接的多媒体网关之间。

事实上,MGCP 协议是一种主从协议,利用网关去处理从呼叫代理方发送出去的命令。

使用 MGCP 进行业务连接时,端点和连接是基础组成部分。这里的端点指的是传输的源数据信息和数据的接收端,既能是逻辑实体,也可以是虚化的软件。上面提到的连接,可以是一对一建立的连接,也可以是一对多建立的连接,或者是多对多建立的连接。其中,一对一的连接就是在两个终端之间建立连接,然后传输数据,而多个用户的连接则是通过连接设备和多用户的通信来完成的。

在 MGCP 的情景下,网关以音频信号的转换工作为主,呼叫代理以处理呼叫过程为主。

MGCP 是一种文本形式的协议。协议的消息有命令消息和响应消息,发送方的每一条命令消息都需要接收方反馈一条对应的响应消息,采用三次握手机制来证实。

(2) H.248/Megaco 协议

该协议是用于媒体网关控制器 MGC 和媒体网关 MG 之间通信的一种协议,从以前的 MGCP 协议基础上,综合了其他协议的优势点,不断改进才逐步产生的。常常用于处理媒体网关和软交换双方的连接,还有处理软交换和 H.248/Megao 的终端接口的连接建立事务。

因为 H.248/Megaco 是根据 MGCP 演变而来的,所以与 MGCP 在协议的概念和结构体系上有很多相似之处,但也有许多不同的地方。

H.248/Megaco 的运用更灵活便捷,效用更加全面,应用范围广,而且延展性不错,并且同意在呼叫控制层创设其他的网关。MGCP 是 H.248/Megaco 以前的版本,它的变通能力和延展性能都不如 H.248/Megaco。正是因为这种协议功能的瑕疵,约束了 MGCP 在大规模的网关上的运用与发展,相比来说,H.248/Megaco 显然是非常不错的选项。

H.248/Megaco 协议可以应用于多媒体业务的建立,但是 MGCP 协议不应用于多媒体业务的建立。所以进行数个用户的会议时,H.248/Megaco 协议相比于 MGCP 协议更利于落实完成此服务。

MGCP 是建立在 UDP 数据包的基础上来进行信息传递的,H.248/Megaco 则是基于 TCP、UDP、SCTP 等多种传输方式基础上来传递信息。H.248/Megaco 协议的信息编码是建立在文本方式或者二进制方式基础上完成的,MGCP 的信息编码则是建立在文本方式基础上完成的。

(3) 会话初始协议(SIP)

SIP(Session Initiation Protocol)是一个用于应用层的信令控制协议。可以应用于多种形式的通话业务,包括互联网多媒体会议或者 IP 电话业务。进行通话的用户能经过多种方式实现通话,例如单播模式、组播模式还有广播模式。通常建立会话的过程中,SIP 会与若干个其他协议进行协调合作,综合性能很强。

通常一个会话的建立首先要确定建立的会话的所属类型,而 SIP 协议不需要去定义这个会话的所属类型,而仅需要确定应该如何去约束管制这个会话。这样就摆脱了许多的束缚要求,显得更加具有变通能力,这也表示 SIP 能够运用在更多的工作与事务中,例如娱乐游戏活动、音频和视频的播放以及语音通信、视频通信和网络多人通信等。

SIP 的信息编码是建立在文本基础上的，简单易懂，便于将数据和信息取出解读和修改。

(4) RTP 协议

RTP 标准定义了两个子协议：RTP 和 RTCP。RTP 全称为实时媒体流传输协议，属于一种应用于网络传输的协议。用于承载各种编码的语音和视频信号。该协议供应的数据包含时间戳、序列号和编码形式等重要信息。而实时媒体流传输控制协议 RTCP 则是用于监督管理服务质量 QoS，正在参加通话的用户的有关数据也是通过 RTCP 来传输的，简单来说 RTCP 就是用于反馈服务质量 QoS 还有同步媒体流。相对于 RTP 来说，RTCP 所占用的带宽非常小。

4.13 IMS 交换

如果说 MPLS 是对不同业务打标签，软交换协议是将不同业务都承载在 IP 报文上，那么 IMS 交换就是着重针对面向未来的主流业务：全新的多媒体流业务。

用户对全新多媒体业务的需求是网络演进的驱动力之一。用户希望能够以跨越固定和移动网络的便捷的使用方式来获得多媒体业务。因此，运营商需要一个可控制、可管理和可盈利的网络架构，来提供用户所期待的全新业务。基于 IP 技术、与接入无关、业务和控制分离的 IMS(IP Multimedia Subsystem)网络正是满足这一需求的全新架构。

目前，许多运营商都宣布采用基于 IMS 的策略发展多项增值业务，基于 IMS 的会议业务正是其中一项。IMS 是基于 SIP 的体系，使用 SIP 呼叫控制机制来创建、管理和终结 IMS 会议业务。IMS 大大简化了运营商和用户在鉴权中的登录过程。用户一旦通过 IMS 业务鉴权，即可访问所有授权使用的 IMS 会议业务。

用户不仅要求稳定的语音通信，还希望能够进行数据和多媒体的多种方式通信，这就对基础运营支撑网络提出了很高的要求，要求能够快速增加新的业务，提高服务的渗透度，保持自身的核心竞争力。

针对这些需求，3GPP 在 R5 版本中提出了基于 IMS 的全 IP 体系架构。IMS 具有分布式、与接入无关，以及标准开放的业务控制接口等特点，被当前业界公认为未来融合的控制平台，备受各大标准组织、设备提供商以及运营商的关注。目前，IMS 在 3GPP、3GPP2、ETSI、ITU-T 等标准组中都占有一席之地，相关标准制定和完善正在紧张进行中，目的是使 IMS 成为基于 SIP 会话的通用平台，构造固定网和移动网融合的公共核心网。世界各大设备提供商纷纷推出 IMS 的商用或试验产品，部分运营商也开始进行 IMS 业务的试商用或试验。IMS 提供了业务融合的基础，将逐渐成为下一代网络的核心控制层。

4.13.1 IMS 的特点

IMS 是独立于接入技术的提供 IP 多媒体业务的体系架构。IMS 具有以下的特点：

(1) 基于 SIP 的会话控制

为了实现接入的独立性及与 Internet 互操作的平滑性，IMS 采用了基于 IETF 定义的会话初始协议(SIP)的会话控制能力。SIP 协议是 IMS 系统中唯一的会话控制协议。采用 SIP 协议，实现了终端到终端和终端到服务器的直接通信，同时也顺应了终端智能化的网络发展趋势。SIP 协议的扩展能力是比较强大的，这使得新业务的提供和发展具有更大的灵活性。

（2）接入无关性

IMS 的设计思想是与具体的接入方式无关，这样任何 IP 网络，例如 GPRS、WLAN、宽带 xDSL 等，都可以提供 IMS 服务。IMS 网络的通信终端与网络是通过 IP 连通的，即通过 IP-CAN(IP Connectivity Access Network)来保证。为了支持不同的接入技术，会产生不同的 IP-CAN 类型。正是这种端到端的 IP 连通性，使得 IMS 真正与接入无关，不再承担媒体控制器的角色，不需要通过控制综合接入设备、接入网关等实现对不同类型终端的接入适配和媒体控制。在 IMS 网络中，IMS 与 IP-CAN 的关系主要体现在 QoS 和计费方面，但不关心底层接入技术的差异性。

（3）水平体系架构

IMS 通过水平体系结构进一步推动了分层体系结构概念的发展。分层体系结构使得传输和承载服务从 IMS 信令网和会话管理服务中分离出去，更高层的服务都运行在 IMS 信令网之上。分层的方法是为了最小化各层之间的依赖性。这样可以使得新的接入网加入 IMS 系统将变得更加容易。

分层的方法还提高了应用层的重要性。当应用被分离出来，并且公共功能可以由下面的网络提供时，相同的应用就可以使用多种接入类型在用户终端上运行。采用 IMS 水平体系结构，运营商无须为特定应用建设单独的网络，从而消除传统网络结构在计费管理、状态属性管理、组群和列表管理、路由和监控管理方面的重叠功能。

（4）业务与控制分离

软交换的技术特点的核心是实现了承载与控制分离，但是，软交换并没有实现控制与业务的严格分离，仍然承担了基本电信业务、补充业务、承载业务的提供，只是对智能业务和通过 Parlay 的增值业务的提供更加灵活。

IMS 则定义了标准的基于 SIP 的 ISC(IP Multimedia Service Control)接口，实现了业务层和控制层的完全分离。IMS 通过基于 SIP 的 ISC 接口，支持三种业务提供方式，即独立的 SIP 应用服务器方式、OSA-SCS 方式和 IM-SSF 方式(接入传统智能网，体现业务继承性)。而 IMS 的核心控制网元不再需要处理业务逻辑，而是通过分析用户签约数据的初始过滤规则，出发到规则制定的应用服务器，由应用服务器完成业务逻辑处理。在这样的方式下，使得 IMS 成为一个真正意义上的控制层设备。

IMS 所具有这些特点可以同时为移动用户和固定用户所共用，这就为同时支持固定和移动接入提供了技术基础，使得网络融合成为可能。基于以上 IMS 的技术特点，IMS 目前在业界备受关注，被认为是网络演进的一个重要阶段，是未来网络融合的聚焦点。

4.13.2　IMS 相关实体

IMS 系统的体系结构如图 4.47 所示。IMS 实体大致可分为六种主要类别：会话管理和路由类(CSCF)、数据库(HSS，SLF)、网间配合元素(BGCF，MGCF，IM-MGW，SGW)、服务(应用服务器，MRFC，MRFP)、支撑实体(THIG，SEG，PDF)、计费。

本节主要对文中相关的 IMS 实体及其关键功能进行介绍。

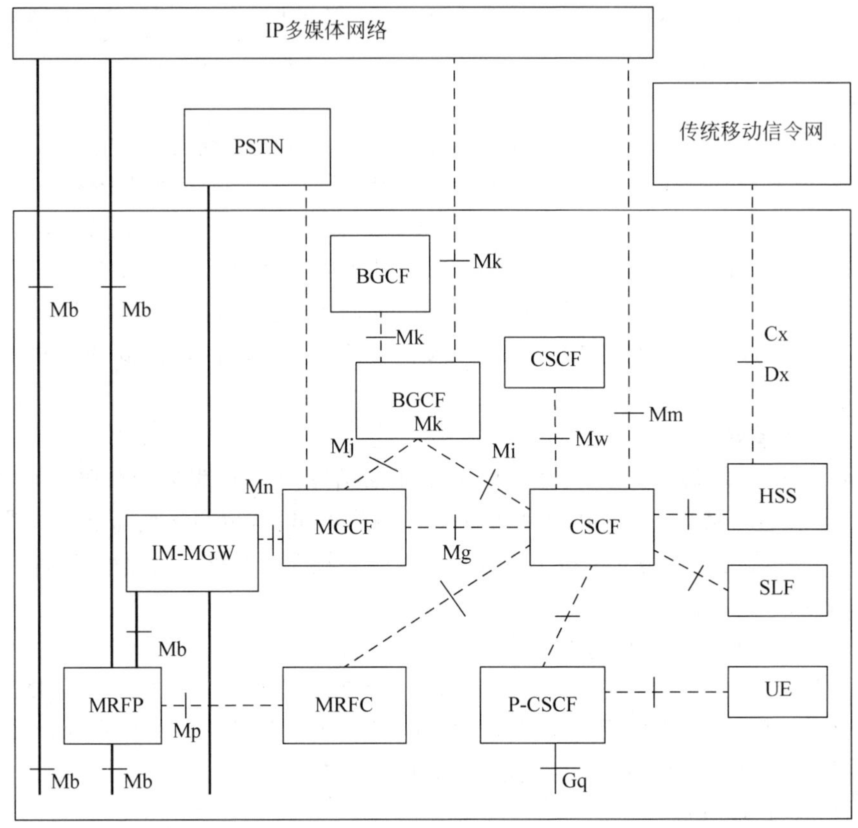

图 4.47　IMS 体系结构

(1) 呼叫会话控制功能 CSCF(Call Session Control Function)

IMS 的核心处理部件是 CSCF，按照功能进行分类可以分为 P-CSCF(Proxy-CSCF)、I-CSCF(Interrogating-CSCF)、S-CSCF(Servicing-CSCF)三个逻辑实体，各逻辑实体的功能如下：

① P-CSCF。

P-CSCF 是 IMS 系统中用户的第一个接触点。所有 SIP 信令流，无论来自 UE 或者发给 UE，都必须通过 P-CSCF。正如这个实体的名字所指出的，P-CSCF 充当的是类似于 Proxy 的角色。这意味着 P-CSCF 负责验证请求，将它转发给指定的目标，并且处理和转发响应。同时，P-CSCF 也可以作为一个用户代理 UA(User Agent)，在异常情况下，它可以终结或者独立产生 SIP 事务。

② I-CSCF。

I-CSCF 是在一个运营商网络中，连接到这个运营商网络的某一用户的所有连接的联系点。I-CSCF 为一个发起 SIP 注册请求的用户分配一个 S-CSCF，即 S-CSCF 指派；在对会话相关和会话无关的处理中，将从其他网络来的 SIP 请求路由到 S-CSCF；查询 HSS，获取为某个用户服务的 S-CSCF 的地址；根据从 HSS 获取的 S-CSCF 的地址，将 SIP 请求和响应转发到 S-CSCF；发送计费相关的信息给 CCF。

③ S-CSCF。

S-CSCF 是 IMS 网络的核心所在，它位于归属网络，为 UE 进行会话控制和注册服务。

当UE处于会话中时，S-CSCF维持会话状态，并且根据网络运营商对服务支持的需要，与服务平台和计费功能进行交互。在一个运营商网络中可以有多个S-CSCF，并且这些S-CSCF可以具有不同的功能。

(2) 归属用户服务器HSS(Home Subscriber Server)

HSS是IMS系统中所有与用户和服务器相关的数据的主要存储服务器。存储在HSS中的数据主要包括用户身份、注册信息、接入参数和服务触发信息[3GPP TS23.002]。

除了上述与IMS相关的功能外，HSS还包含了PS(Packet Switching)域和CS(Circuit Switching)域所需要的归属位置寄存器和认证中心HLR/AUC(Home Location Register/Authentication Center)功能的子集。HLR功能用于给PS域提供支持，例如GGSN和SGSN，这使得用户能够接入PS域服务。类似的，HLR功能也用于给CS域提供支持，例如MSC(Mobile Switching Center)和MSC服务器，这使得用户能够接入CS域服务，并且支持用户向GSM/UMTS的CS域网络漫游。AUC为每个移动用户存储密钥，密钥用于为每个用户生成动态的安全数据。这些数据用于国际移动用户身份和网络之间的相互认证。安全数据也用于在UE与网络之间的无线链路上提供通信的完整性保护和加密。

(3) 订购关系定位功能SLF(Subscription Location Function)

SLF作为一种地址解析机制，当网络运营商部署了多个独立可寻址的HSS时，这种机制使得I-CSCF，S-CSCF和AS能够找到拥有给定用户身份的订购关系数据的HSS地址。

(4) 多媒体资源功能控制器MRFC(Multimedia Resource Function Controller)

MRFC用于支持与承载相关的服务，例如会议、对用户公告，或者进行承载代码转换。MRFC位于IMS控制面，基本功能包括：接收并解释来自AS或者S-CSCF的SIP控制命令，并且使用媒体网关控制协议MGCP(Media Gateway Control Protocol)指令来控制MRFP；控制MRFP中的媒体资源，包括输入媒体流的混合(如多媒体会议)、媒体流发送源处理(如多媒体公告)、媒体流接受的处理(如音频的编解码转换、媒体分析)等；生成MRFP资源使用的相关计费信息送到CCF(Charging Collection Function)。

(5) 多媒体资源功能处理器MRFP(Multimedia Resource Function Processor)

MRFP提供被MRFC所请求和指示的用户平面资源，位于IMS承载面，基本功能包括：输入媒体流的混合(如多媒体会议)；媒体流发送源处理(如多媒体公告)；媒体流接受的处理(如音频的编解码转换、媒体分析)。

IMS体系中各个实体之间是通过一些参考点进行相互连接的，如图4.47所示。这些参考点就是各个实体间交互的规范，有基于SIP协议，也有基于DIAMETER协议，实现各自功能。

4.13.3 IMS系统架构

IMS体系结构的设计利用了软交换技术，实现了业务与控制相分离、呼叫控制与媒体传输相分离。IMS水平体系分层结构分为三层：应用层、控制层和承载层。

IMS体系结构如图4.48所示。

最底层为承载层，主要的承载层设备有SGSN(GPRS业务支撑节点)、GGSN(网关GPRS业务支撑节点)以及MGW(媒体网关)。其中SGSN和GGSN仅通过做相关配置就可以支持IMS，MGW负责媒体流在IMS域和CS域的互通。承载层主要负责SIP会话的发起和终结，完成与PSTN/PLMN之间的互联互通。只要采用的是基于IP的接入技术，

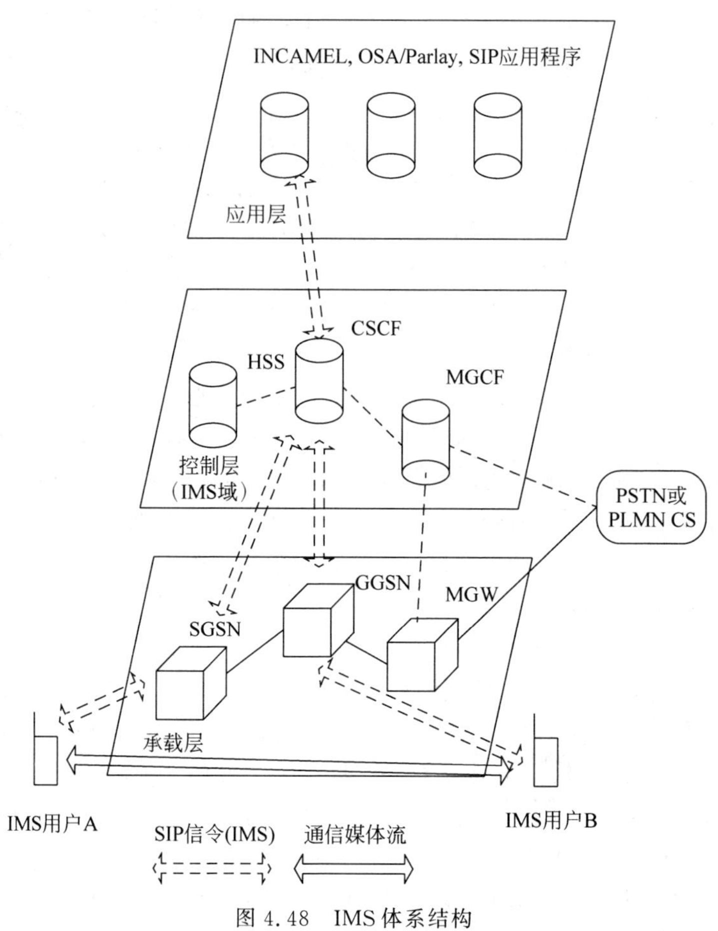

图 4.48 IMS 体系结构

IMS 用户信令都可以很好地传送到控制层。

中间层为信令控制层，主要的功能实体有 CSCF、HSS、MGCF 等，完成基本会话控制，实现用户注册、SIP 会话路由控制等。所有 IP 多媒体业务的信令控制都在这一层完成。这一层仅对 IMS 信令负责，最终的 IMS 业务流不经过这一层，完全通过底层的承载层进行路由实现端到端通信。

最上层是应用层，主要网元是一系列通过 IN CAMEL、OSA/Parlay 和 SIP 技术提供多媒体业务的应用平台，负责为用户提供 IMS 增值业务。通过这种集中化的应用软件以及开放的应用平台，第三方可以安全地使用网络资源和提供业务。

这种分层的体系结构使得网络运营商可以借助集中的 IMS 会话控制功能实现网络成本的节约，传送和控制的分离使得 NGN 业务的部署独立于地理域和接入网络。并且 IMS 架构的另一个优势就是有利于融合，IMS 架构支持各种有线和无线接入技术，原有分离的 ISDN、PSTN 和移动网络等网络都可以用一个通用 IP/MPLS 为核心的传送和控制网络统一起来。通过这样的体系结构，IMS 就可以将各种接入技术的网络资源融合在一起，达到网络融合的目的，提供统一的业务。

IMS 主要提供双向或多向多媒体业务，即会议业务可以实现多方参与者之间同时进行通信。会议不仅仅局限于语音，还可以允许视频、文本、图像等各种类型多媒体流的通信。

会议有很多种不同的类型，主要有松耦合会议、完全分布式会议和紧耦合会议[5]：松耦合会议中每个参加者之间没有信令连接关系，会议中没有会议中心，通常这种会议可以利用 SIP 会话描述中的组播地址支持；完全分布式会议中，每个参加者之间都建立信令连接，会议中同样没有会议中心；紧耦合会议中，含有一个会议中心，每个会议参加者与该会议中心建立连接关系。会议中心执行各种各样的会议控制功能，以及媒体混合功能。由于不同会议类型带来的实现和管理上的不同，从可运营的角度来看，在 IMS 中所关注的主要是紧耦合会议。

4.14　光交换

4.14.1　光交换技术概念

在通信领域中，最传统的交换技术就是电交换，交换机中传输的信号是电信号。对于电信号传输的交换机，如果传输线路中采用的是目前已经得到广泛使用的光纤传输光信号，则需要在交换机的输入端，将光信号使用专门的光电转换设备转换为电信号，交换机内部再对电信号进行处理转送到输出端口，输出端口输出的电信号通过电光转换设备转换为光信号，把这些光信号发送到光纤上面。

考虑到影响网络通信能力最重要的两个因素是物理传输媒介和网络转接设备，光交换中的传输媒介已经使用了光纤，但是大多数传统网络中的转接点仍在使用电交换的技术。可以发现，网络转接点处的点交换技术成为整个通信传输系统中性能提升的障碍。

如果需要消除这个障碍，就必须在网络转接点处也是用光交换技术。这也就是光交换出现的目的：使得不经过任何光电转换，在光领域直接将输入的光信号交换到不同的输出端。

在进行光交换时，不同的交换过程所产生的数据信息效率也会相应有所提高。特别是在光交换技术不断发展进步的过程中，搭建光纤通信传输网络也为网络通信向光纤网络化发展提供了重要的基础，这样无论是在数据信息传输的效率上还是质量上也都有了大幅提高，并且光交换技术的应用也可以最大限度地保证数据传输的安全性，在维护上也会更加方便快捷。因此，目前光交换技术在应用上也有着非常明显的优势。

4.14.2　光交换技术的元器件

光交换机是实现光交换的设备，它是由一些基本的光交换元器件构成的。典型的光交换器件主要包括光开关、光调制器、光波长转换器和光缓存器。

1. 光开关

光开关是构成电交换系统最基础的方法，每个电开关都可以在信号的控制下，使得入线和出线接通或断开，使得入线上的信号通过这个电开关出现或不出现在出线上。将这些电开关排成阵列，在它们的控制器上加上适当的控制信号，就可以使得有些开关接通，有些开关断开，实现了电信号的交换。

与电交换系统相似的，构成一个光交换系统最简单的方法是采用光开关。光开关的作用接通或断开的是光信号。

① 将某一光纤通道中的光信号接通或断开。

② 将某个光纤通道中的光转换到另一个光纤通道中。

③ 在同一光纤通道中将某种波长的光信号转换成另一种波长的光信号。

光开关的元器件种类很多，下面主要介绍半导体光开关(放大器)、耦合波导开关、液晶光开关三种光开关元器件。

(1) 半导体光开关(放大器)

半导体光开关可以对输入的光信号进行放大，并且通过偏置电信号可以控制它的放大倍数。如果偏置信号为0，那么输入光信号就会被这个器件完全吸收，使输出信号为0，相当于将光信号断开。当偏置信号不为0时，输入光信号就会出现在输出端上，相当于将光信号接通。半导体光开关示意图如图4.49所示。

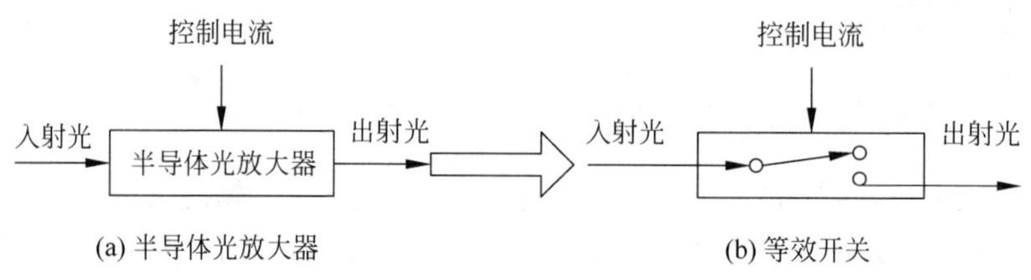

图4.49 光开关放大器原理

(2) 耦合波导开关

半导体光开关是由一个输入端和两个输出端组成的，而耦合波导开关不仅仅有一个控制电极，还具有两个输入端和两个输出端，耦合波导开关的结构和工作模式，如图4.50所示。

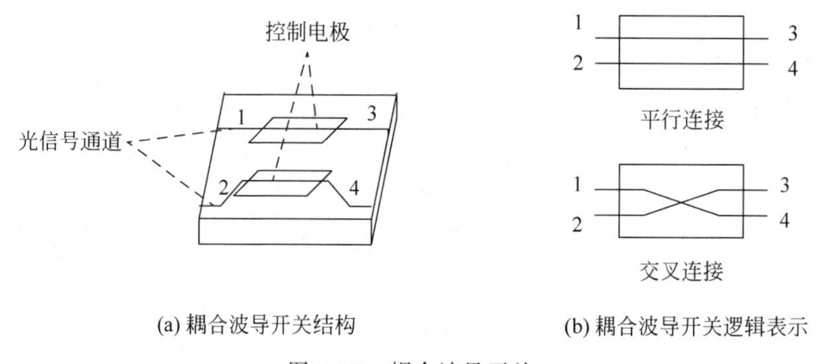

图4.50 耦合波导开关

耦合波导开关中使用的铌酸锂($LiNbO_3$)是一种光电材料，它的折射率随外界电场变化而变化。在控制端不加电压时，在两个通道上的光信号都会完全耦合接到另一个通道上，从而形成光信号的交叉连接状态。然而，当控制端加上适当的电压后，耦合接到另一个通道上的光信号会再次耦合回原来的通道，从而相当于光信号的平行连接状态。在同一个基片上配置多个此种类型的耦合器件，就可组成一个开关阵列。

(3) 液晶光开关

液晶的物质状态介于液体与晶体之间。一般的液体其内部分子排列是无序的，而液晶的分子是按一定规律有序排列的，这使得它具备晶体的各向异性。当光通过液晶时，会产生偏振面旋转，双折射等效应。

液晶分子是含有极性基因团的极性分子，在电场的作用下，偶极子会按电场方向取向，导致分子原有的排列方式发生变化，从而使得液晶的光学性质也随之发生改变，这种由外电场引起的液晶光学性质的改变称为液晶的光电效应。液晶光开关工作原理如图 4.51 所示。

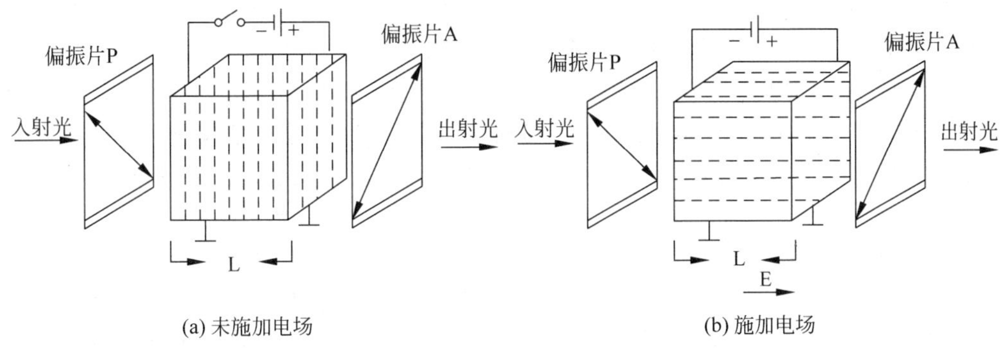

图 4.51　液晶光开关工作原理

2. 光调制器

在光纤通信中，光波携带通信信息，它就是载波，把信息加载到载波上的过程就是调制。光调制器是实现电信号到光信号转换的器件，也就是说，它是一种通过改变光束参量来传输信息的器件，这些参量包括光波的振幅、频率、相位或偏振态。

目前广泛使用的光纤通信系统均采用强度调制——直接检波系统，对光源进行强度调制的方法有两类，即直接调制和间接调制。

直接调制，又称为内调制，即直接对光源进行调制，通过控制半导体激光器的注入电流的大小来改变激光器输出光波的强弱。传统的 PDH 和 2.5Gbit/s 速率以下的 SDH 系统使用的 LED 或 LD 光源基本上采用的都是这种调制方式。

间接调制，这种调制方式又称为外调制。即不直接调制光源，而是在光源的输出通路上外加调制器对光波进行调制，此调制器实际上起到一个开关的作用，如图 4.52 所示。

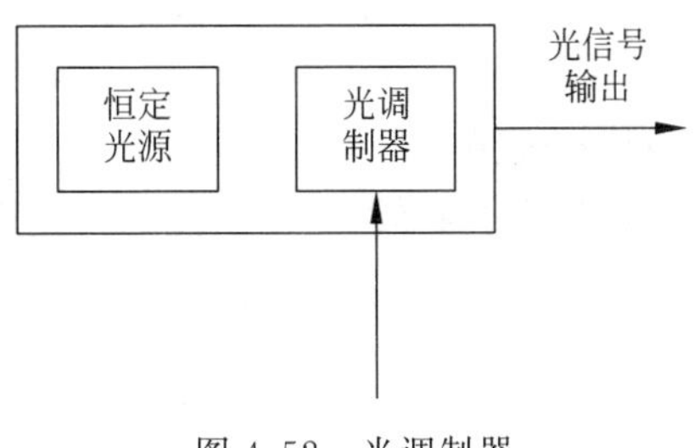

图 4.52　光调制器

3. 光波长转换器

在光通信中，最直接的波长变换是光/电/光变换，即把波长为 λ_i 的输入光信号，由光电探测器转变为电信号，然后再去驱动波长为 λ_i 的输出激光器，这种方法的优点是不需要定时。

4. 光缓存器

光缓存器是用于信号处理、时间开关、排队应用等目的的存储器。由于光子是玻色子，其静止质量为 0，不能停止运动，所以光子的存储必须采用一种光子能在其间运动的介质，这种介质可以称为光缓存器。光缓存器从原理上分，有两种典型的类型：基于光纤延迟的缓存器和基于光学双稳态存储的缓存器。

4.14.3　光交换技术在通信传输中的应用

1. 空分光交换技术的应用

数据信号传输的空间可以被空分光交换技术进行转换，这样使光路在数据传输中的形式更加丰富。对光纤中信号的空间域进行交换，需要按照阵列布局对光学开关进行布置，再用阵列开关对光学开关进行控制，接着，在阵列控制的约束下，闭合和打开光学开关，这种技术就被称作空分光交换技术。其实，为了实现数据波长的像元值转换，会在光纤中对数据信号的空间域进行交换，最后再对象元值进行处理。对光学开关进行控制就是空分光技术的主要内容，在实际操作时，为了保证数据信号的稳定性，要对光学开关的标定参数进行严格记录，并记录好实际参数，将两个参数进行对比，从而选择出合适的光学开关。机械转换型开关、符合波导型开关和光电转换型开关是当前在空分光交换技术中经常会使用的光学开关。

2. 时分光交换技术的应用

通常情况下，时分光交换技术在时分交换器中使用，数据信号的时分复用是这项技术的核心思想，以时间轴为基础，对信号进行排布，将数据信息在具有周期性的时间间隔上进行配置，然后完成信号处理工作。时分光交换器工作时，要对光纤中的数据信号作延时处理，主要是应用数据延迟技术对数据信息进行处理，最后在输出端口中，使得数据信息在光纤中可以向后推延，进而完成数据信息的延时处理任务。为了对光纤同路中的信息进行交换，在完成数据信息延迟工作后，时分光交换器还要通过复合器对数据进行整合，这样会使得数据信息更加完善。

3. 波分光交换技术的应用

波分光交换技术在光纤数据传输的过程中，主要在光波复用系统中使用。为了数据信号传输工作得以有效开展，波分光交换技术能对传输的数据进行处理，使得光纤信号的数据波形在输出端口和输入端口中是一致的，所以，波分光交换技术在整个光波复用系统中大大地提升了数据传输效率。在实际运转中，光波系统对数据信号的处理主要是借助交换器完成的，然后再借助复用器对波长变形后的数据进行分割处理，接着再对数据进行交换，最后将这些信号配置在时间轴上，通过光纤输出。在光波复用系统中应用波分光交换技术，能够有效地扩充数据信息的容量，也使得通信传输的速度和效率大大提升，同时，它还能对分割后的信号进行有效整理，为光交换技术的更好发展创造条件。

第5章 光纤通信系统及应用

CHAPTER 5

第3章介绍了构成光纤通信系统的功能模块的结构、工作原理和特点，包括光纤通信系统的传输媒介——光纤和光缆，光纤上用来携带传输信息的“运输车”——光信号，用于发射光信号的光源和光发送机，用于接收光信号的光检测器和光接收机，在传输线路中对光信号进行中继放大的光电中继器和光放大器，以及光纤通信系统中不可缺少的“黏结剂”——光无源器件等。

构建了“硬件”通道之后，还需要有“软件”规定来处理、约束携带信息的光信号，使其适合在光纤通信系统中快速、有效、准确地将信息从信源发送到信宿，即需要有一定的信号处理方法、传输体制和网络协议等。本章将首先介绍数字通信的基础——脉冲编码(PCM)、线路编码和复用技术，然后重点介绍光纤通信系统中的同步数字传输体制(SDH)、光波分复用技术(WDM)等，最后对当前光纤通信的一些新技术做简单介绍。

5.1 光纤通信的实现基础——数字信号处理

目前的光纤通信系统多为数字通信系统，而通信网络中大量的用户初始信息是模拟量，如语音、文本、图像等。因此首先要对初始信息进行模/数转换，形成数字信号以后才能在光纤通信系统中进行传输以及在通信网中完成交换和复用等处理。

5.1.1 脉冲编码——将模拟信号变为数字信号

模拟信号数字化最常用的方法就是脉冲编码调制(PCM)，这也是光纤传输模拟信号的基础。图5.1给出了一个典型的采用PCM的基带数字光纤通信系统结构示例。

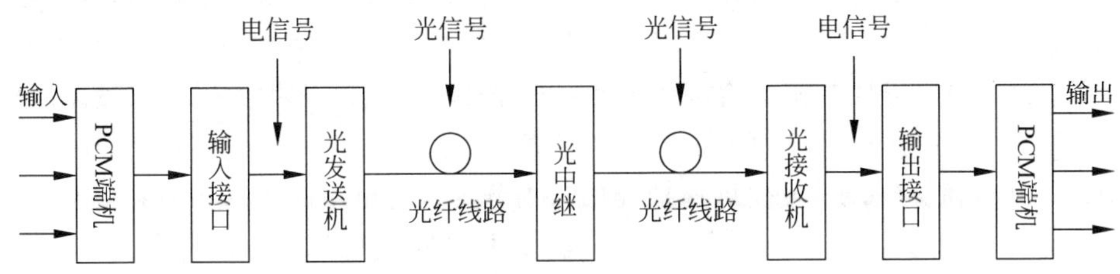

图5.1 数字基带光纤通信系统组成示例

PCM包括抽样、量化、编码三个步骤。

（1）抽样

要想实现模拟/数字(A/D)变换，首先要进行抽样。抽样是以固定的时间间隔 T 取出模拟信号的瞬时幅度值的过程，如图 5.2(a)和(b)所示，抽样之后，时间上连续的信号变成了时间上离散的信号。但这种抽样信号在幅度取值上仍是连续的，称为脉冲幅度调制(PAM)信号，仍属于模拟信号。

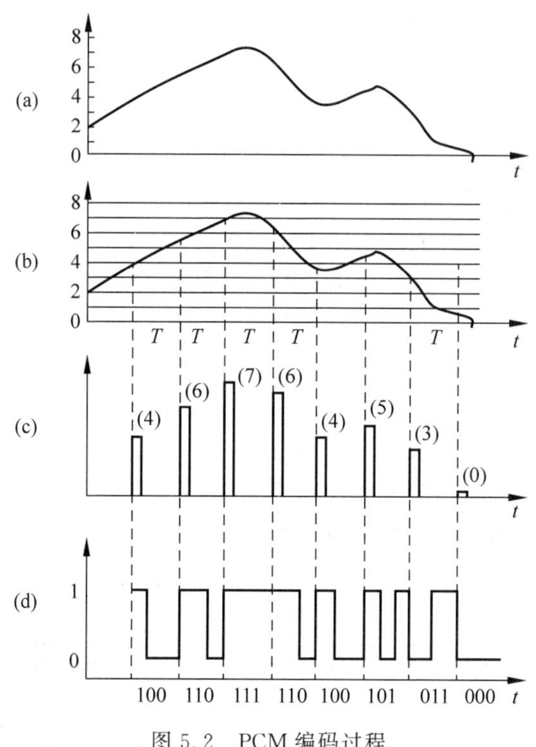

图 5.2 PCM 编码过程

（2）量化

PAM 信号的样值在一定的取值范围内，可有无限多个值，无法进行数字码变换。为了实现以数字码表示样值，必须采用“四舍五入”的方法把样值分级“取整”，使一定取值范围内的样值由无限多个值变为有限个值，这一过程称为量化，如图 5.2(c)所示。量化后的信号与抽样信号的差值称为量化误差，量化误差在接收端还原模拟信号时表现为噪声，称为量化噪声。量化级数越多误差越小，相应的二进制码位数越多，要求传输速率越高，频带越宽。

（3）编码

将量化后的抽样信号变换成给定字长的二进制码流的过程称为编码。当量化后抽样信号被划分为 N 个不同的电平幅度时，每一个样值信号需要用 $n=\log_2 N$ 个二进制码元来表示。如图 5.2(c)和(d)所示，量化后的抽样信号划分为 8 种电平幅度(0～7)，即 $N=8$，所以每一样值需要用 $n=3$ 个码元来表示。编码后用二进制码表示的脉冲信号，称为 PCM 信号。

一般语音信号的频率范围为 300～3400Hz，取上限频率为 4kHz，按照奈奎斯特抽样定律，抽样频率为 8kHz，即每秒抽样 8000 次，抽样时间间隔 $T=1/8000=125\mu s$。若采用 8 位编码，即每个量化样值对应一个 8 位二进制码，则一路语音信号经过 PCM 处理后的数字信号速率为 8b×8kHz=64kb/s。如果将 32 路语音信号按照时分复用(TDM)的方法组合为一个基群,则基群的传输速率为 8b×32×8kHz=2.048Mb/s,这一速率就是我国 PCM 通信制式的基础速率。

5.1.2　线路编码——减少误码方便时钟提取

光纤通信系统中,发送端 PCM 端机输出的码型为双极性码,即有"+1"、"−1"、"0"三种电平状态,因此需要在光发送机的输入接口中将其变成适合光纤线路中传输的单极性码。输入接口电路将不同业务信号转换为单极性普通二进制信号后,有可能产生长连"1"或长连"0"的二进制码流,一般不能直接发送到光发送电路进行光驱动,而是要进行线路编码。线路编码的目的是尽量使"1"码和"0"码均匀排列,这样既有利于时钟提取,也不会产生因连"0"信号幅度下降过大使判决产生误码的情况,同时也可以插入冗余信息以便进行检错和纠错。

光纤通信中常用的线路码型有扰码、字变换码和插入码等。

(1) 扰码

扰码是将输入的普通二进制 NRZ 码按照特定的扰码规则进行打乱的处理方法。扰码的实现机制是在输入接口电路之后,在进行调制之前加入一个扰码器,将原始的码序加以变换,使其接近于随机序列后再进行调制和传输。选取适宜的扰码序列可以有效地改变码流中的"1"码和"0"码的分布,从而改善码流的特性。扰码的主要缺点是不能完全控制长连"1"和长连"0"序列的出现。此外,扰码未在原始码流中加入冗余信息,难以实现不中断业务的误码检测,因而扰码在准同步数字体系(PDH)中较少单独使用。扰码的优点是不增加额外的码流,因此不改变光接口的速率,对于多厂家设备互通兼容具有优势。在目前的 SDH 光纤通信系统中基本上都采用的是扰码。

(2) 字变换码

字变换码是将输入二进制码分成一个个"码字",输出用对应的另一种"码字"来代替。常用字变换码为 mBnB 码,即将输入码流每 m 比特分为一组,然后变换成另一种排列规则的 n 比特为一组的码流。字变换码中的 n、m 均为正整数,且 $n>m$,于是引进了一定的冗余信息,可以进行检错和纠错。一般而言,mBnB 码中"1"码和"0"码的分布概率相等,连"1"和连"0"数目较少,定时信息丰富。

(3) 插入码

插入码是把输入二进制原始码流分成每 m 比特(mB)一组,然后在每组 mB 码末尾按一定的规律插入一个码,组成($m+1$)个码为一组的线路码流。根据插入码的规律,可以分为 mB1C 码,mB1H 码和 mB1P 码等。

5.1.3　信道复用——提高信道容量和光纤利用率

前文讲过,一路语音信号经过 PCM 处理后的数字信号速率为 64kbit/s,对于具有 THz 量级带宽的光纤通信系统而言,仅由语音信号这样的低速率业务占据整个信道带宽是非常浪费的。因此需要引入信道复用技术,将若干路信号按照一定规则组合成高速率信号后进行传输,或者把多个低容量信道复用到一个大容量传输信道进行传输,从而提高光纤信道容量和光纤的利用率。

光纤通信系统的复用技术主要包括空分复用(SDM)、时分复用(TDM)、频分复用(FDM)、波分复用(WDM)、码分复用(CDM)等。

(1) 空分复用

空分复用即光纤并列传送,虽然设计简单、实用,但必须按照信号复用的路数配置所需要的光纤传输芯数。

(2) 时分复用

包括电域的时分复用 TDM 和光域的时分复用 OTDM,时分复用是将提供给整个信道传输信息的时间划分成若干时隙,并将这些时隙分配给每一个信号源使用,每一路信号在自己的时隙内独占信道进行数据传输。时分复用技术的应用非常广泛,如 PDH、SDH、ATM 等都是基于 TDM 的传输技术。其缺点是当某信号源没有数据传输时,它所对应的信道会出现空闲,而其他繁忙的信道无法占用这个空闲的信道,因此会降低线路的利用率。

(3) 频分复用

频分复用是将用于传输信道的总带宽划分成若干个子频带(或称子信道),每一个子信道传输一路信号。频分复用要求总频率宽度大于各个子信道频率之和,同时为了保证各子信道中所传输的信号互不干扰,应在各子信道之间设立隔离带,这样就保证了各路信号互不干扰。频分复用技术除传统意义上的频分复用(FDM)外,还有一种是正交频分复用(OFDM)。

(4) 波分复用

其本质上是频分复用,因为在光通信领域,人们习惯按波长而不是按频率来命名。波分复用是在一根光纤上承载多个波长(信道)的系统,将一根光纤转换为多条“虚拟”光纤,每条“虚拟”光纤独立工作在不同波长上,这样极大地提高了光纤的传输容量。由于波分复用系统技术的经济性与有效性,使之成为当前光纤通信网络扩容的主要手段。

(5) 码分复用

码分复用是靠不同的编码来区分各路原始信号的一种复用方式,主要和各种多址技术结合产生各种接入技术。

图 5.3 给出了光纤通信系统利用的各种复用技术的示意图。图 5.4 举例给出了 SDM、TDM、WDM 的复用示意图。

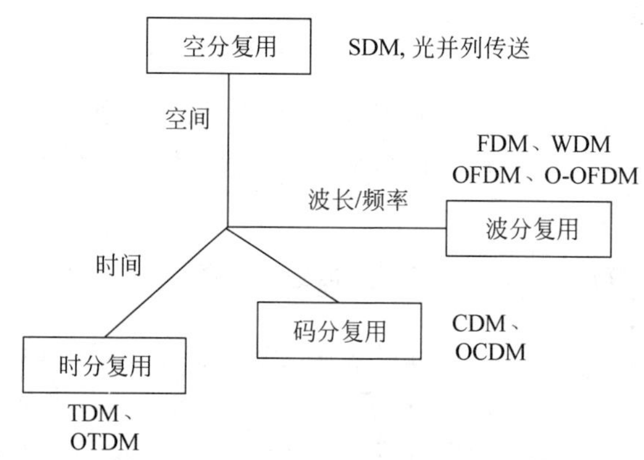

图 5.3 光纤通信系统利用的各种复用技术

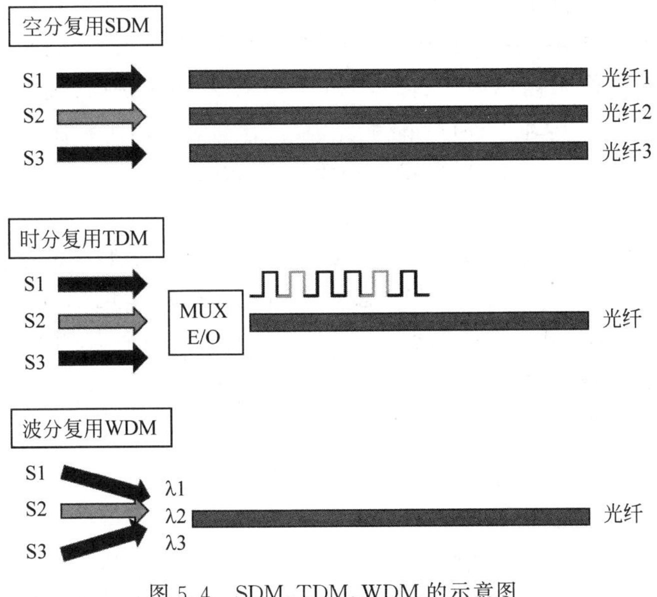

图 5.4　SDM、TDM、WDM 的示意图

5.2　时分复用系统——PDH 与 SDH

在数字通信系统中，传送的信号都是数字化的脉冲序列。这些数字信号流在数字交换设备之间传输时，其速率必须完全保持一致，才能保证信息传送的准确无误，这就叫作"同步"。在光纤数字传输系统中，有两种数字传输体制，一种叫作"准同步数字体系"(Plesiochronous Digital Hierarchy，PDH)；另一种叫作"同步数字体系"(Synchronous Digital Hierarchy，SDH)。PDH 和 SDH 是光纤通信系统中最典型的电时分复用(TDM)技术的应用。

1. 时分复用的工作原理

时分复用(TDM)是采用交错排列多路低速信道到一个高速信道上进行传输的技术。时分复用系统的输入可以是模拟信号，也可以是数字信号，目前光纤通信基本上是数字通信，我们要讨论的 PDH 和 SDH 也是数字信号时分复用。

前文提到，对语音信号进行脉冲编码调制(PCM)时，抽样周期为 125μs，即一路数字语音信号的占用时间为 125μs。为了实现 TDM 传输，在原始一路信号的传输时间内复用传输多路信号，要把总的传输时间按帧划分，每帧为 125μs，把每帧又分成若干个时隙，在每个时隙内传输一路信号的 1B(8b)，当复用的多路信号都传输完 1B 后就构成 1 帧，然后再从头开始传输每一路信号的另一个字节，构成另一帧。也就是说，它将若干个原始的脉冲调制信号在时间上进行交错排列，从而形成一个复合脉冲串。该脉冲串经光纤信道传输后到达接收端，通过一个与发送端同步的类似于旋转式开关的器件，完成 TDM 多路信号的分离。

2. 准同步数字体系(PDH)

前文提到，一路语音信号经过 PCM 处理后的数字信号速率为 8b×8kHz=64kb/s，占用时间为 125μs。如果将 32 路语音信号按照时分复用(TDM)的方法组合为一个基群，则基群的传输速率为 8b×32×8kHz=2.048Mbit/s。如果将若干个基群继续按照 TDM 方式组合为二次群，可以得到更高的传输速率。

准同步数字体系(PDH)就是以 PCM 为基础，采用 TDM 方式的逐级复用和解复用的方式。PDH 主要有两个系列标准：E1，即 PCM30/32 路系统，基群速率为 2.048Mb/s，我国和欧洲采用此标准；T1，即 PCM24 路系统，基群速率为 1.544Mb/s，北美和日本采用此标准。下面将以我国采用的 PCM30/32 路系统为例介绍。

(1) 复用原理

PDH 体系中最基础的信号为传输速率为 2.048Mb/s 的基群信号，为了进一步提高传输容量，可以把若干个 2.048Mb/s 的信息流复用成更高速率的信息流，如图 5.5 所示。PDH 体系中，一般将 4 个低等级的信息流(支路)，通过字节间插复用的方式复用成 1 个更高等级的信息流(群路或线路)。

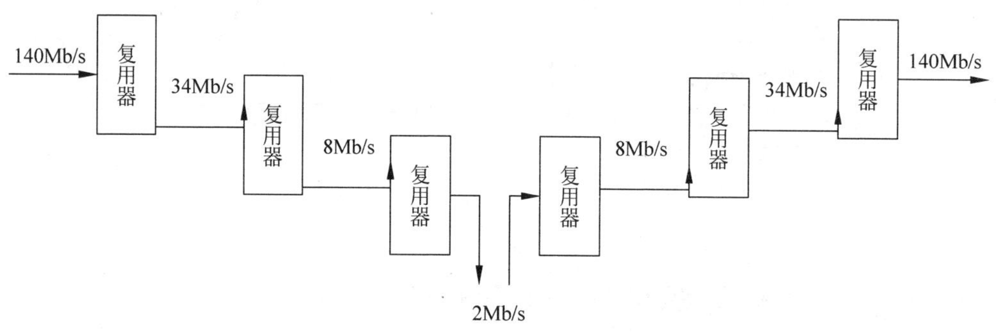

图 5.5 PDH 复用方式

采用准同步数字系列(PDH)的系统，是在数字通信网的每个节点上都分别设置高精度的时钟，这些时钟的信号都具有统一的标准速率。尽管每个时钟的精度都很高，但总还是有一些微小的差别，因此称为“准同步”。PDH 体系中虽然规定了复用过程中各个支路的标称速率，但是由于不同的支路信号的参考时钟信号可能不一致，因此即使是同一个速率等级的 PDH 信号，其瞬时速率可能还会存在偏差。这样就导致进行复用时，各等级的速率信号相对其标称速率存在一定的偏差，因此这种信号称为“准同步信号”。

由于 PDH 为准同步体系，同一个速率等级中信号的瞬时速率可能存在偏差，为了解决这一问题，PDH 体系通过插入控制位来进行码速调整，即在不同的等级间进行复用和解复用时，首先进行瞬时速率调整，插入和去除冗余比特后再进行复用和解复用。这种方式难以从高速信号中识别和提取低速支路信号，需要将整个高速线路信号一步步解复用到所要取出的低速线路信号，进行上下业务后，再一步步复用到高速线路信号进行传输。

例如，从 140Mb/s 码流中分出一个 2Mb/s 的低速支路信号，如图 5.5 所示，需要经过 140Mb/s 到 34Mb/s、34Mb/s 到 8Mb/s、8Mb/s 到 2Mb/s 这三次解复用，提取出低速支路信号后，再经过相反的三次复用过程，复用到 140Mb/s 来进行传输。因此上下业务比较复杂，费用较高，缺乏灵活性。

(2) PDH 的特点

① 由于 PDH 体制中包括了不同的地区标准(欧洲、北美和日本的速率标准不同)，对于国际间互联互通非常不便。

② PDH 体制没有世界性的标准光接口规范，各个厂家自行开发的专用光接口互不兼

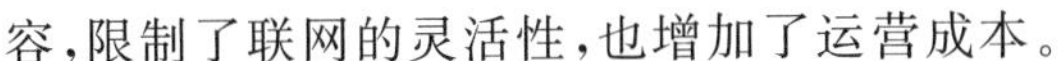

容,限制了联网的灵活性,也增加了运营成本。

③ PDH 是建立在点对点传输基础上的复用结构,缺乏网络拓扑的灵活性。

④ 由于 PDH 为准同步体系,在 PDH 系统的任一节点上,即使只需要分出或者加入个别支路,也需要配置全套复杂的复用和解复用设备,上下业务困难,非常不灵活。

3. 同步数字体系(SDH)

(1) SDH 的提出

SDH 的概念最初于 1985 年由美国贝尔通信研究所提出,称为同步光网络(SONET)。国际电信联盟标准部(ITU-T)的前身国际电报电话咨询委员会(CCITT)于 1988 年接受 SONET 概念,并与美国标准协会(ANSI)达成协议,将 SONET 修改后重新命名为同步数字体系(SDH)。SDH 涉及比特率、网络节点接口、复用结构、复用设备、网络管理、线路系统、光接口、信息模型、网络结构等一系列标准,是适应于光纤、微波、卫星传送的通用数字通信技术体制。SDH 是为克服 PDH 的缺点而产生的,是先有目标再定规范,然后研制设备,因此最大限度地以最理想的方式,定义符合未来电信网要求的系统和设备,得到了世界范围内的广泛应用。

(2) SDH 的传输过程

形象地解释,在 SDH 网中,SDH 的信号实际上起着运送货物的货车的功能,它将各种不同体制的业务信号(如 PDH 信号)像货物一样打包成大小不同(速率级别不同)的包(信息包),然后装入货车(同步传送模块 STM-N 帧)中,在 SDH 的主干道(光纤)上传输。中途节点可以解包装卸其中某个货物包(分插 PDH 信号),在接收端从货车上卸下打成包的货物(其他体制的信号),然后拆包出原体制的信号。

SDH 是一种最典型的电时分复用(TMD)应用。在 SDH 传输网中,信息传输采用标准化的模块结构,即"货车"同步传送模块 STM-N($N=1$、4、16 和 64),其中最基本的模块为 STM-1。高等级的 STM-N 信号是将基本模块 STM-1 以字节交错间插的方式进行同步复用的结果,其速率是 STM-1 的 N 倍。

(3) SDH 的帧结构——"货车"的容量和装货方式

STM-N 的帧结构是块状的,如图 5.6 所示。每帧由纵向 9 行和横向 $270\times N$ 列字节组成,每个字节含 8b,因而全帧由 $2430\times N$ 个字节组成,帧重复周期仍为 125μs。字节传输由图中左上角第 1 个字节开始,从左到右、从上到下排成串形码流依次顺序传送,直至该帧字节全部传送完为止,然后再转入下一帧,一帧一帧地传送。因此,对于 STM-1 而言,每秒传输速率为 $8\text{b}\times(9\times270\times1)/125\mu\text{s}=155.52\text{Mb/s}$;STM-4 的传输速率为 $4\times155.52=622.08\text{Mb/s}$;STM-16 的传输速率为 $16\times155.52=2488.32\text{Mb/s}$。

整个帧结构分成段开销(SOH)区、STM-N 净负荷区和管理单元指针(AU PTR)区三个区域。其中段开销(SOH)区域指 STM 帧结构中为了保证信息净负荷正常灵活传送所必需的附加字节,主要是供网络运行、管理和维护使用的字节;STM-N 净负荷区用于存放真正用于信息业务的比特和少量的用于通道维护管理的通道开销字节;管理单元指针用来指示净负荷区内的信息首字节在 STM-N 帧内的准确位置,以便接收时能正确分离净负荷。

(4) SDH 的复用过程

SDH 的复用就是将"货物"打包装入"货车"的过程。SDH 的复用包括两种情况,一种是低阶的 SDH 信号复用成高阶的 SDH 信号(STM-1 复用成 STM-N);另一种是低速支路

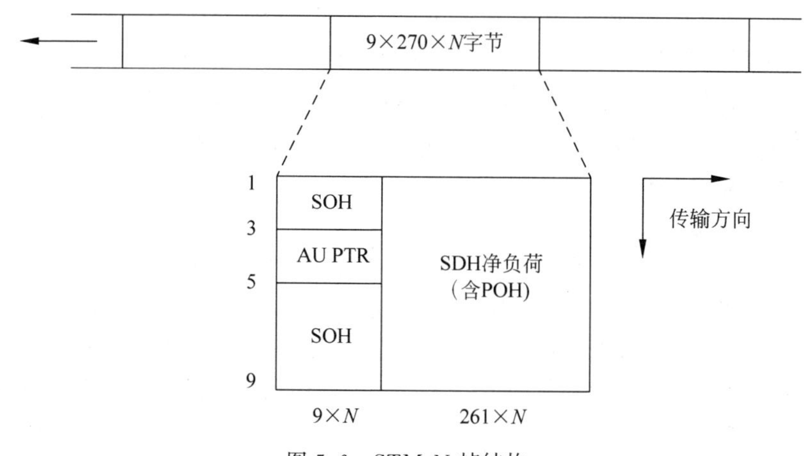

图 5.6　STM-N 帧结构

信号(例如 2Mb/s、34Mb/s、140Mb/s)复用成 SDH 信号 STM-N。

① STM-1 信号复用成 STM-N 信号。主要通过字节间插的同步复用方式来完成,复用的基数为 4,即 4×STM-1→STM-4,4×STM-4→STM-16。在复用过程中保持帧周期 125μs 不变,则高一级的 STM-N 信号是低一级信号速率的 4 倍。

② PDH 支路信号复用成 SDH 信号 STM-N。ITU-T 规定了一套完整的复用映射结构,如图 5.7 所示,通过这些路线可以将 PDH 信号以多种方法复用成 STM-N 信号。

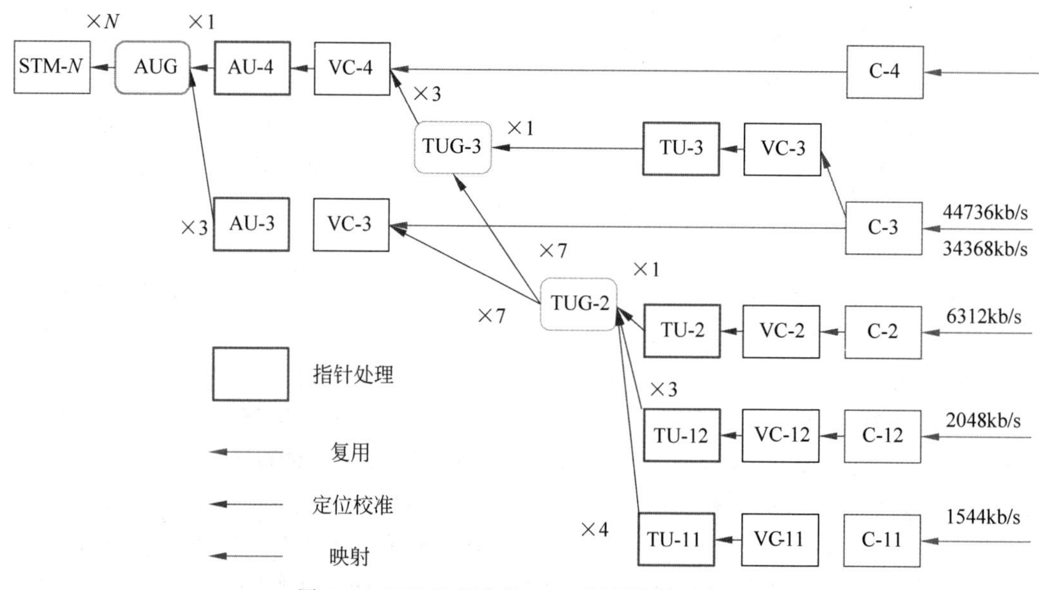

图 5.7　ITU-T 规定的 SDH 复用结构示意图

各种业务信号要进入 SDH 帧都要经过映射、定位和复用三个步骤。

映射相当于一个对信号打包的过程,它将各种速率的信号先经过码速调整装入相应的标准容器(C)中,再加入通道开销(POH)形成虚容器(VC),这一过程就是映射。例如对于各路来的 2Mb/s 的信号,由于各路的时钟精度不同,有的可能是 2.0481Mb/s,有的可能是 2.0482Mb/s,都将在容器 C 中做容差调整,适配成速率一致的标准信号。

定位即加入调整指针，用来校正支路信号频差和实现相位对准，将帧偏移信息收进支路单元(TU)或管理单元(AU)的过程。

复用的概念比较简单，复用是一种使多个低阶通道层的信号适配进高阶通道层，或把多个高阶通道层信号适配进复用层的过程。复用也就是通过字节交错间插方式把 TU 组织进高阶 VC 或把 AU 组织进 STM-N 的过程，由于经过 TU 和 AU 指针处理后的各 VC 支路信号已相位同步，因此该复用过程是同步复用。

(5) SDH 特点

SDH 使北美、欧洲、和日本的三个地区性的标准在 STM-1 及其以上等级获得了统一。数字信号在跨越国界通信时不再需要转换成另一种标准，因此第一次真正实现了数字传输体制上的世界性标准。

SDH 统一的标准光接口能够在光缆段上实现横向兼容，允许不同厂家的设备在光路上互通，满足多厂家环境的要求。

SDH 采用同步复用方式和灵活的复用映射结构。各种不同等级的码流在帧结构净负荷内的排列是有规律的，而净负荷与网络是同步的，因而只需利用软件即可使高速信号一次直接分插出低速支路信号，即一步解复用。

SDH 的帧结构中安排了丰富的开销比特，这些开销比特大约占了整个信号的 5%，可利用软件对开销比特进行处理，因而使网络的运行、管理和维护能力都大大加强。

SDH 网与现有网络能够完全兼容，即 SDH 兼容现有的 PDH 的各种速率，使 SDH 可以支持已经建立起来的 PDH 网络。同时 SDH 网还能容纳 ATM、Ethernet 等各种业务信号，也就是说，SDH 具有完全的后向兼容性和前向兼容性。

5.3　波分复用系统——WDM

前文讨论的 SDH 和 PDH，是以单波长系统为研究对象的，采用了时分复用(TDM)方式来提高传输速率，如 PDH 体系的 34Mb/s、140Mb/s 系统，SDH 体系的 155Mb/s、622Mb/s、2.5Gb/s 乃至 10Gb/s 系统等。但是，由于受到电子迁移速率的限制，TDM 的 10Gb/s 系统面临着电子元器件极限的挑战，并且随着传输速率的提高，光纤色散的影响也越加严重。

不同波长的光彼此之间可以无影响地独立传输信息，因此在同一根光纤上可以有多个信道，每个信道有不同的光载波波长。于是，人们就想出了用一根光纤同时传送多个波长信道的方法来提高传输容量，这就是波分复用(WDM)技术。20 世纪 90 年代中后期，由于光电器件的迅速发展，例如掺铒光纤放大器(EDFA)的商用，WDM 技术得到了快速发展。从技术和经济的角度，WDM 技术是目前最经济可行的扩容技术手段。

1. WDM 的相关定义

在点到点的光纤链路中，一条光纤线路的发送端有一个光源，在接收端有一个光电检测器。光源的谱线宽度很窄，例如一个动态单纵模激光器的谱线宽度一般为 0.2～0.6nm，而单模光纤的带宽很宽，在光纤的两个低损耗传输窗口 1310nm 和 1550nm 区域的可用谱宽约为 200nm。因此单波长光纤通信系统对光纤带宽的利用率很低，通过采用 WDM 技术可以扩大传输容量。

WDM系统通过在发送端将不同波长的光信号组合起来(复用),并耦合到光缆线路上的同一根光纤中进行传输,在接收端又将组合波长的光信号分开(解复用),恢复出原先的不同波长光信号,并送入不同的终端进行接收。图5.8给出了单波长系统和波分复用系统的对比示意图。

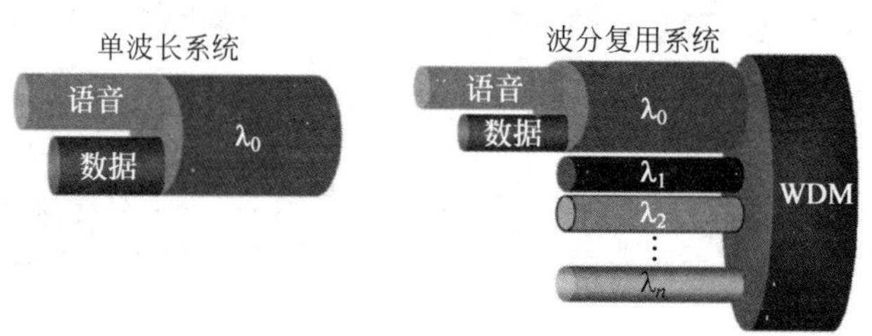

图5.8 单波长系统和波分复用系统

2. WDM的复用方式

WDM主要有三种复用方式:1310nm和1550nm波长的波分复用、稀疏波分复用(CWDM)和密集波分复用(DWDM)。

① 1310nm和1550nm波长的波分复用技术,是早期的波分复用,主要用于采用单纤双向传输方式的光纤接入网中,在上、下行方向采用不同的波长。

② 稀疏波分复用(CWDM)是指相邻波长间隔较大的WDM技术,相邻信道的间隔一般大于等于20nm,波长数目一般为4波或8波。

③ 密集波分复用(DWDM)是指相邻波长间隔较小的WDM技术,相邻信道的间隔为0.4～1.2nm,工作波长位于1550nm窗口。可以在一个光纤上承载8～160个波长,主要用于长距离传输系统,是目前WDM系统的主要使用形式。

3. WDM系统的组成

图5.9给出了一个典型单向WDM系统总体结构图。其中光发送机是WDM系统的核心,它汇集多个不同终端系统(如PDH和SDH的光发送机)输出的光信号,利用光转发器将光信号转换成符合WDM系统标准波长的光信号,使用合波器合成多通路光信号,通过光功率放大器放大后注入传输光纤中。

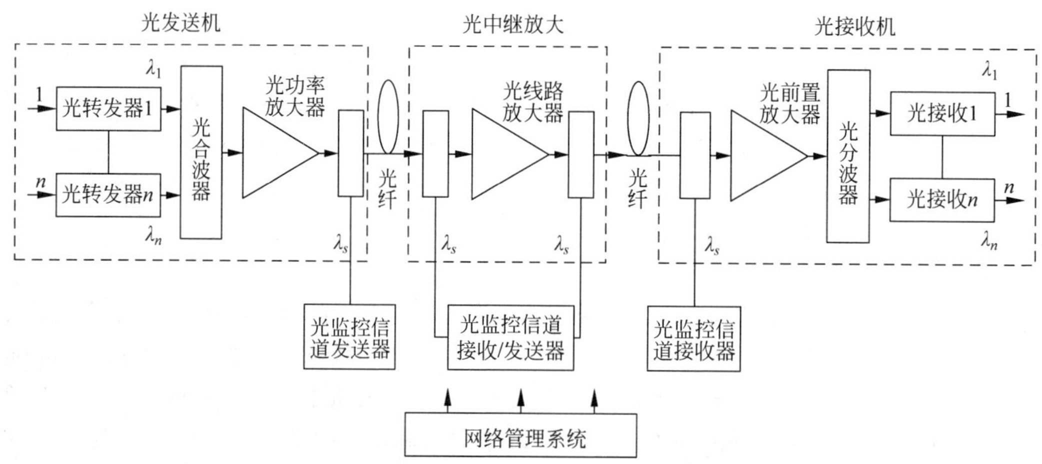

图5.9 典型单向WDM系统总体结构图

WDM 可以承载 SDH 业务、IP 业务、ATM 业务等，它将不同波长的业务信号组合起来传输，传输后将组合信号再分解开来，送入不同的通信终端，相当于在一根物理光纤上提供多个虚拟的光纤通道，大大节约了长途光纤资源。

5.4　光网络

5.4.1　光纤通信网络简介

一个光纤通信系统通常由三大块构成：光发送机、传输光纤和光接收机。由光纤链路构成的光通路将光发送机和光接收机连接起来后，就形成了一条点对点的光连接，而这种光纤链路可将一个或多个网络节点相互连接起来，最终构成光纤通信网。与点对点的光纤通信系统不同，光纤通信网络能将分散在不同地点的各种终端设备连接起来，实现终端之间、终端与中心节点之间的信息交换，提供语音、数据、图像等各种传输业务。

光纤通信网是使用光纤作为传输媒介的通信网，是通信网络的一种组成形式。通信网络已经发展成为覆盖全球的规模非常大的网络，按照不同的分类方法或者不同的应用场合，有很多专有的名称。

1. 核心网、城域网和接入网

按照覆盖范围划分，通信网络可以分为公共网络和用户网络(也称为用户驻地网)两部分。用户驻地网(CPN)一般是指在楼宇内或小区范围内，属于用户自己建设的网络，是提供各类通信网络和业务的基础。电信网是公共网络中最重要的部分，根据网络规模和业务等可分为核心骨干网、城域网和接入网三部分，其中接入网是各类用户与公共网络进行通信，实现用户和网络业务互通的最重要的网络组成部分，如图 5.10 所示。在网络中采用光纤作为主要传输媒质来实现信息传送的通信网络，对应的可分为光核心网、光城域网和光接入网(OAN)。

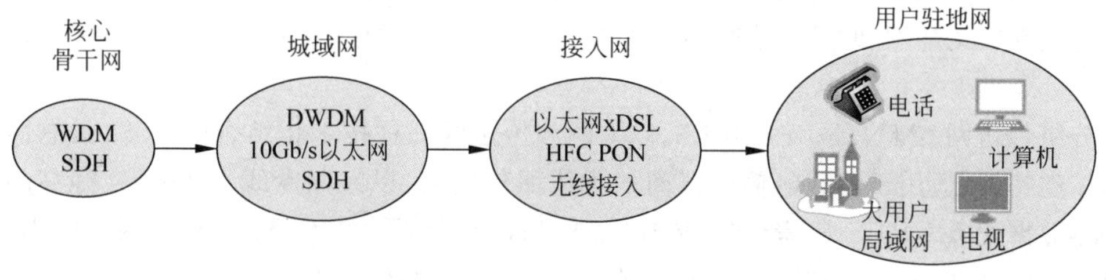

图 5.10　通信网络模型

2. 全光网络和光传送网

按照通信网络的发展历史以及通信中使用的传输媒介，通信网络包括电网络、光电混合网、全光网络、光传送网等。

(1) 电网络

电网络采用电缆将网络节点互连在一起，网络节点采用电子交换节点，是 20 世纪 80 年代以前广泛使用的网络。承载电信号的信道有同轴电缆和对称电缆，是一种损耗较大、带宽较窄的传输信道，主要采用频分复用(FDM)方式来提高传输容量。由于电网络完全是在电领域完成信息的传输、交换、存储和处理等功能，因此，受到了电器件本身的物理极限的限制。

(2) 光电混合网

光电混合网在网络节点之间用光纤代替了传统的电缆，实现了节点之间的全光化，这是目前广泛采用的通信网络，主要采用时分复用(TDM)方式来挖掘光纤的带宽资源。

(3) 全光网络

全光网络(AON)是指信号以光的形式穿过整个网络，直接在光域内进行信号的传输、再生、光交叉连接、分插复用和交换等，中间不需要经过光电、电光转换，因此将不受检测器、调制器等光电器件响应速度的限制。但是全光网络的一些关键技术(如光缓存、光定时再生等)尚不成熟，是光通信网络的发展目标。

(4) 光传送网

光传送网(OTN)是在目前全光组网的一些关键技术还不成熟的背景下，基于现有光电技术折中提出的传送网组网技术。光传送网在子网内部进行全光处理，而在子网边界进行光电混合处理，可认为现在的 OTN 阶段是全光网络的过渡阶段。光传送网是在 SDH 传送网和 WDM 光纤通信系统的基础上发展起来的，将 SDH 的可运营和可管理的能力应用到 WDM 系统中，同时具备了 SDH 和 WDM 的优势。

3. 自动交换光网络和分组传送网

通信网络有两个基本功能群：一类是传送功能群，可以将任何通信信息从一个点传送到另一些点；另一类是控制功能群，可以实现各种辅助服务和操作维护功能。传送网就是完成传送功能的通信网络。在传统的 SDH、WDM 等光网络运行中，存在一些固有的缺陷，导致网络效率较低，无法针对不同的业务环境提供差异化服务。因此，在不同的业务环境中，有不同的传送网实现技术，例如自动交换光网络、分组传送网等。

自动交换光网络(ASON)是在 ASON/ASTN 信令网控制之下完成光传送网内光网络连接自动交换功能的新型网络，是具有自动交换功能的新一代的光传送网。ASON 将网络的控制功能和管理功能分离，通过控制平面的路由和信令机制实现邻居和业务的自动发现，实现连接的自动建立和删除，支持带宽的按需分配和动态的流量工程，是光网络发展的一个新方向。

分组传送网(PTN)是 IP/MPLS、以太网和传送网三种技术相结合的产物，具有面向连接的传送特征，适用于承载电信运营商的无线回传网络、以太网专线、L2 VPN 等高品质的多媒体数据业务。PTN 是基于全 IP 分组内核的，保持了传统 SDH 优异的网络管理能力，融合了 IP 业务的灵活性和统计复用、高带宽、高性能等特性。

5.4.2 光纤接入网

光纤接入网(OAN)是指在接入网中采用光纤作为主要传输媒质来实现信息传送的网络形式。光纤接入网是目前电信网中发展最为快速的接入网技术，除了重点解决电话等窄带业务的有效接入问题外，还可以同时解决调整数据业务、多媒体图像等宽带业务的接入问题。

光纤接入网采用光纤作为主要的传输媒质，而网络侧和用户侧发出和接收的均为电信号，所以在网络侧要进行电-光转换，在用户侧要进行光-电转换，才可以实现中间线路的光信号传输。光纤接入网在通信网络中的位置如图 5.11 所示。

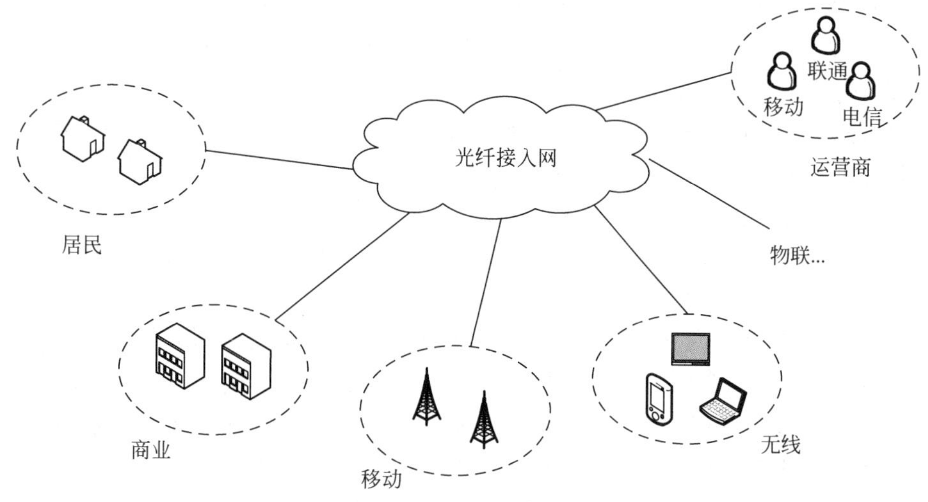

图 5.11 光纤接入网示意图

1. 基本结构

一个光纤接入网主要由光线路终端(OLT)、光分配网络(OND)和光网络单元(ONU)等组成。光纤接入网通过光线路终端与业务节点(或通信网络)相连,通过光网络单元与用户连接,光分配网络位于 OLT 和 ONU 之间,主要功能是完成光信号的管理分配任务。OLT 的作用是提供通信网络与 ODN 之间的光接口,并提供必要的手段来传送不同的业务。ONU 位于 ODN 和用户之间,ONU 的主要功能是终结来自 OLT 的光纤,处理光信号并为多个小企业、事业用户和居民住宅用户提供业务接口,因此需要具有光-电变换功能,并能对各种电信号进行处理与维护。整个接入网完成从业务节点接口(SNI)到用户网络接口(UNI)间有关信令协议的转换。

2. 分类

光纤接入网从系统配置上分为无源光网络(PON)和有源光网络(AON)两类。

PON 是指在 OLT 和 ONU 之间没有任何有源的设备而只使用光纤等无源器件。PON 对各种业务透明,易于升级扩容,便于维护管理。

AON 中,用有源设备或网络系统(如 SDH 环网)的 ODT 代替无源光网络中的 ODN,因此传输距离和容量大大增加,易于扩展带宽,网络规划和运行的灵活性大,不足的是有源设备需要机房、供电和维护等辅助设施。

3. 光接入网的应用类型

根据光网络单元 ONU 位置的不同,可以将 OAN 划分为几种基本的应用类型,即光纤到路边(FTTC)、光纤到楼(FTTB)、光纤到家或办公室(FTTH/FTTO)等。从发展来看,光接入网的普及主要受到成本和内容等多方面的制约,从长远来看,以 FTTH/FTTO 结合家庭(办公室)无线网的形式实现带宽接入可能是一种较好的选择。

5.4.3 光传送网

1. OTN 的概念

虽然 SDH 系统已经非常成熟,可以提供多种业务的传送功能,如 PDH、IP、Ethernet

等，并提供丰富的保护、管理功能，但随着网络带宽的需求越来越大，以虚容器（VC）调度为基础的 SDH/SONET 网络在传送层方面呈现出了明显不足，不能满足未来骨干网节点的 Tbit/s 以上的大容量业务调度。

WDM 系统提高了带宽利用率，具有业务透明传输的优点，但是其采用客户信号直接映射进光通道的方式，使其只能定位于点对点的应用。纯光网络没有性能监视能力，不能保证性能，也不能满足传送网络的一般要求。

光传送网（OTN）是由 ITU-T G.709、G.870、G.872、G.798 等建议定义的一种全新的光传送技术体制，OTN 很好地结合了传统 SDH 和 WDM 的优势，对于各层网络都有相应的管理监控机制和网络生存性机制。OTN 在子网内部进行全光处理而在子网边界进行光电混合处理。在光域，OTN 可以实现大颗粒的处理，提供对更大颗粒的 2.5Gb/s、10Gb/s、40Gb/s 业务的透明传送能力，具有 WDM 系统高速大容量传输的优势；在电层，OTN 使用异步的映射和复用，把 SDH 的可运营和可管理的能力应用到 WDM 系统中，形成了一个以大颗粒带宽业务传送为特征的大容量传送网络。OTN 可以支持多种上层业务或协议，如 SDH、ATM、Ethernet、IP、PDH、MPLS、ODU 复用等。

2. OTN 的优点

OTN 结构由光通道层（OCh）、光复用段层（OMS）和光传送段层（OTS）三个层面组成。另外，为了解决客户信号的数字监视问题，光通道层又分为光通道传送单元（OTUk）和光通道数据单元（ODUk）两个子层，类似于 SDH 技术的段层和通道层。因此，从技术本质上而言，OTN 技术是对已有的 SDH 和 WDM 的传统优势进行了更为有效的继承和组合，同时扩展了与业务传送需求相适应的组网功能；而从设备类型上来看，OTN 设备相当于 SDH 和 WDM 设备融合为一种设备，同时拓展了原有设备类型的优势功能。

OTN 技术作为一种新型组网技术，相对已有的传送组网技术，其主要优势如下：

① 多种客户信号封装和透明传输。基于 ITU-TG.709 的 OTN 帧结构可以支持多种客户信号的映射和透明传输，如 SDH、ATM、GFP 等，这就使得 OTN 帧可以传送这些信号格式或以这些信号为载体的更高层次的客户信号，如以太网、MPLS、光纤通道、IP 等，从而使得不同应用的客户业务都可以统一到一个传送平台。

② 大颗粒的带宽复用、交叉和配置。OTN 目前定义的电层带宽颗粒为光通路数据单元，即 ODU1（2.5Gb/s）、ODU2（10Gb/s）和 ODU3（40Gb/s），光层的带宽颗粒为波长，相对于 SDH 的 VC-12/VC-4 的调度颗粒，OTN 复用、交叉和配置的颗粒明显要大很多，对高带宽数据客户业务的适配和传送效率有显著提升。

③ 强大的开销和维护管理能力。OTN 提供了和 SDH 类似的开销管理能力，OTN 光通路（OCh）层的 OTN 帧结构大大增强了 OCh 层的数字监视能力。另外 OTN 还提供 6 层嵌套串联连接监视（TCM）功能，这样使得 OTN 组网时，采用端到端和多个分段同时进行性能监视的方式成为可能。

④ 增强了组网和保护能力。通过 OTN 帧结构、ODUk 交叉和多维度可重构光分插复用器（ROADM）的引入，大大增强了光传送网的组网能力，改变了目前基于 SDHVC-12/VC-4 调度带宽和 WDM 点到点提供大容量传送带宽的现状。OTN 采用带外前向纠错（FEC）技术，显著增加了光层传输的距离。

作为新型的传送网络技术，OTN 并非尽善尽美。最典型的不足之处就是目前不支持

2.5Gb/s 以下颗粒业务的映射与调度，相关标准正在制定之中。另外，OTN 标准最初制定时并没有过多考虑以太网完全透明传送的问题，这使得 OTN 组网时可能出现一些业务透明度不够或者传送颗粒速率不匹配等问题。

5.4.4　智能光网络——自动交换光网络

以 IP 为代表的数据业务的指数式增长已经削弱了语音业务和专线业务的优势，而且由于 IP 业务量本身的不确定性和不可预见性，对网络带宽的动态分配要求也越来越迫切，因此传统的以固定带宽的语音业务为主的光网络技术（如 SDH 和 WDM）在应对这样的业务时，会面临一些问题和挑战，不能适应用户和市场的需求。为了适应 IP 业务的特点，光传送网络开始向支持带宽动态灵活分配的智能光网络（ION）方向发展。

智能光网络（ION）技术是构造在各种传送技术之上的，也就是在 SDH 传送网、光传送网（OTN）之上增加了独立控制平面，因此它支持目前传送网可以提供的各种速率和不同信号特性（如格式、比特率等）的业务。学术界和工业界对于如何实现真正意义上的智能光网络仍存在一些不同看法，目前包括 ITU-T、IETF、OIF 等国际标准化组织都对此投入了巨大的精力，其中以 ITU-T 主导的自动交换光网络（ASON）被认为是现阶段实现智能光网络的主要方法，而 IETF 提出的通用多协议标记交换协议（GMPLS）是 ASON 的主要控制协议，OIF 则侧重于接口标准的开发和规范。

ASON 最早是在 2000 年 3 月由 ITU-T 的 Q19/13 研究组正式提出的，其后技术研究和标准化进程都进展迅速。ASON 是一种自动交换传送网，它的主要特征是由用户端或者网管动态发起业务请求，自动选择路由，并通过信令控制实现业务连接的建立、修改、拆除，自动保护和恢复，自动发现等功能，是融交换、传送为一体的新一代光网络。ASON 首次将信令和选路引入传送网，通过智能的控制层面来建立呼叫和连接，实现了真正意义上的路由设置、端到端业务调度和网络自动恢复。

1. ASON 体系结构

ASON 与传统光传送网相比，突破性地引入了更加智能化的控制平面，从而使光网络能够在信令控制下完成网络连接的自动建立、资源的自动发现等过程。ASON 的体系结构主要表现在具有 ASON 特色的三个平面、三个接口以及所支持的三种连接类型上。

ASON 网络体系结构模型如图 5.12 所示，整个网络包括三个平面，即控制平面、管理平面和传送平面，三个平面通过三种接口实现信息的交互。其中控制平面和传送平面之间通过连接控制接口（CCI）相连，而管理平面则通过网络管理接口A（NMI-A）和网络管理接口T（NMI-T）分别与控制平面及传送平面相连。

控制平面由一组通信实体组成，负责完成呼叫控制和连接控制功能，并在发生故障时恢复连接。可以把控制平面想象成一个机器人，它能够发现网络包括哪些节点，各个节点之间的连接关系等，同时还能完成传统光网络中需要人工完成的一些功能，如呼叫控制、连接控制等。

管理平面的重要特征就是管理功能的分布化和智能化，可以把管理平面理解为传统光网络中的网管系统，完成对控制平面、传送平面以及数据通信网的管理功能。

传送平面由传统的光网络设备组成，比如 SDH、WDM 设备等，传送平面是业务传送的通道，可提供端到端用户信息的单向或双向传输。

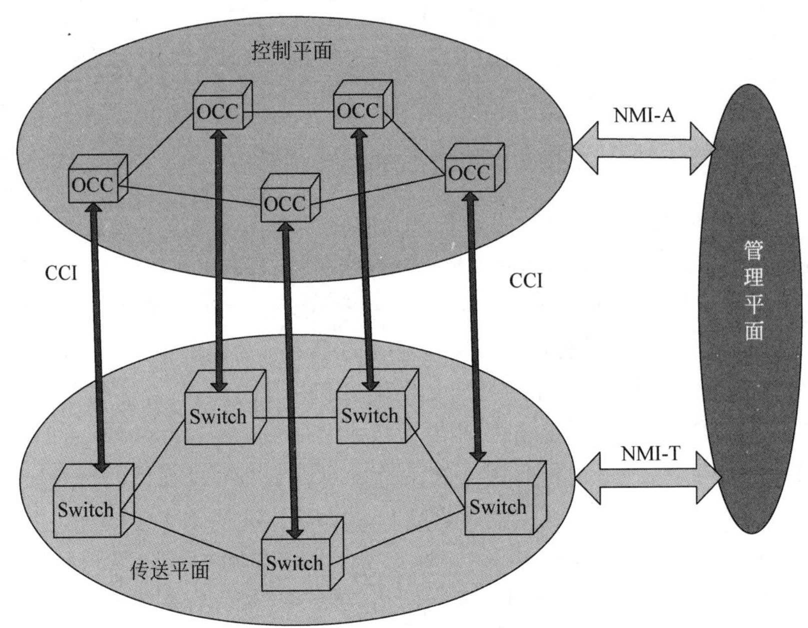

图 5.12　ASON 的体系结构

ASON 网络体系结构是一种客户/服务器关系结构，其显著特点是客户网络和提供商网络之间有着很明显的边界，它们之间不需要共享拓扑信息，客户方通过向网络提供商发送连接请求，可以在网络中动态地建立一条业务通道。根据用户设备、业务需求的不同，ASON 提供了三种类型的连接来实现差异化服务，包括永久连接(PC)、交换连接(SC)和软永久连接(SPC)。

PC 连接也称为供给式连接，沿袭了传统光网络中连接的建立方式。由管理平面直接配置传送平面资源来建立连接，连接的发起者和配置者都是管理平面，连接一旦建立，如果管理平面没有下达相应拆除命令，连接就一直存在。在这种方式下，ASON 网络能很好地兼容传统光网络，实现两者的互联。

SC 连接也称为信令式连接，这是 ASON 特有的连接方式。SC 的建立由控制平面的请求产生，对传送平面资源的配置也由控制平面来完成。这种连接是应用户的请求而建立的，一旦用户拆除请求，该连接就在控制平面的控制下自动拆除。

SPC 连接也称为混合式连接。SPC 中端到端连接的用户至网络部分同 PC 连接一样，由管理平面建立，而端到端连接的网络部分，同 SC 连接一样由控制平面建立。SPC 建立连接的请求、资源的配置和在传送平面的路由均从管理平面发出，但具体实施却由控制平面完成，即 SPC 连接的维护要控制平面和管理平面共同完成。

2. 控制信令协议——"智能"背后的隐形控制者

多协议标签交换(MPLS)技术是一种基于 IP、并使用标签机制实现数据高速和高效传输的技术。MPLS 将 IP 技术与 ATM 技术良好地结合在一起，兼具了 ATM 的高速交换、良好的 QoS 性能、流量控制机制与 IP 的灵活性和可扩充性，因此 MPLS 是 IP 网络最为重要的应用技术之一。

将 IP 网络中已经取得成功的 MPLS 技术进行拓展以适应光网络控制平面的需要，就形成了通用多协议标记交换(GMPLS)技术。GMPLS 协议有许多种选择，ASON 使用了其中一部分并进行了扩展，形成了适应于 ASON 网络的控制协议。ASON 的控制协议是控制平面的重要组成部分，也是实现控制平面各项功能的重要手段。

ASON 中的 GMPLS 协议主要包括：链路管理和发现协议 LMP、路由协议、信令协议。LMP 运行于邻接节点之间的传送平面上，用于进行链路的提供，并管理节点间的双向控制信道。路由协议主要完成建立邻居关系、创建并维护控制链路等。ASON 的核心在于明确提出了光传送网的控制平面，通过控制平面的方式并引入信令控制的交换能力来实现连接配置的管理。因此，控制平面的信令协议对于智能光网络尤为重要。

第6章 无线移动通信的技术进展与应用

CHAPTER 6

移动通信已经深刻地改变了人们的生活方式，但是人们对于更高性能的追求从未停止。为了应对未来移动数据流量的爆炸性增长、大规模的设备连接以及新业务和应用场景，第五代移动通信(5G)应运而生。

6.1 第五代移动通信需求与应用场景

6.1.1 5G需求挑战

移动互联网和物联网是未来5G发展的最主要驱动力。移动互联网主要面向人的通信，重点是提供更好的用户体验。物联网主要为了物与物、人与物的通信。它不仅涉及普通的个人用户，还涉及大量不同类型的行业用户。为了适应2020年后移动互联网和物联网业务的快速发展，5G系统将面临多重挑战。

1. 移动数据业务的爆炸性增长

可以预见，未来超高清晰度、3D和沉浸式视频的普及将会推动数据速率需求的大幅增长。例如，8K(3D)视频经过百倍压缩后，仍需要大约1Gb/s的传输速率。诸如增强现实、云桌面和在线游戏等业务，对上下行数据的传输速率也有很大挑战。大量的个人和办公数据将存储在云端，海量的实时数据交互需要类似光纤的传输速率，尤其是在热点区域将对移动通信网络造成流量压力。在各种应用场景下，人们的通信体验要求越来越高，例如能在体育场、露天集会、演唱会等超密集场景，高铁、车载、地铁等高速移动环境下获得高数据率的业务体验。预计2010—2020年全球移动数据流量将增长200倍以上，2010—2030年全球移动数据流量将增长近2万倍。中国的移动数据流量增速高于全球平均水平，预计2010—2020年将增长300倍，2010—2030年将增长4万多倍。根据ITU发布的数据预测，2030年全球的移动业务量将快速增长，达到5000EB/月，如图6.1所示。相应地，未来5G网络还应能够为用户提供更快的峰值速率。如果按照10倍于4G蜂窝网络峰值速率计算，5G网络的峰值速率将达到10Gb/s的量级。

2. 海量终端连接到移动网络

早期的移动通信系统主要解决了人与人的通信问题，5G系统将会通过移动网络实现人与物(如智能终端、传感器和仪器等)以及物与物的互联。不仅如此，通信对象还具有泛在的特点，人或物可以在任何时间和地点进行通信。未来的智能终端和各种机器类型终端的大量出现，需要5G提供100～1000倍的网络连接能力。未来全球移动通信网络连接的设备

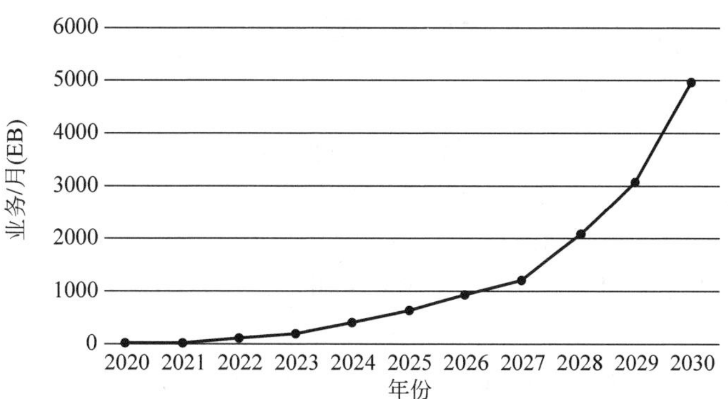

图 6.1　ITU 全球移动业务量预测

总量将达到千亿规模。2020 年，全球移动终端（不含物联网设备）数量将超过 100 亿，其中中国将超过 20 亿。全球物联网设备连接数也将快速增长，2030 年，全球物联网设备连接数将接近 1000 亿，其中中国超过 200 亿。

3. 节能通信的需求

现有的移动通信网络设备和终端消耗大量电力，造成环境污染。随着移动数据业务的爆发式和终端数量的增加，如果仍然按照原有的发展模式，移动通信系统的耗电量将增加上百倍，这样将不可持续。另外，为了增强用户体验，终端电池续航时间需要更大提升。在物联网应用方面，也提出了支持超低功耗的终端等需求，使得 5G 系统需要实现百倍数量级的能效提升。因此，5G 应能够支持更低的功耗，实现更加绿色环保的移动通信网络，并显著提升终端电池续航时间，特别是对于某些物联网设备。

4. 支持业务多样性业务类型

随着商业模式的不断创新，5G 网络将面临更加多样化和个性化的用户体验需求。对于智慧城市、智能交通、智能物流、智能家居、智能农业、智能水利、设备监控、远程抄表等业务，网络需要支持海量设备连接和大量小数据包频发。同时，视频监控和移动医疗等业务对传输速率提出了很高的要求。而车联网和工业控制等业务则要求毫秒级的时延和更高的可靠性。大量的物联网设备会部署在山区、森林和水域等偏远地区，以及室内角落、地下室、隧道等信号难以到达的区域，因此要求移动通信网络的覆盖率进一步提升。为了渗透到更多的物联网业务中，5G 应该更加灵活和可扩展，以适应海量的设备连接和多样化的用户需求。5G 网络需要进一步改善移动用户体验，例如，汽车自动驾驶应用要求将端到端时延控制在毫秒级，社交网络应用需要为用户提供永远在线体验，以及为高速场景下的移动用户提供超高清视频实时播放等体验。因此，5G 移动通信系统要求在确保低成本、传输的安全性、可靠性、稳定性的前提下，能够提供更高的数据速率、服务更多的连接数和获得更好的用户体验。

5. 支持业务多样性网络部署

移动互联网和物联网具有丰富的业务类型和差异巨大的业务特征。为了适应业务变化，5G 网络的部署形态也将多样化。从覆盖范围和应用场景看，5G 网络将会出现多种形态的部署方式，既有传统蜂窝系统的宏蜂窝和微蜂窝，也会出现大量热点和室内覆盖，同时还有针对高速移动和短距离通信的部署。

6.1.2 5G 业务类型和应用场景

1. 业务类型举例

移动通信系统从传统的语音业务逐渐拓展到移动带宽业务，其应用领域不断扩大。而5G 所面向的业务形态已经发生了巨大变化，5G 将是一个多业务多技术融合的网络，通过技术的演进和创新，满足未来包含广泛数据和连接的各种业务的快速发展需要。除了对现有场景的增强以外，下面介绍 5G 一些可能的业务用例。

(1) 云业务

目前，云计算已经成为一种基础的信息架构，基于云计算的业务也正在兴起，包括桌面云、游戏云、视频云，云存储、云备份、云加速、云下载和云同步等，已经拥有了上亿用户，未来移动互联网的基础就是云计算，如图 6.2 所示。如何满足云计算的需求是 5G 必须考虑的问题。与传统的业务模式不同，云业务部署在云端、终端和云之间大量采用信令交互，信令的时延和海量的信令数据都对 5G 构成了巨大的挑战。

图 6.2 万物处于云端

(2) 虚拟现实业务

虚拟现实(Virtual Reality，VR)是一种利用计算机模拟合成三维视觉、听觉、嗅觉和其他感觉的技术，在创造的三维空间虚拟世界中，让用户拥有沉浸式的体验。为了获得虚拟现实的感觉，所有用户之间都需要不断交换数据。要满足虚拟现实，视频分辨率需要达到人眼的分辨率，网络速率必须达到 300Mb/s 以上，端到端时延要小于 5ms，移动小区吞吐量要大于 10Gb/s，而 5G 网络需要满足这些业务需求。

(3) 高清视频业务

现在高清视频已经成为人们的基本需求，4K 视频成为 5G 网络的标配业务。不仅如此，为了保证用户在任何地方都可欣赏到高清视频，也就是说，移动用户随时随地就能在线获得超高速端到端的通信速率，5G 面临很大的挑战。

(4) 自动驾驶业务

车辆联网自动驾驶技术，可以通过避免碰撞，带来更为安全的交通出行，还可以降低驾驶员的驾驶压力，进而在车辆行进中能够进行其他办公活动。自动驾驶不仅包括车辆与基础设施之间的通信，还包括车辆与车辆、车辆与人之间的通信，以及车辆与路边传感器的通信。为了保证行驶安全，这些通信链路需要承载极低时延和高可靠性的车辆控制指令。虽然这些指令通常不需要很大的带宽，但是当车辆之间需要交互视频信息时，仍然需要更高的传输速率。例如，自动驾驶车队的控制需要快速交换周围环境的实时动态信息。时延从4G的50ms缩短到1ms，如果其车速为60km/h，则车辆在50ms的时延内将移动约1m的距离，而在1ms内仅移动1.6cm，这将大大提高安全性。

(5) 工业自动化业务

工业自动化由生产线上的设备组成，设备之间通过足够可靠、低时延的通信系统和控制单元进行通信，以满足人身安全的有关应用和需求。另外，在工业制造业中，还存在许多应用需要很低的时延和高可靠性。尽管这一类通信需要发送的数据量很少，但严格的时延和可靠性要求仍然超出了4G无线通信系统的服务能力，因此工业制造类的通信系统大部分仍采用有线通信的方式。但是，有线通信在很多情况下是非常昂贵的解决方案(例如操作远程位置的机器)，因此工业制造业对5G低时延、高可靠性的需求较高。

(6) 智慧城市业务

目前的通信连接主要是人与人的连接，但未来的连接会显著延展到人与周围环境的连接，例如智能家庭、智能办公、智能建筑、智能交通等。这些智能连接随着移动过程动态变化，比如在家里、办公大楼、购物中心和火车站等地方。智能连接可以提供个性化的服务，也可以实现基于位置和内容的服务。在智能服务中，连接接入性在诸多因素中起到更为重要的作用。为了容纳更广泛的服务，无线通信系统的需求也日趋多样化。例如，智慧办公的云计算服务需要高速率和低时延。可穿戴设备和传动装置通常需要小数据量和中等时延需求。

(7) 高速列车通信业务

高速列车上的乘客通常希望能够有更好的网络体验，例如观看高清视频、玩游戏、云服务和虚拟现实等。当列车在高速运行时，保障用户体验没有显著下降是很有挑战性的任务。通常，高速列车上最重要的两个通信指标是端到端时延和用户速率。

2. 典型应用场景分类

根据业务需求，5G典型场景涉及未来人们生活、工作、休闲和交通的各个领域，尤其是密集的住宅区、办公室、体育场、露天聚会、高速铁路和广域覆盖等场景。这些场景特征通常表现为超高的流量密度、超高连接数、超高移动性。基于此，国际标准化组织3GPP定义了5G的三大场景：

① 增强移动宽带(eMBB)，是指在现有移动宽带业务场景的基础上，对于用户体验等性能的进一步提升，主要追求人与人之间极致的通信体验。

② 海量机器类通信(mMTC)，为物联网中数百亿的网络设备提供无线连接。相对于数据速率，随着连接设备数量的增加，优先考虑连接的可扩展性、高效小数据量传输，以及广阔区域和深度覆盖。

③ 超可靠低时延通信(uRLLC)，提供具有超可靠低时延通信连接的网络服务。要求包括极高的可靠性、极低的时延，如自动驾驶、远程医疗和工业制造等应用。该场景优先考虑高可靠性和低时延，其次才是对数据速率的需求。

6.1.3 5G系统性能指标

5G 面向 2020 年以后的人类信息社会，其基本特征已经明确：高速率（峰值速率大于 20Gb/s），低时延（网络时延从 4G 的 50ms 减少到 1ms），海量设备连接（满足 1000 亿量级的连接数），低功耗（基站更节能，终端更省电）。结合各场景可能的用户分布、各类业务占比及对速率和时延等的要求，可以得到各应用场景下的 5G 性能指标。5G 关键性能指标主要包括用户体验速率、连接数密度、端到端时延、流量密度、移动性、用户峰值速率、平均频谱效率和能量效率，如表 6.1 所示。

表 6.1 5G 关键性能/效率指标要求

性能指标	
用户峰值速率	常规情况 10Gb/s，特定场景 20Gb/s
连接数密度	$10^6/km^2$
端到端时延	1ms
流量密度	$10Mb/s/m^2$
移动性	500km/h
用户体验速率	0.1～1Gb/s
平均频谱效率	3 倍以上
能量效率	100 倍

（1）连接数密度（$10^6/km^2$）

5G 网络用户数大幅扩展，尤其是随着物联网的快速发展，业界预计到 2020 年年底联网设备的器件数目将达到 1000 亿。在某些场景下，单位面积内通过 5G 移动网络连接的设备数量达到 100 万/km^2 或更高，是 4G 网络的 100 倍左右。特别地，在体育场及露天集会等场景中，连接数密度是一个关键性指标。

（2）用户峰值速率（10～20Gb/s）

根据移动通信发展规律，5G 网络需要 10 倍于 4G 网络的峰值速率，即达到 10Gb/s 量级，在特殊场景中，甚至提出了 20Gb/s 峰值速率的更高要求。

（3）平均频谱效率（3 倍于 IMT-Advanced 系统）

ITU 对 IMT-Advanced 在室外场景下平均频谱效率的最小需求为 2～3b/s/Hz。5G 的平均频谱效率相对于 IMT-Advanced 需要 3 倍，以解决流量爆炸性增长导致的频谱资源短缺问题。其中，小区平均频谱效率用“b/s/Hz/小区”来衡量，小区边缘频谱效率用“b/s/Hz/用户”来衡量，在 5G 系统中两个指标都应该相应提高。

（4）数据业务密度（$10Mb/s/m^2$）

数据业务密度表征单个运营商在某一区域内的业务流量，适用于以下两个典型场景：大型露天集会中数万用户产生的数据流量；办公室场用户同时产生上 Gb/s 的数据流量。由于不同场景下的无线业务情况不同，相比于 IMT-Advanced，5G 的这一指标更有针对性。

具体场景的性能要求如表 6.2 所示。

表 6.2　应用场景对应的性能要求

分　类	场　景	性能要求
超高流量密度	办公室	数十平方千米太位每秒的流量密度
	密集住宅区	吉位每秒级用户体验速率
超高移动性	快速路	毫秒端到端时延
	高铁	500km/h 以上移动速率
超高连接数密度	体育场	$10^6/km^2$ 的连接数
	露天集会	$10^6/km^2$ 的连接数
	地铁	6 人/km^2 的超高用户密度
广域覆盖	市区覆盖	100Mb/s 的用户体验速率

6.1.4　5G标准化相关组织

1. 国际电信联盟

国际电信联盟(ITU)是联合国的一个机构，分为电信标准化部门(ITU-T)、无线电通信部门(ITU-R)和电信发展部门(ITU-D)。每个部门下设多个研究组，每个研究组下设多个工作组。5G 的相关标准化工作在 ITU-R 和 ITU-R WPSD 下进行，其中 ITU-R WPSD 是专门研究和制定移动通信标准 IMT(IMT-2000 和 ITM-Advanced)的组织，下设总体工作组、频谱工作组、技术工作组和工作计划特设组。ITU 于 2015 年对外发布了 IMT-2020 工作计划，确定了 5G 的时间表。从 2017 年年底开始，各国家和组织可以向 ITU 提交候选技术。ITU 将组织对收到的候选技术进行评估和讨论。

2. 3GPP 组织

标准化组织 3GPP 是一个产业联盟，其目标是根据 ITU 的相关需求，制定更加详细的技术规范和产业标准，以规范产业行为。2015 年 3GPP RAN 5G 研讨会就 5G 潜在方案及其标准化进行了讨论。5G 标准研究项目在 2019 年 5G 技术结束提交，并于 2020 年完成详细技术标准。

3. IEEE

在国际电气电子工程师协会(IEEE)中，5G 相关的部门是 802 标准委员会，其主要负责局域网和城域网的，尤其是 IEEE 802.5 无线个域网和 802.11 无线局域网项目。

4. IMT-2020(5G)推进组

IMT-2020(5G)推进组是国内的 5G 组织，其中包括华为、中兴、大唐等国内设备厂商的广泛参与。自 2014 年以来，IMT-2020(5G)推进组陆续发布了《5G 愿景与需求白皮书》等一系列报告，给出了国内关于 5G 的技术观点。

5. METSI 与 5GPP 组织

METSI 是开始于 2012 年的欧洲关于 5G 的研究项目，该组织提供了一系列关于 5G 的研究报告，给出相应的技术研究节点以及总体技术观点。5GPP 是欧盟于 2013 年成立的 5G 标准化工作组织。

6.1.5　5G标准化推进

4G 已经商用多年，技术也趋于成熟。根据移动通信的发展规律，5G 在 2020 年左右商用，包括全球各国政府、标准组织、电信运营商、设备商在内的各类研究组织都在5G研究中投入大量的人力和财力。2015年在瑞士日内瓦召开的无线电通信全会上正式确定了5G的法定名称是"IMT-2020"。早在2012年，ITU已启动了面向5G标准的研究工作，并明确了工作计划。3GPP作为国际移动通信行业的主要标准组织，将承担5G国际标准技术内容的制定工作。5G研究和标准化制定大致经历四个不同的阶段：

① 第一阶段是2012年，提出5G基本概念。

② 第二阶段是2013—2014年，重点关注5G愿景与需求、应用场景和关键能力。

③ 第三阶段是2015—2016年，对关键技术研究和验证工作。

④ 第四阶段是2017—2020年，主要开展5G标准方案的制定和系统试验测试验证。

世界各主要国家都成立了5G相关研究机构，力图在5G的研究上取得先机，争夺在标准化和产业化的主导权和领先地位。同时，各主要国际标准化组织也都启动了5G标准化工作，给出了标准化时间计划表如图6.3所示。

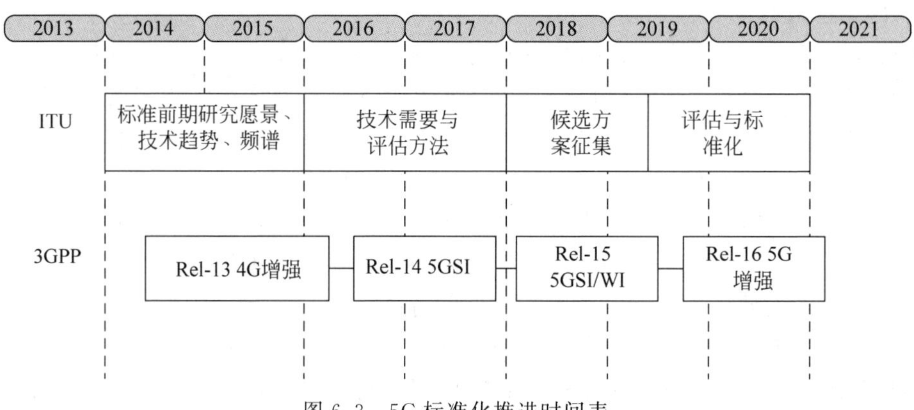

图6.3　5G标准化推进时间表

6.1.6　5G在中国

2013年2月，中国成立IMT-2020(5G)推进组，开展5G策略、需求、技术、频谱、标准、知识产权的研究及国际合作，并取得了阶段性研究进展。白皮书《5G愿景与需求》《5G概念》《5G无线技术架构》和《5G网络技术架构》相继发布，主要观点已在全球范围内取得高度共识。《5G愿景与需求》白皮书描述了5G总体的愿景，并从技术驱动力、市场趋势、业务场景、性能挑战和5G的关键能力上进行了阐述；指出5G需要支持0.1～1Gb/s的用户体验速率，每平方千米一百万的连接数密度，毫秒级的端到端时延，每平方千米数十太位每秒的流量密度，每小时500km以上的移动性和数十吉位每秒的峰值速率；提出了六大关键性能指标，包括用户体验速率(真实网络环境下用户可获得的最低传输速率)、连接数密度、端到端时延、流量密度、移动性和用户峰值速率。《5G愿景与需求》白皮书中还给出了8个典型的5G场景，包括密集住宅区、办公室、体育场和露天集会等全球普遍认可的挑战性场景，并包含地铁、快速路和高速铁路及广域覆盖场景。更为重要的是，该白皮书第一次明确阐述了5G的关键能力和指标。《5G概念》白皮书描述了移动互联网和物联网的主要应用场景、业务需求及挑战，总结出连续广域覆盖、热点高容量、低功耗大连接和低时延高可靠四个5G主要技术场景，如图6.4所示。

图 6.4　IMT-2020(5G)推进组 5G 技术场景

另外,从 5G 的构架速度、普及速度以及整个市场发展能力来看,中国企业已经走在了世界前列。中国通信企业已经在 5G 专利领域拥有越来越多的话语权,以华为、中兴为代表的中国通信企业的发明专利授权量一直处于全球领先位置,其中包括大量的 5G 战略布局专利。

6.2　第五代移动通信关键技术

6.2.1　大规模天线技术

大规模天线(MIMO)技术能够很好地契合未来移动通信系统对频谱利用率与用户数量的巨大需求,其发展前景在学术界与产业界得到了一致的认可。目前世界各主要研究组织均将大规模天线技术作为 5G 系统最重要的物理层技术之一。

1. 从传统 MIMO 到大规模 MIMO

随着无线通信技术的高速发展,用户的无线应用越来越丰富,带动了无线数据业务的快速增长。多天线技术是应对无线数据业务爆发式增长挑战的关键技术,目前 4G 中支持的多天线技术仅支持最大 8 端口的水平维度波束赋形技术,还有较大的潜力可以进一步大幅提升系统容量。

3GPP LTE Release10 已经能够支持 8 个天线端口进行传输,理论上,在相同的时频资源上,可以同时支持 8 个数据流同时传输,即 8 个单流用户或者 4 个双流用户同时传输。但是,从开销、标准化影响等角度考虑,3GPP LTE Release10 中只支持最多 4 用户同时调度,每个用户传输数据不超过 2 流,并且同时传输不超过 4 流数据。由于终端天线端口的数目与基站天线端口数目相比较,受终端尺寸、功耗甚至外形的限制更为严重,因此终端天线数目不能显著增加。在这一前提下,基站采用 8 天线端口时,如果想要进一步增加单位时频资源上系统的数据传输能力,或者说频谱效率,一个直观的方法就是进一步增加并行传输的数据流的个数。或者更进一步,增加基站天线端口的数目,使其达到 16、64,甚至更高,由于 MIMO 多用户传输的用户配对数目理论上随天线数目增加而增加,我们可以使更多的用户在相同时频资源上同时进行传输,从而使频谱效率进一步提升。当 MIMO 系统中的发送端天线端口数目增加到上百甚至更多时，就构成了大规模 MIMO 系统，如图 6.5 所示。

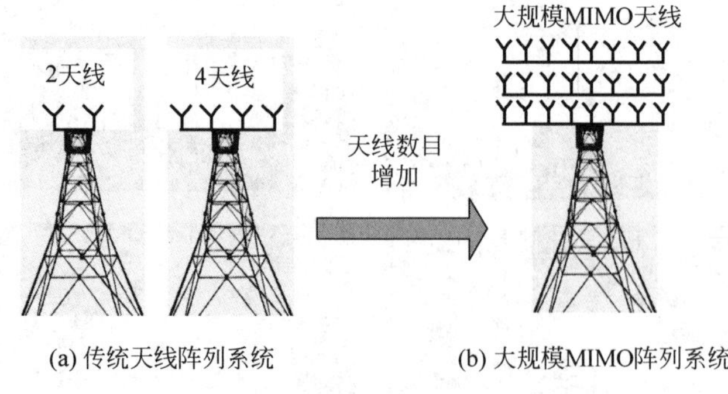

图 6.5　传统天线阵列与大规模 MIMO 阵列

大规模 MIMO，又称 Large-scale MIMO，通过在基站侧安装几百上千根天线，实现大量天线同时收发数据，通过空间复用技术，在相同时频资源上，同时服务更多的用户，从而提升无线通信系统的频谱资源。大规模 MIMO 系统通常被定义为至少在无线通信链路的一侧使用大量(100 或更多)可单独控制的天线元件的系统。大规模 MIMO 网络利用天线提供的自由空间度(DoF)，可以在相同的时间——频率资源上为多个用户复用消息，将辐射的信号聚焦到目的用户，并且最小化小区内和小区间的干扰。通过从多个天线点发射相同的信号，但是对于每个天线施加不同的相移，这种可以在特定方向上对辐射信号进行聚焦，如信号在预期目标位置处相干地重叠。

2. 大规模 MIMO 增益的来源

与传统的多天线系统相似，大规模 MIMO 系统可以提供三个增益来源：分集增益、复用增益以及波束赋形增益。

(1) 分集增益

发射机或接收机的多根天线，可以用来提供额外的分集对抗信道衰落，从而提高信噪比，提高通信质量。在这种情况下，不同天线上所经历的无线信道必须具有较低的相关性。为了获取分集增益，不同天线之间需要有较大的间距以提供空间分集，或者采用不同的极化方式以提供极化分集。

(2) 复用增益

空间复用增益又称为空间自由度。当发送端和接收端均采用多根天线时，通过对收发多天线对间信道矩阵进行分解，信道可以等效为至多 N 个并行的独立传输信道，提供复用增益。这种获得复用增益的过程称为空分复用，也常被称为 MMO 天线处理技术。通过空分复用，可以在特定条件下使信道容量与天线数保持线性增长的关系，从而避免数据速率的饱和。在实际系统中，可以通过预编码技术来实现空分复用。

(3) 波束成形增益

通过特定的调整过程，可以将发射机或接收机的多个天线用于形成一个完整的波束形态，从而使目标接收机/发射机方向上的总体天线增益(或能量)最大化，或者用于抑制特定的干扰，从而获得波束成形增益。不同天线间的空间信道，具有高或者低的衰落相关性时，都可以进行波束成形，如图 6.6 所示。

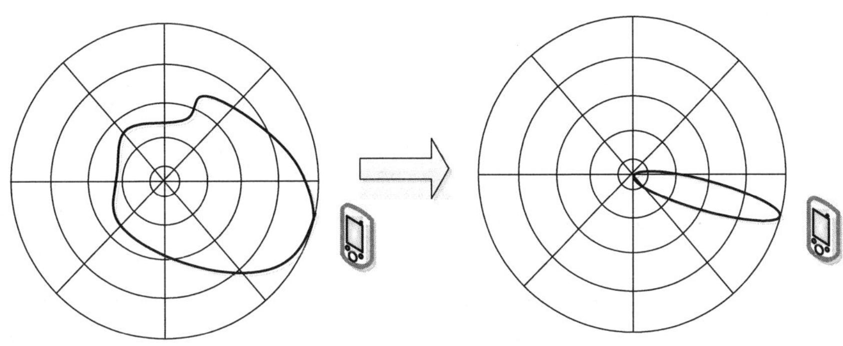

图 6.6 波束成形增益

3. 大规模 MIMO 的优势和挑战

大规模 MIMO 的优势包括：

① 能深度挖掘空间维度资源，使得多个用户可以在同一时频资源上与基站同时进行通信，从而大幅度提升频谱效率。

② 可大幅度降低上下行发射功率，从而提升功率效率。

③ 将波束集中在很窄的范围内，从而大幅度降低干扰。

④ 当天线数量足够大时，最简单的线性预编码和线性检测器趋于最优，并且噪声和不相关干扰都可忽略不计。

虽然大规模 MIMO 具有提升频谱效率等优势，但是目前大规模 MIMO 技术还面临一些挑战，包括：

① 目前大规模 MIMO 仅考虑时分双工（TDD），利用信道互易性获得信道状态信息，但是由于导频信号空间的维数总是有限的，所以总是不可避免地存在不同小区采用相同导频同时发射，从而导致基站无法区别，形成所谓的"导频污染"，大规模 MIMO 中的导频污染已经成为性能的瓶颈。

② 当前的大规模 MIMO 信道模型仍不成熟，需要深入研究符合实际应用场景的信道模型。

③ 大规模 MIMO 的信号检测和预编码都需要高维矩阵的运算，复杂度高，并且由于需要利用上下行信道的互易性，因而难以适应高速移动场景和 FDD 系统。

④ 由于大规模 MIMO 采用大量天线进行收发，因此功耗也大幅度增加，需要设计天线单元和阵列，降低天线的能耗。

6.2.2 非正交多址接入技术

多址接入是无线物理层的核心技术之一，基站通过多址技术来区分并同时服务多个终端用户。在过去 20 多年间，每一代移动通信系统的出现，都伴随着多址接入技术的革新。多址接入技术的设计既要考虑业务特点、系统带宽、调制编码和干扰管理等层面的影响，也要考虑设备基带能力、射频性能和成本等工程问题的制约。纵观历史，1G～4G 系统大都采用了正交的多址接入技术，即用户之间通过在不同维度上（频分、时分、码分等）正交划分的资源来接入，如 LTE 采用 OFDMA 将二维时频资源进行正交划分来接入不同用户。正交多址技术存在接入用户数与正交资源成正比的问题，因此系统的容量受限。为满足 5G 海量连接、大容量、低延时等需求，迫切需要新的多址接入技术。

面向未来，5G不仅需要提升系统频谱效率，还需要具备海量设备连接的能力。此外，在简化系统设计和信令流程方面也提出了很高的要求，这些都对现有的正交多址技术提出了严峻的挑战。众所周知，4G系统是基于线性收发机和正交发送的基本思想来设计的。采用线性接收机是因为其实现简单，性能可以保证；基于正交发送也是主要考虑到接收端的工程实现相对简单。随着频谱资源稀缺的加剧和未来数字信号处理能力的提升，将来通信系统有可能采用非正交和非线性接收机来提高系统性能。

面向5G的非正交多址接入(NOMA)技术，在相同的资源上为更多的用户服务，从而有效地提升系统容量与用户接入能力，日益受到产业界的重视，如图6.7所示。一方面，从单用户信息论的角度，4G LTE系统的单链路性能已经非常接近点对点信道容量，因而单链路频谱效率的提升空间已十分有限；另一方面，从多用户信息论的角度，非正交多址技术不仅能进一步增强频谱效率，也是逼近多用户信道容量界的有效手段。NOMA技术相比LTE提升了频谱效率，适用于用户过载场景、接入严格同步不容易实现的场景和基站天线数目比较少的场景。

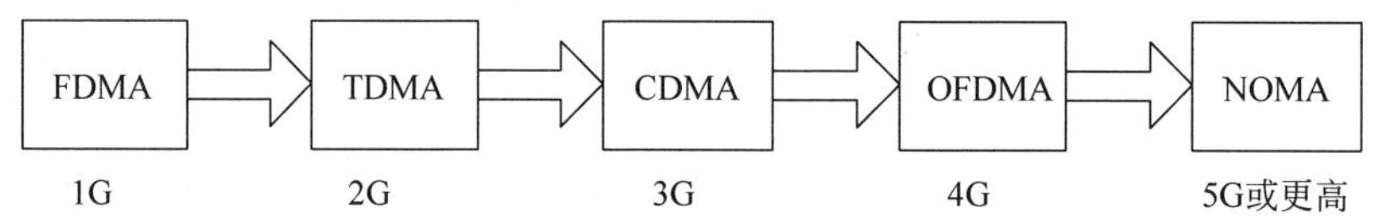

图6.7 移动通信系统多址接入方式演进图

在干扰可以理想删除的情况下，非正交发送比正交发送可以实现更高的频谱效率。串行干扰删除接收机理论上可以实现线性高斯信道(包括多用户)的容量，其复杂度相对线性接收机增加有限。新型的多址方案允许通过在功率和码域中复用用户来使用频谱超载，导致非正交接入，其中同时服务的用户的数量不再被正交资源的数量绑定。这种方法使连接的设备的数量增加2～3倍，并且同时获得高达50%的用户和系统吞吐量的增益。

目前，业界提出主要的新型多址技术包括：基于功率叠加的非正交多址(PD-NOMA)技术，基于复数多元码及增强叠加编码的多用户共享接入(MUSA)技术，基于多维调制和稀疏码扩频的稀疏码分多址(SCMA)技术，基于非正交特征图样的图样分割多址(PDMA)技术。这些新型多址通过合理的码字设计，可以实现用户的免调度传输，显著降低信令开销，缩短接入的时延，节省终端功耗。

1. 功率域非正交多址

功率域非正交多址是指在发送端将多个用户的信号在功率域进行直接叠加，接收端通过串行干扰删除区分不同用户的信号。以下以两个用户为例，介绍功率域非正交多址方案的发送端和接收端信号处理流程，如图6.8所示。

基站发送端：小区中心的用户1和小区边缘的用户2占用相同的时频空资源，二者的信号在功率域进行叠加。其中，用户1的信道条件较好，分得较低的功率；用户2的信道条件较差，分得较高的功率。

用户1接收端：考虑到分给用户1的功率低于用户2，若想正确地译码用户1的有用信号，必须先解调/译码并重构用户2的信号，然后进行删除，进而在较好的SINR条件下译码用户1的信号。

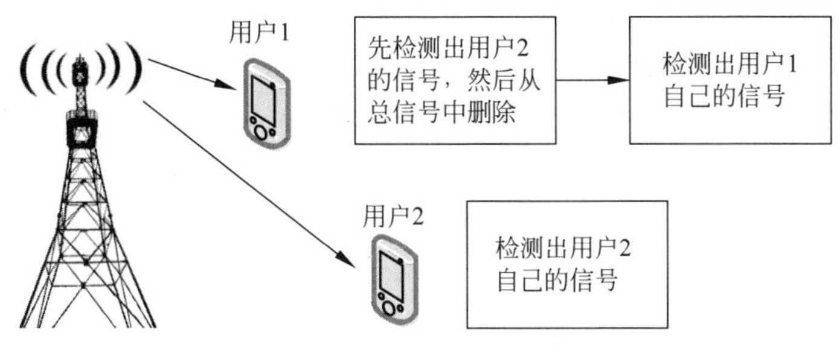

图 6.8 下行两用户功率域 NOMA 系统

用户 2 接收端：虽然用户 2 的接收信号中，存在传输给用户 1 的信号干扰，但这部分干扰功率低于有用信号/小区间干扰，不会对用户 2 带来明显的性能影响，因此可直接译码得到用户 2 的有用信号。

2. 多用户共享接入 MUSA

MUSA 通过创新设计的复数域多元码及基于串行干扰消除(SC)的先进多用户检测，相较于 4G 接入技术，可以让系统在相同时频资源下支持数倍用户的接入，并且可以免除资源调度过程，简化同步、功率控制等过程，从而大大简化终端的实现，降低终端的能耗，特别适合作为未来 5G 海量接入的解决方案。MUSA 下行则通过创新的增强叠加编码及叠加符号扩展技术，提供比主流正交多址更高容量的下行传输，并同样能大大简化终端的实现，降低终端能耗。不同于 PD-NOMA 不需要扩频，MUSA 上行使用非正交扩频技术，同 PD-NOMA 相同，两者都使用干扰消除技术，但 PD-NOMA 不适合免调度场景，MUSA 利用随机性和码域维度，适合免调度场景。

3. 稀疏码分多址接入 SCMA

稀疏码分多址接入 SCMA 是华为提出的全新空口核心技术，它是一种非正交多址技术，通过使用稀疏编码将用户信息在时域和频域上扩展，然后将不同用户的信息叠加在一起。SCMA 的最大特点是，非正交叠加的码字个数可以成倍大于使用的资源块个数。相比 4G 的 OFDMA 技术，它可以实现在同等资源数量条件下，同时服务更多用户，从而有效地提升系统整体容量。

4. 图样分割多址接入 PDMA

图样分割多址接入技术，是大唐提出的新型非正交多址技术，它基于发送端和接收端的联合设计。在发送端，在相同的时频域内，将多个用户信号进行功率域、空域和编码域的单独或联合编码传输，在接收端采用串行干扰抵消(SIC)接收机算法进行多用户检测，做到通信系统的整体性能最优。基本思路是经用户信息在时域、频域和功率域等多个维度进行扩展，具体扩展方式就是"图样"，但如何选择图样并没有太多的技术细节，目前来看，PDMA 在 5G 标准化的道路上还有待进一步的发展。

相比于正交多址技术，非正交多址技术能获得频谱效率的提升，且在不增加资源占用的前提下同时服务更多用户。从网络运营的角度，非正交多址具有以下三个方面的潜在优势：

① 应用场景较为广泛。非正交多址技术对站址、天面资源、频段没有额外的要求，潜在可应用于宏基站与微基站、接入链路与回传链路、高频段与低频段。而且，终端和基站基带处理能力的不断增强将为非正交多址技术走向实际应用奠定日益坚实的基础。

② 具有鲁棒性。非正交多址技术在接收端进行干扰删除/多用户检测，因此仅接收端需要获取相关信道信息，一方面减小了信道信息的反馈开销，另一方面增强了信道信息的准确性，使其在实际系统中(特别是高速移动场景中)具有鲁棒性。

③ 适用于海量连接场景。非正交多址可以显著提升用户连接数，因此适用于海量连接场景。特别地，基于上行 SCMA 非正交多址技术，可设计免调度的竞争随机接入机制，从而降低海量小包业务的接入时延和信令开销，并支持更多及动态变化的用户数目。

6.2.3 超密集组网技术

1. 超密集组网的概念与挑战

移动数据业务飞速发展，但是频谱资源稀缺，因此仅依靠提升频谱效率无法满足移动数据流增长的需求。提高单位面积内的微基站的密度是解决热点区域移动数据流量飞速增长的一个有效途径。超密集组网(UDN)是在现有微基站技术的基础上的研究，在 5G 阶段引起普遍关注，异构的超密集网络如图 6.9 所示。

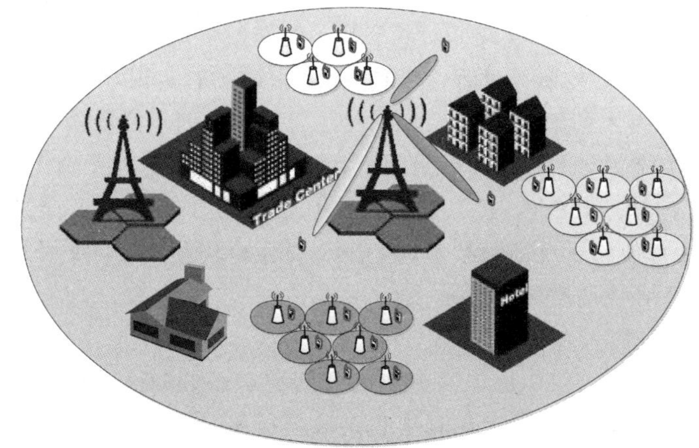

图 6.9 异构的超密集网络

虽然 UDN 可以带来可观的容量增长，但是在实际部署中面临着巨大的挑战：一方面，随着小区密度的增加，小区间的干扰问题更加突出。干扰是制约 UDN 性能最主要的因素，尤其是控制信道的干扰直接影响整个系统的可靠性。另一方面，用户的切换率和切换的成功率是网络重要的关键性能指标。随着小区密度的增加，基站之间的间距逐渐减小，这导致用户的切换次数和切换失败率显著增加，严重影响用户的体验。

目前，UDN 的核心技术包括干扰协调、无线回传、网络动态部署、SDN 和 UDN 结合四个方面。

2. UDN 应用场景

我们知道，5G 典型场景涉及未来人们居住、工作、休闲和交通等各种区域场景，其中热点地区是超密集组网的主要应用场景。下面分别介绍 UDN 主要应用场景的特点。

(1) 办公室场景

办公室场景上下行流量密度要求都很高。在网络部署方面，采用室内微基站覆盖室内用户。在办公室场景中，各办公区域内无内墙阻隔，因此小区间干扰较为严重。

(2) 密集住宅场景

密集住宅场景的下行流量密度要求较高。在网络部署方面,采用室外微基站覆盖室内和室外用户。

(3) 密集街区场景

密集街区上下行流量密度要求都很高。在网络部署方面,采用室外或室内微基站覆盖室内和室外用户。

(4) 校园场景

校园的主要特点是用户密集,上下行流量密度要求都较高;站址资源丰富,传输资源充足;用户静止或移动。在网络部署方面,采用室外或室内微基站覆盖室内和室外用户。

(5) 大型集会场景

大型集会场景上行流量密度要求较高。在网络部署方面,采用室外微基站覆盖室外用户。在大型集会场景中,小区间没有阻隔,因此小区间干扰较为严重。

(6) 体育场场景

体育场场景上行流量密度要求较高。在网络部署方面,采用室外微基站覆盖室外用户。在体育场场景中,因此小区间干扰较为严重。

(7) 地铁场景

地铁场景上下行流量密度要求都很高。在网络部署方面,采用车厢内做基站覆盖车厢内用户。由于车厢内无阻隔,因此小区间干扰较为严重。

6.2.4 高频段通信技术

1. 无线频谱分配现状

随着移动通信技术的飞速发展,数据业务流量呈爆发式增长,人们对无线频谱的需求逐渐增加。根据预测,2020 年移动数据业务量将达到 2013 年数据流量的几十甚至上百倍,并且未来移动数据业务量还将持续增长。为了满足上述需求,需要先进的技术提高频谱利用率,如大规模天线、超密集组网等技术;同时也需要更多的无线频谱。然而,无线频谱是宝贵的不可再生资源,合理划分频谱资源具有十分重要的意义。

电磁波在传统 6GHz 以下的 IMT 频谱具有较好的传播特性,但是由于该频段频谱资源稀少并且带宽相对较窄,因此需要探索 6GHz 以上的高频频谱。由于高频段与低频段的传播特性存在差别,如何克服高频传播特性差的缺点,并且有效利用高频段带宽大、波长短等优势,是今后研究的重要方向。中国无线电频谱分配情况如图 6.10 所示。

2. 高频段选取原则

高频频段的选择包括以下原则:

① 频段的业务类型。6GHz 以上频段的主要业务类型包括固定业务、移动业务、无线定位、固定卫星业务等,所选择的候选频段必须支持移动业务类型。

② 电磁兼容(EMC)。确保所使用的高频段与其他系统的电磁兼容,避免系统间存在干扰共存问题。

③ 频谱的连续性。5G 系统要求在高频段有较宽连续频谱(如超过 500MHz)。

④ 频谱的有效性。考虑所选择频段的传播特性,以及设备器件的工业制造水平等因素,以确保通信系统具有较好的可实现性。

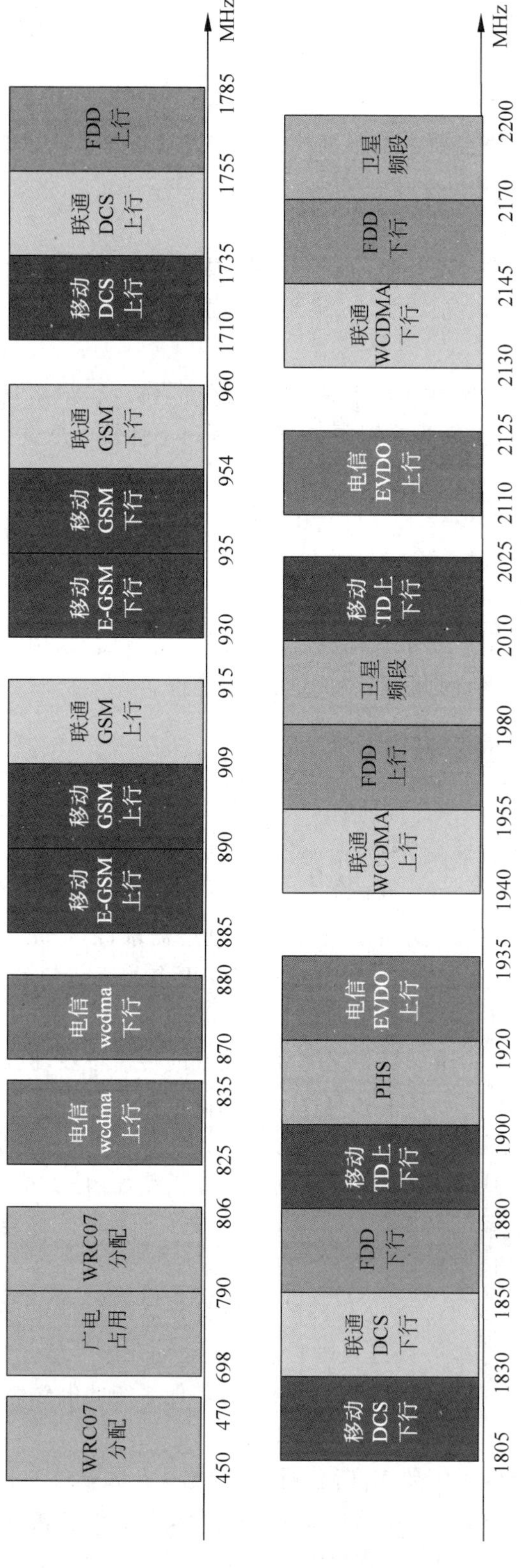

图 6.10 中国无线电频谱分配

3. 毫米波通信

目前,商用的蜂窝频段主要在3GHz以下,频谱资源十分拥挤,可用带宽有限,而高频段可用资源丰富(在3～300GHz约有252GHz可用频段),可以有效缓解频谱资源紧张的现状,并满足5G容量和传输速率的要求。毫米波是指频率为30～300GHz,波长范围在1～10nm的频谱资源。由于毫米波波长很短,因此传输损耗更大。然而,采用毫米波频段,单位面积上发射机和接收机可以配置更多的天线,获得更大的波束成形增益,因此可以补偿额外的路径损耗。当然,3～30GHz的微波频段只是为了满足5G极端要求。在一般情况下,低频段在实现上更具有吸引力,而且系统化风险较小。

高频率可以使用更大的带宽,但对于终端和系统具有更多的复杂性,并且给无线通信提出了很多挑战。可视距路径的大尺度损耗通常遵循自由空间的损耗值,与相对于各个方向的辐射衰减值以及工作频率的增加值的平方成正比。在不同的频率下,如果发送或接收天线的孔径大小保持不变,则恒定耦合损耗可以保持与频率无关。各个方向的频率相关的辐射衰减,也就是自由空间损耗,通常比用在发射器和接收器高增益天线的补偿更多。在移动通信中,如果采用在毫米波频段,需要自适应天线阵列或高阶扇区的波束赋形。

毫米波虽然具有高度方向性的传输特性,可以显著提高信噪比(SNR),但是由于硬件的技术限制,天线端口的低功率将限制面积覆盖率。典型的部署将采用目前LTE使用的低毫米波频段的站址网络,这些站址之间的距离大概为40～200m。例如,采用部署在屋顶以上的宏基站来提供覆盖,而街道的微基站主要提供覆盖延伸。30GHz以上的频谱在视距的环境中效果较好,通常部署在允许电磁场的传播的典型内部或外部空间。在这种环境中的覆盖是通过部署密集网络节点来提供的,这些节点往往部署在汇聚业务的热点周围。60GHz以上的毫米波频段,更适合用于回传的短距离点对点链路。这些频段通常支持比接入链路更高的带宽,并可以支持对数据平面的高可靠性的性能要求,以及提供用于链路管理和无线系统监控的额外带宽。另外,这些频段也将用于高带宽需求的短距离应用,如视频传输、增强或虚拟现实等应用。

4. 可见光通信

可见光通信(Visual Light Communication)是基于白光LED的短距离无线通信技术,波长范围为380～780nm(带宽400THz)。VLC将信息高速加载到LED光源上,传输至覆盖区域的接收终端。接收端经过光电转换而获得信息,信息速率可达数10Gb/s。相对于现有蜂窝通信、WiFi和蓝牙等通信方式,可见光通信传输频带宽(频谱带宽是无线电频谱带宽的万倍)、保密性强(不易穿透障碍物)、无电磁干扰、无须频谱认证、无线电辐射和节约能源等优势。

可见光通信的原理:发射部分主要由白光LED光源和相应的信号处理单元组成,在发射端,基带数据通过电力线传输到发送设备中,LED光源发出的已调制光以很大的发射角朝各个方向传播。在接收端,利用光探测器接收光信号,完成光/电信号的转换,最后解调转换过来的电信号并将其输出。接收端主要包括能对信号光源实现最佳接收的光学系统,将光信号还原成电信号的光电探测器和前置放大电路,以及将电路信号转换成可被识别的信号处理和输出电路。

当前,可见光通信技术仍然不够成熟,要成功商用,需要克服一些技术难点:室内光源的布局;上行链路的实现技术;高性能调制解调技术;信道复用技术。

可见光通信应用场景有:室内高速宽带接入;飞机和高铁应用;汽车通信;保密通信;

智能家居；室内购物导航等。

6.2.5 灵活双工技术

双工技术是为解决通信节点实现收发双向通信的技术。传统上，通信系统分为单工系统、半双工系统和全双工系统，其中，单工系统是指通信节点只能进行接收或者发射，如寻呼系统；半双工系统是指通信节点可以进行收发双向传输，但是在某个时刻只能进行接收或者发射，如对讲机；全双工是指通信节点能够同时进行接收和发射，如无线电话系统。传统的双工模式包括频分双工（FDD）和时分双工（TDD），前者为发射和接收设置不同频率的信道，后者为发射和接收设置不同的时隙。

在传统 LTE 系统中，双工方式支持 FDD 和 TDD 模式。一方面，它在面对不同的业务需求时，不能灵活地调整资源提升资源利用率；另一方面，它面对爆发式的业务增长和稀缺的频谱资源时，难以满足业务需求。因此，传统的 TDD 和 FDD 模式不可避免地存在资源浪费问题。未来移动流量将呈现多变特点，上下行业务需求随时间和地点变化。现有通信系统固定的时频资源分配方式，很难满足不断变化的业务需求。提升 FDD 和 TDD 的频谱效率，消除频谱资源管理方式的差异性是未来移动通信技术发展的目标之一。

1. 动态灵活双工

以 FDD 为例，采用 FDD 模式的移动通信系统必须使用成对的收、发频带，在支持上、下行对称的业务时能充分利用上下行的频谱，如语音业务。然而，在实际系统中，有很多上下行非对称的业务，此时 FDD 系统的频谱利用率会大大降低。如表 6.3 所示，不同业务、不同场景上下行流量的需求差别很大。因此采用成对的收发频带的 FDD 系统不能很好地匹配 5G 不同场景、不同业务的需求。

表 6.3 不同业务上下行流量比例

业务种类	上行/下行流量平均比例
在线视频	1∶37
软件下载	1∶22
网页浏览	1∶9
社交网络	4∶1
邮件	1∶4
PSP 视频共享	3∶1

灵活双工根据上下行业务变化情况动态分配资源，从而提高系统资源利用率。灵活双工可以通过时域和频域方案实现。在 FDD 时域方案中，每个小区可以根据业务需求量将上下行频段配置成不同的上下行时隙比。在频域方案中，上行频段配置为灵活频带以适应上下行非对称业务需求。而在 TDD 系统中，可以根据上下行业务需求量决定上下行传输的资源数目。

灵活双工的技术难点在于不同设备上下行信号间的干扰。因此，根据上下行信号的对称性原则设计 5G 系统，将上下行信号干扰转化为同向信号干扰，应用干扰消除或者干扰协调技术处理信号干扰。而小区间上下行信号相互干扰，主要通过降低基站发射功率的方式，使得基站功率与终端达到对等水平。

灵活双工技术可应用于低功率节点微基站。在低功率节点的微基站中,由于上、下行发送功率相当,灵活频带的上、下行变化而引起的邻频干扰问题将得到缓解。载波聚合和非载波聚合的场景都可以采用灵活双工技术。

2. 同时同频全双工

在采用传统双工方式的系统中,发射和接收均采用正交的信道资源,因而发射和接收信号之间不存在干扰。作为5G候选技术,同时同频全双工技术也被称为单信道全双工技术,是指在相同的时间和频率资源上进行发射和接收,通过干扰消除的方法降低发射和接收之间的干扰。FDD、TDD与同时同频全双工技术对比图,如图6.11所示。

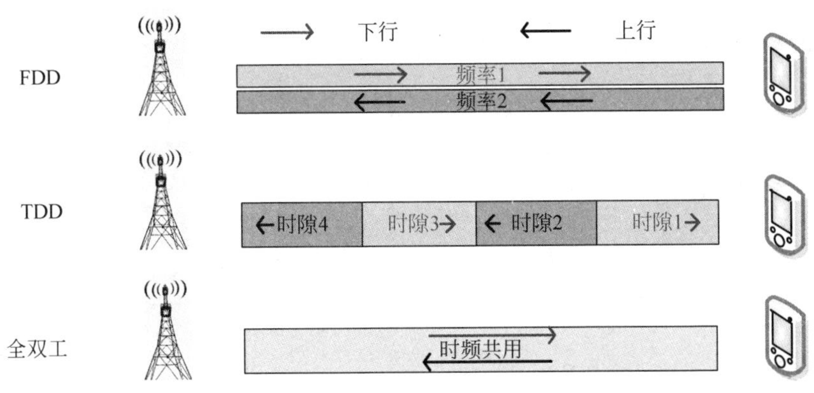

图6.11 FDD、TDD与同时同频全双工技术

在同时同频全双工通信中,由于接收和发射使用同一物理信道进行信号传输,因而发射信号会对自身接收机产生非常大的干扰。如何处理干扰是同频同时全双工技术需要解决的首要问题。另外,由于接收和发射复用同一条物理信道,因而该条物理信道的使用效率获得了提高。如果收发之间的干扰能够被理想地消除,那么理论上可以将频谱效率提高一倍。

但是,由于发送信号的功率远远大于接收信号,因而自干扰信号在量化时能够跨越大部分的量化动态范围,会造成有用信号完全被淹没的现象。因此,需要在模拟域通过技术手段消除足够的自干扰,从而使得数字域的进一步抑制成为可能。近年来随着天线技术、MIMO技术和干扰消除技术等方面的研究发展,通过综合使用天线消除、模拟消除和数字消除技术,可以将强自干扰抑制到一个较低的水平,最终将实现接收信号的解调。

6.2.6 终端直连技术

在现有的无线蜂窝通信系统中,终端设备之间的通信都是由无线通信运营商的基站控制,但不能进行直接的语音或数据通信。一方面,终端通信设备的能力有限,如手机发射功率较低,无法在设备间进行任意时间和位置的通信。另一方面,无线通信的信道资源有限,需要规避使用相同信道而产生的干扰风险,因此需要一个中央控制中心管理协调通信资源。两个终端之间进行通信一般都需要经过基站以及核心网设备的中转,通信过程由基站转接分为两个阶段:终端到基站,即上行链路;基站到终端,即下行链路。这种集中式工作方式便于对资源和干扰的管理与控制,但资源利用效率低,层层转发中转增加了端到端的传输时延,使得一些5G的业务需求无法满足。

1. D2D 技术

为了提高蜂窝通信系统的资源利用率，同时利用短距通信的技术优势，人们提出将蜂窝通信网络与短距通信技术相互结合。在某些特定的场景中，例如，进行通信的终端之间距离在一定范围内时，终端之间直接进行数据的收发可以显著提高蜂窝系统的频谱利用效率。在 5G 系统中，会出现由网络控制的直接 D2D(Device to Device)通信，这样的通信方式提供了管理局部短距离通信链路的方式，并允许本地流量从全局网络(本地流量)分流出来。这不仅减少了回传网络和核心网络数据流量压力以及相关信令的负载，也降低了中心网络节点流量管理的要求。直接 D2D 通信延展了分布式网络管理，将终端设备整合到网络管理概念之中。具有 D2D 通信能力的无线终端可以扮演两个角色：作为基础设施节点和作为传统的终端设备。D2D 通信系统如图 6.12 所示。

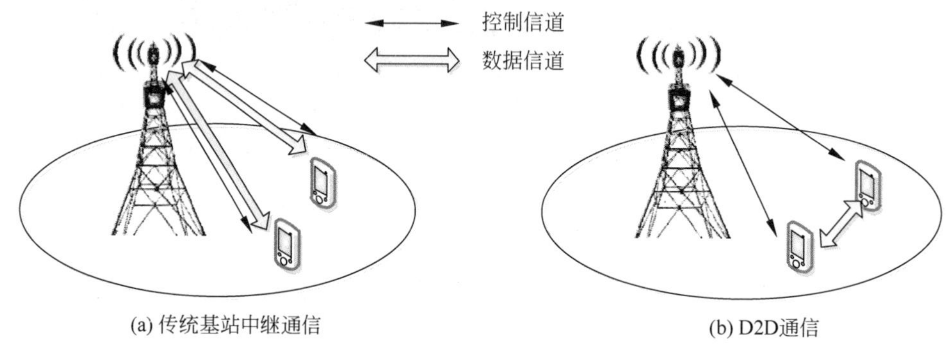

图 6.12　D2D 通信系统

D2D 通信技术工作在许可频段，并且是在蜂窝系统的控制下允许终端用户通过共享蜂窝资源进行直接通信的新技术，其干扰将会受到较好的控制和管理，传输的可靠性也会得到保障。蜂窝网络中引入 D2D 通信，可以减轻基站负担，减小通信时延。与通过基站中转的通信相比，D2D 通信仅占用一半的频谱资源。此外，距离较近的用户利用 D2D 通信可降低传输功率，减少能耗。因此，D2D 通信被视为未来移动通信的关键技术。当然，蜂窝网络引入 D2D 通信也带来了一些挑战，如 D2D 链路的建立，D2D 通信与蜂窝通信的无缝切换，D2D 通信复用蜂窝用户频谱时引入的干扰等。

2. D2D 应用场景

目前，社交网络、短距离数据共享、本地信息服务等应用的普及，使得 D2D 通信的需求逐渐增加。例如，通过邻近终端的感知，判断感兴趣的终端是否在附近，从而决定是否发起会话等社交应用。另外，利用 D2D 技术，在健身场所向用户发送运动服饰、体育器械的广告；基于高速数据连接的本地互动游戏；基于本地化应用的公共服务，如在博物馆内向用户发送展馆展品等信息。这些本地化应用的一个共同特征是通信的多方集中在一个地理区域内，终端之间直接进行通信是高效的传输方式。

公共安全，该应用包括公安、消防、抢险、灾难救援等，公共安全应用的场合经常会出现蜂窝网络覆盖不足的情况。这种情况下，为了维持必要的通信，终端之间直接进行通信是必须要支持的功能。

工业物联网中 M2M 模式的自动设备监控与信息共享等应用中，网关、传感器等实体之间需要能近距离高效通信的技术。

在网络覆盖较差的区域，可利用附近的手机终端进行协作中继，保持与基站的通信也是一种基于位置的D2D通信方式。

6.3 未来无线移动通信展望

在过去的几十年中，无线移动通信产业经历了数次的技术变革，在市场和需求的牵引下出现了大量的技术创新。目前，无线移动通信领域的技术发展速度进一步加快，技术竞争加剧，新业务不断推出，未来的无线移动通信的发展将有以下6个趋势：

① 移动通信需要更强(相比于5G系统)的数据承载能力。目前，全球移动通信网络每天交换大约 1×10^{6} TB的数据。可以预计，未来移动通信用户间交换的数据量将会继续增加，这需要移动通信可以提供更强的数据承载能量。

② 移动通信网络需要更加智能化。由于移动网络的复杂性和网络规模扩大，网络可以结合人工智能(AI)方法，从经验中自我学习和自我优化。根据用户的实际业务体验、基于情境感知的决策与组网等，自动地对自身进行完善，以支撑更加新型的业务。

③ 移动通信系统具有更高的安全性需求。物联网将使得移动网络和物理基础设施更接近，万物互联使得网络安全和数据隐私问题成为移动通信非常突出的问题。量子计算和量子网络等新型技术有一定的研究价值。

④ 移动通信需要提供更佳的用户体验。通过各类无线传感和穿戴设备，移动网络通过改善远程互动的质量(例如全息通信)，提升用户体验。

⑤ 移动通信系统需要提升更高的频谱使用效率。由于频谱资源的稀缺，未来动态频谱分配、NOMA等技术仍然有很大的研究空间。另外，高频段可以提供更高的数据率，例如太赫兹、可见光通信等。

⑥ 卫星通信将在移动通信中发挥更大的作用。未来无线通信系统将是一个地面无线与卫星通信融合的全连位世界，实现全球无缝覆盖。

第7章 网络交换技术趋势

CHAPTER 7

每一种新网络与交换技术的出现，都是因为网络业务需求发生了变化，本章从业务需求出发，探讨 SDN、NFV 以及 ICN 的基本概念、核心思想、体系结构以及它们之间的联系。

7.1 SDN

全球化竞争的压力迫使各个运营商和企业要不断利用技术创新来提高自己的竞争力，在这个过程中，IT 技术不断演进、转变，以适应这种需求。IT 技术的这种演进和转变无论从云服务提供商(百度、腾讯、亚马逊等)还是电信运营商来看都在显著地发生。如数据中心里面的多租户环境的创建，从应用的角度来看很好、很强大，带来了很多好处，但是也很复杂，给早已不堪重负的传统 IP 网络架构带来了沉重的压力。为了进一步看清楚这些问题，先看看数据中心网络或者运营商网络发生的一些显著变化的趋势。

① 数据中心的合并。现在越来越多的企业在减少自己内部网络的投入，将部分网络或者全部网络移到了公有云提供商处，可以认为越来越多的企业自己的中小数据中心被合并到了一个很大的数据中心，对这些大的数据中心来说，意味着有更多的设备、更复杂的布线和更多的网络流量。

② 服务器虚拟化。为了充分利用资源，降低成本，并且减少宕机事件，越来越多的数据中心里面部署了服务器虚拟化，大量的虚拟服务器和用于访问它们的虚拟网络被广泛地集成到物理网络基础架构中。如何有效地管理这些数量巨大的虚拟机和虚拟网络是一个很大的问题。

③ 新的应用架构。当前，有很多企业或者组织正在大量部署基于 Web 的应用(例如，我们的在线课程和在线实验只需要标准的浏览器就可以使用很多网络资源、享用网络提供的许多便捷服务)，这些应用促使数据中心创建大量的服务器到服务器之间的通信连接，同时要求不同应用之间相互隔离。数据中心从传统的基于数据转发的模式转换到了基于服务的递交模式，这使得数据中心变得更趋向于动态、复杂，传统的网络架构不再适合。

④ 云计算。事实上，云计算是近几年 IT 领域发展最迅速的技术。它要求企业能够用更加敏捷有效的技术来快速响应云计算业务需求，也对网络架构提出了新的需求。

⑤ BYOD 现象。BYOD 是 Bring Your Own Device 的意思，指员工携带自己的 IT 设备到单位上班，包括笔记本计算机、智能手机、PAD 等，这给现有的单位里面的无线网络的流量、安全和管理带来了压力。

总结一下就是，网络业务的发展要求管理员能够管理越来越复杂的网络和设备，部署各种各样复杂的应用，以及应对越来越大的数据流量。这样，如何能够方便快捷地部署和管理这些应用、设备、网络，减少操作失误和操作时间，减少网络故障概率和恢复时间，就变得尤为重要。以上变化趋势主要发生在数据中心、运营商以及大型企业网内部。

为克服上述问题，近年来出现了 SDN(Software Defined Networking，软件定义网络)、NFV(Network Function Virtualization，网络功能虚拟化)、云计算、雾计算和移动边缘计算等新技术。SDN 重新定义了网络架构，通过控制平面和转发平面的解耦，实现了网络资源的池化，这彻底改变了原来垂直封闭的产业形态，使网络实现更加集中和更具全局视图的管理，以确保更佳的网络资源配置、更高的效率和更简单的软件升级。而 NFV 通过软硬件解耦及功能抽象化，构建云资源池，网络设备功能将不再取决于个别硬件，网元可以共享统一的硬件平台，实现设备的通用化、业务快速部署，从而大大提高网络资源利用率、部署和运维的效率、业务上市时间。而 SDN 和 NFV 技术的出现与发展，都和云计算有着密切的关联。

7.1.1　SDN 的核心思想

现有网络如何顺应历史发展趋势、满足网络发展的新需求？这里先简单回顾传统 IP 网络的工作原理。对于传统 IP 报文转发，我们当时用这个图来说明它的工作原理，可以看到，传统 IP 网络报文的转发是在每个路由器运行路由协议生成了路由转发表之后，按照 hop by hop 这种一跳接一跳的方式，在每个路由器节点中采用最长匹配原则来转发报文，使得转发速度低。多协议标记交换技术 MPLS 出现之后，在支持 MPLS 协议的路由器之间，运行路由协议、标记分配协议之后，生成标记转发表，从而形成标记转发路径。此时不再需要最长匹配，报文可以按照这条路径来转发报文，提高了报文转发速度。

接下来回顾 IP 网络中的设备——路由器的结构。路由器的结构包括两个部分：一个是运行路由协议(包括标记分配协议)的平面，称为控制面；另一个是包含了转发表的平面，称为数据平面，负责将用户的业务数据转发到指定的目的地。这两个部分包含在同一个设备即路由表中。

IP 网络中有对网络运行维护管理的网管平台，称为管理面。管理面主要完成网络设备管理和业务管理。设备管理负责对设备的电源、风扇、温度、硬件板卡、指示灯等的管理。业务管理负责对设备上的业务进行配置，包括业务数据配置、网络协议配置、安全数据配置等。例如，运营商设备中配置了我们的手机号码信息，我们才可以打电话和漫游。学校服务器配置了 VPN 功能，我们才可以在家免费下载知网和国外数据库的文献。

管理平面把路由协议等信息配置到每个路由器以后，这些路由器按照路由协议的规则独立地分布式运行，所以控制面是分布式控制。因为控制面和数据面合在一起，因此数据面也是分布式。所以，传统 IP 网络是一种分布式控制的网络。

现在 IP 网络使用的路由协议均是动态协议(例如 RIP/OSPF/BGP)，报文转发路径都是通过这些动态协议计算的，管理员很难知道某个业务的报文走的是哪一条路径，也比较难去搞清楚哪里发生了拥塞，以及是不是有更优的路径存在。就算有更优的路径，也很难快速把这个业务切换到更优的路径上去，因为路径不是管理员指定的，而是协议计算出来的。要想改变报文转发路径，就要对协议进行修改，而修改协议时只能对 IP 地址等有限的参数进行修改。

以上就是传统网络的特点。针对网络发展趋势和传统网络的特点，SDN可以做点什么呢？SDN(Software Defined Network)从路由结构上进行如下创新。

① 控制面和转发面解耦。控制面和数据面相互独立，网络的控制和转发相互分离。数据平面的设备称为SDN交换机，数据平面的功能还是报文转发，还是原来的分布式工作方式。

② 控制功能集中起来，形成集中式的SDN控制器。一个控制器可以控制多个转发器，形成了集中式的控制平面。

③ 控制器与交换机、与网络管理等功能之间，定义标准化的接口。通过下面这个接口，控制器可以收集交换机的各种信息(例如接纳的用户数、端口速率等)，从而掌握网络运行的状态。通过上面的接口，其他应用程序可以调用控制器中的这些信息，从而可以根据某种策略去影响交换机的报文转发规则，快速动态地调整网络资源，实现网络资源使用的最优化，满足用户业务的服务质量要求。

④ 原来需要程序员在每台路由器上操作的各不相同的上万条的指令，在SDN架构下，却可以自动地进行。这种结构上的改变，最终的目的是实现网络业务的快速自动化部署，同时减少网络的运维成本。

7.1.2 SDN的网络架构

SDN是一种新型的网络架构，其将控制平层和转发层分离，同时将编程接口软件化、开放化，极大地提高了网络控制和业务部署的灵活性。

SDN网络架构可以用三层接口来描述，从下往上依次是基础设施层(Infrastructure Layer)、控制层(Control Layer)和应用层(Application Layer)。三个接口分别是南向接口(Southbound Interface)、北向接口(Northbound Interface)和东西向接口(East-West Interface)。SDN网络架构如图7.1所示。

1. SDN网络的三层结构

(1) 基础设施层

这一层也叫网络设备层(Network Devices)，这一层的功能抽象为转发(Forwarding)，所以也就是我们之前说的转发面或者数据面。实际设备可以是物理的硬件交换机，也可以是虚拟的软件交换机，当然也可以是别的物理设备，比如路由器。所有的转发表项(在SDN网络中称为流表)都存储在这些设备里面，用户数据报文在这里被处理、转发。

网络设备通过南向接口接收控制器发过来的指令，配置位于交换机内的转发表项，并可以通过南向接口主动上报一些事件给控制器。

(2) 控制层

控制层是SDN网络的核心，因为它向上提供应用程序的编程接口，向下控制硬件设备，处于战略位置。一个SDN网络中可以有多个控制器。控制器之间可以是主从关系(只能有一个主，可以有多个从)，也可以是对等关系。一个控制器可以控制多台设备，一台设备也可以被多个控制器控制。通常控制器都是运行在一台独立的服务器上，比如一台x86的Linux服务器或者Windows服务器。

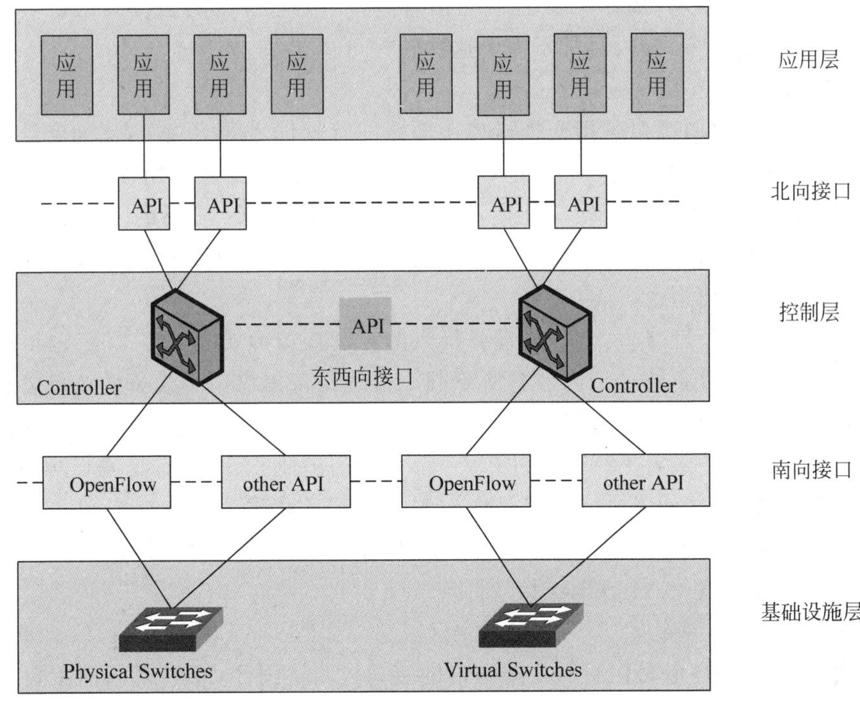

图 7.1 SDN 网络架构

(3) 应用层

Application Layer，也称为 Service Layer。Application Layer 可以理解为用户可以使用哪些应用，就像我们用的微信、淘宝、京东等各种 App。Service Layer 是网络可以向用户提供哪些服务，例如全国漫游无限量、4K 高清视频等。总之，网络就是要有一个提供服务/业务的层次。SDN 网络中的应用有很多，包括负载均衡(load balancing)、安全(security)、拥塞监测和管理、时延监测和管理、拓扑发现(Link Layer Discovery Protocol，LLDP，链路层发现协议)、网络运行情况监测(monitoring)等很多服务。这些服务最终都以软件应用程序的方式表现出来，代替传统的网管软件来对网络进行控制和管理。它们可以和控制器位于同一台服务器上，也可以运行在别的服务器上。

2. SDN 网络的三个接口

(1) 南向接口

南向接口是控制面与数据面之间的接口。SDN 控制器通过南向接口向 SDN 交换机下发流表，SDN 交换机根据流表处理和转发报文。通过 SDN 控制器实现了网络的可编程，从而实现资源的优化利用，提升网络管控效率。最知名的南向接口是 OpenFlow 协议，OpenFlow 已经获得了业界的广泛支持，并成为 SDN 领域的事实标准，OVS(Open vSwitch，开放虚拟交换标准)交换机就能够支持 OpenFlow 协议。南向接口也有其他的协议。目前研究问题：高性能转发技术、SDN 交换机与传统交换机的混合组网等。

这个接口主要用于控制器和转发器之间的数据交互，包括从设备收集拓扑信息、标签资源、统计信息、告警信息等，也包括控制器下发的控制信息，比如各种流表。目前主要的南向接口控制协议包括 OpenFlow 协议、Netconf 协议、PCEP(Path Computation Element

Communication Protocol)、BGP 等。控制器用这些接口协议作为转控分离协议。在传统网络中,由于控制面是分布式的,通常不需要这些转控分离协议。

(2) 北向接口

传统网络里面,北向接口是指交换机控制面跟网管软件之间的接口,比如电信网络里面的简单网络管理协议 SNMP 等。在 SDN 架构中,它是指控制器跟应用程序之间的接口,目前该接口尚无标准化,因为这个接口比南向接口复杂得多,SDN 应用的多样性使得北向接口的需求多变,进而导致北向接口标准化面临挑战。各标准组织逐渐倾向采用统一的信息模型,前景美好,任重而道远。

这个接口是一个管理接口,与传统设备提供的管理接口形式和类型都是一样的,只是提供的接口内容和传统设备的接口内容有所不同。传统设备提供单个设备的业务管理接口或者称为配置接口,而现在控制器提供的是网络业务管理接口,例如,我们可以直接在网络中部署一个虚拟网络业务或者 L2VPN 的 PW(Pseudowire)业务,而不需要关心网络内部到底如何实现这个业务,这些业务的实现都是由控制器内部的程序完成的。实现北向接口的协议通常包括 RESTFUL 接口、Netconf 接口以及 CLI 接口等传统管理接口协议。华为提出了一种基于意图的接口——Internet 接口。

(3) 东西向接口

SDN 东西向接口是定义控制器之间通信的接口。目前对于 SDN 东西向接口的研究还处于初级阶段,标准的 SDN 东西向接口应与 SDN 控制器解耦,能实现不同厂家控制器之间通信。目前的设计方案有两种,一种是垂直架构的,另一种是水平架构的。垂直架构的实现方案是在多个控制器之上再叠加一层高级控制层,用于协调多个异构控制器之间的通信,从而完成跨控制器的通信请求。水平架构中,所有的节点都在同一层级,身份也相同,没有级别之分。目前比较常见的架构为水平架构,比如华为的 SDNi(SDN interface)。垂直架构目前在中国移动提出的 SPTN(Software-defined Packet Transport Network,软件定义分组传送网)架构中有涉及。

SDN 网络在和其他网络进行互通,尤其是和传统网络进行互通时,需要一个东西向接口。比如和传统网络互通时,SDN 控制器必须和传统网络通过传统的路由协议对接,需要控制器支持传统的 BGP(Broad Gateway Protocol,边界路由协议)。也就是说,控制器需要实现类似传统的各种跨域协议,以便能够和传统网络进行互通。

SDN 网络为什么要和传统网络进行互通呢?主要的原因是现在的运营商网络已经大规模部署了传统的分布式网络,我们不可能一夜之间把所有的网络都升级到 SDN 网络,所以 SDN 网络在现网部署是逐步验证、逐步部署的过程。比如,在某个局部部署了 SDN,如果它是一个孤立的网络,那这个孤立的 SDN 网络就没有任何用处,所以一定需要接入现存的网络,于是与这个传统网络互通就是必要的。SDN 控制器必须能够支持各种传统的跨域路由协议,以便解决和传统网络的互通问题。

关于东西向接口,还有一个场景需要这个接口,就是当两个网络都是 SDN 时,可以给出两个互通方案。第一个方案是 Peer 模型。这种模型下,软件定义网络接口 SDNi 就是东西向接口。这时这些东西向接口最好采用传统的路由协议(比如 BGP)进行数据交互,而不用另外创造一个新的协议来进行交互。因为 BGP 是非常成熟的域间协议,所以一个原则是跨域协议有哪些就用哪些。不过,这种 Peer 模型存在一个问题,就是当跨多个域的业务时,还需要上面有一个类似传统 OSS 的系统来完成各个控制器之间的业务配置数据的配置，以便整个网络能够协同工作。

第二个方案是 Layered 分层模型。这种分层模型下，域控制器之间没有东西向接口，都被南北向接口替代了。因为此时域控制器之间的数据交互都通过一个父控制器（Super Controller）完成。Layered 分层模型有效地把东西向接口转换为南北向接口，这种架构是更加符合 SDN 理念的一个架构。当然，需要留意父控制器和其他运营商网络之间的对接接口，这个接口无论如何是一个东西向接口，因为要和其他运营商网络互通，东西向协议接口是必需的。因为运营商之间的网络必须考虑使用标准协议对接，并且一定是跨域的。结论是，即使 Layered 模型成功地使域控制器之间不需要运行东西接口协议，但是由于涉及跨运营商网络，控制器还是需要实现传统的跨域协议来支持运营商网络之间的互通。

在上述两种模型中，Peer 模型采用传统跨域协议对接，Layered 模型使用 SDNI 南北向接口对接，后者目前还没有成熟的标准，但是从整体架构看，Layered 模型更加符合 SDN 理念，能够支持业务快速创新能力。对于 Layered 模型，如果把域控制器和父控制器看成是一个控制器系统，那么从模型上看，控制器系统和单自治系统的一个控制器没有区别。未来运营商网络是否需要这样一个大的网络控制器系统就可以呢？未来运营商网络系统中只需要一个控制器，这个控制器是个分布式控制器集群系统（包含域控制器和父控制器），这个控制器集群系统管控着所有的运营商网络，就如同目前网络中的域名系统（Domain Name System，DNS）一样，可以理解为 Internet 网络一共就一个 DNS，但其实它是一个分层的集群系统。

综上所述，无论采用什么模型，控制器最终都需要考虑东西向接口，并且需要实现传统的跨域协议，比如 BGP 等，来完成传统网络以及跨运营商网络之间的对接。目前各家控制器平台能够很好地支持和传统网络互通的很少，比如 ODL 开源控制器目前就不支持，其主要原因是 ODL 是面向数据中心（Data Center，DC）设计的，不是面向运营商网络设计的。也有一些厂家的控制器对此支持得很好，比如华为的控制器，是面向运营商 WAN 和 DC 网络的统一控制器，能够支持与各种传统东西向接口对接。

SDN 网络工作的基本工作流程如下：

① 控制器和转发器之间的控制通道建立，通常使用传统的 IGP 来打通控制通道。

② 控制器和转发器建立控制协议连接后，需要从转发器收集网络资源信息，包括设备信息、接口信息、标签信息等，控制器还需要通过拓扑收集协议收集网络拓扑信息。

③ 控制器利用网络拓扑信息和网络资源信息计算网络内部的交换路径，同时控制器会利用一些传统协议和外部网络运行的一些传统路由协议，包括 BGP、IGP 来学习业务路由并向外扩散业务路由，把这些业务路由和内部交换路径转发信息下发给转发器。

④ 转发器接收控制器下发的网络内部交换路径转发表数据和业务路由转发表数据，并依据这些转发表进行报文转发。

⑤ 当网络状态发生变化时，SDN 控制器会实时感知网络状态，并重新计算网络内部交换路径和业务路由，以确保网络能够继续正常提供业务。

7.2 NFV

7.2.1 NFV 的基本概念

通信行业要求网络具有高可靠性和高性能，因此传统通信网络通常采用软硬件一体化的专用硬件和封闭系统。但是随着移动宽带的发展，传统语音业务收入逐步降低，而流量却呈指数级增长。传统通信网络采用专用硬件和专用软件的建设方式，升级改造复杂度高，业务创新周期长，难以满足新业务快速部署和网络灵活调整的要求。而在互联网领域，虚拟化和云计算技术的应用实现了设备的通用化、业务快速部署、资源的共享和灵活管理。于是，全球顶级电信运营商共同提出了网络功能虚拟化（Network Function Virtualization，NFV）的概念。

与 SDN 不同的是，NFV 由运营商联盟提出，旨在通过使用 x86 等通用性硬件以及虚拟化技术，来承载多种多样的软件处理，从而降低昂贵的设备成本。NFV 主要是业务使能的创新，其着重在设备的云化，重新定义设备的基础架构，主要通过软硬件解耦实现网络功能的虚拟化，利用硬件作为资源池，根据业务量的变化自动动态伸缩，提高硬件利用率和灵活高效部署。图 7.2 给出了采用 NFV 技术后的运营商系统架构演进。

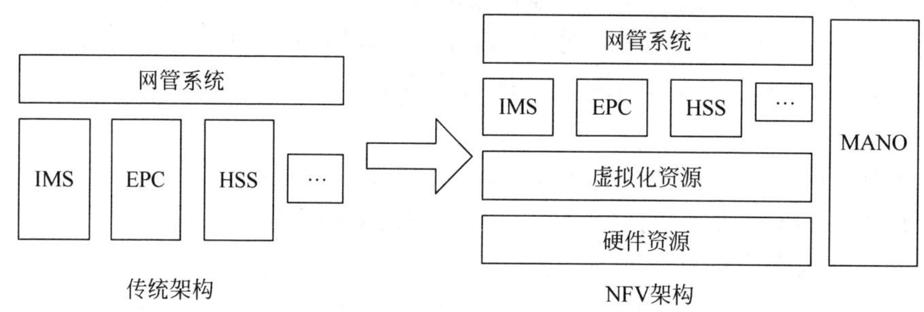

图 7.2 传统架构向 NFV 系统架构演进

7.2.2 NFV 的体系结构

目前，NFV 参考架构已基本稳定，如图 7.3 所示。它阐述了厂商为了提供 NFV 兼容性的产品可以选择实现哪个模块，NFV 架构框架的主要架构组成部分包括：

NFVI（Network Function Virtualization Infrastructure，网络功能虚拟化基础设施），包括各种计算、存储、网络等硬件设备，以及一个虚拟化层。NFVI 是所有硬件和软件资源的总和，在这些资源上建立环境来部署、管理和执行 VNF。NFVI 可以跨越不同的位置，将不同位置的硬件和软件资源整合起来，网络为这些不同位置的设备提供连接性。虚拟化层抽象化、逻辑划分物理资源，通常作为一个硬件抽象层，确保 VNF 软件能够使用底下的虚拟化的基础设施，底下的基础设施资源提供虚拟化的资源给虚拟化层之上的 VNFs。从 VNFs 的角度来看，虚拟化层和底下的硬件资源是一个单一的实体，为上面的 VNFs 提供需要的虚拟化资源。

VNF（Virtualised Network Function，虚拟网络功能），是运行在 NFVI 之上的网络功能的软件实现。VNF 作为一种软件功能，部署在一个或多个虚拟机上，并由 NFVI 来承载。

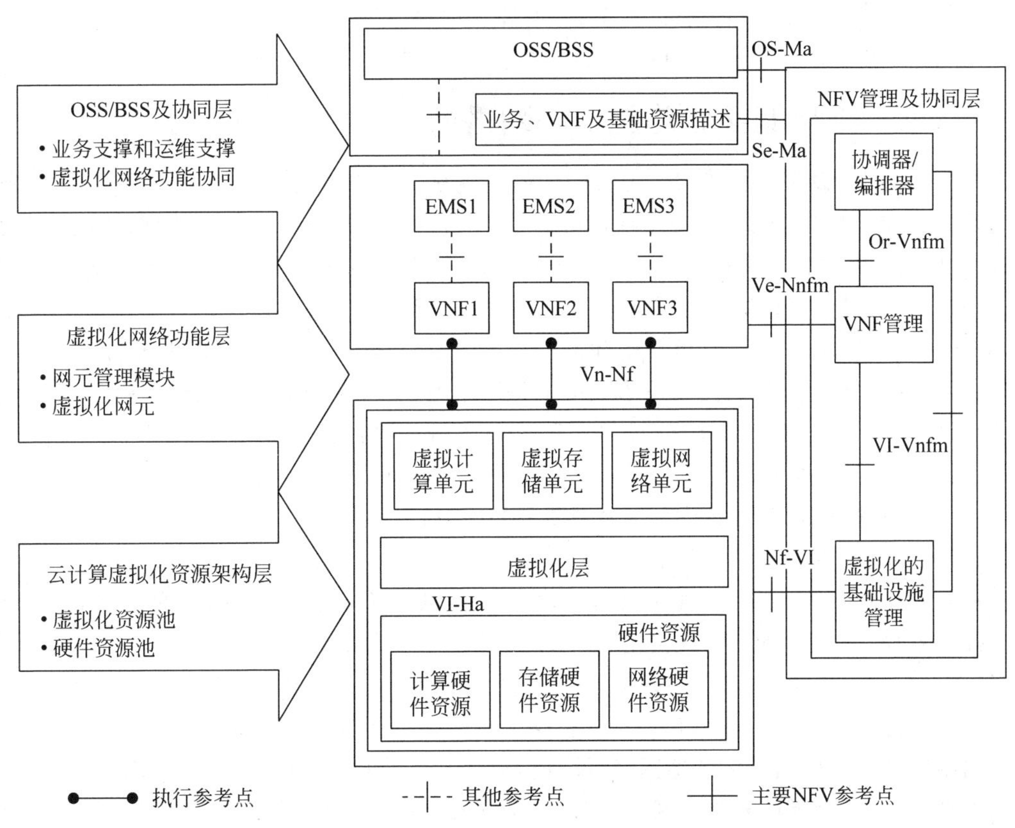

图 7.3　控制器所控网络的组成

VNF 之间可以采用传统网络定义的信令接口进行信息交互。VNF 的性能和可靠性可通过负载均衡和 HA 等软件措施以及底层基础设施的动态资源调度来解决。它可以伴随着一个元素管理系统(Element Management System，EMS)，只要它适用于这个特定的网络功能，能够理解和管理这个单个 VNF 及其特点。VNF 是一个实体，对应于今天的网络节点，现在预计将作为纯软件交付使用，免除了硬件的依赖性。网络功能虚拟化适用于在移动和固定网络中的任何数据层数据包处理和控制层功能，所提供的网络功能有交换元素(路由器)、隧道网关元素(IPSec/SSL 网关)、流量分析(DPI 深度数据包检测技术)、安全功能(防火墙、病毒扫描、入侵检测系统)等。

OSS/BSS(Operation Support System/Business Support System，运营支撑系统/业务支撑系统)。OSS 主要处理网络管理、故障管理、配置管理和服务管理，BSS 主要涉及客户管理、产品管理和订单管理等。为了适应 NFV 的发展趋势，未来的 BSS 与 OSS 将进行升级，实现与 VNF Manager 和网元编排管理的互通。

NFV MANO(Management and Orchestration，NFV 管理和编排)，包括物理资源和支持基础设施虚拟化的软件资源的编排和生命周期管理，VNFs 的生命周期管理。NFV 管理和编排主要关注 NFV 框架中特定虚拟化的管理任务。MANO 也和 NFV 外部的 OSS/BSS 通信合作，允许 NFV 能够被整合到已经存在的网络管理格局中。其中，Orchestrator 编排管理 NFV 基础设施和软件资源，在 NFVI 上实现网络服务的业务流程和管理。VNFM 实现 VNF 生命周期管理，如实例化、更新、查询和弹性等。VIM 控制和管理 VNF 与计算、存储和网络资源的交互及虚拟化的功能集。

7.2.3 NFV 的核心功能——网络切片

在 NFV 的建设中，网络切片/编排的功能实现显得尤为重要。网络编排器一方面可以助力运营商减少成本的投入与采购体量；另一方面可以缩短业务的迭代周期，助力运营商 IT 系统转向互联网化。编排系统具备四大特点，首先是面向全业务、端到端场景建设，因此系统必须用源数据、模型抽象技术来驱动；其次是业务系统和网络系统分割开，水平划分、分别专注，同时在垂直层面对运行中和运行前的系统做分割；再次是要提供运营商级的可靠性、实时性、安全性；最后是进行大数据的深度学习，实现资源的灵活、智能调度。

网络编排系统可以打破运维、业务、运营、网管等子系统之间的隔阂，将网络、平台、业务、上层应用以及运维有机整合在一起。网络切片的实现基于以 NFV 为代表的虚拟化技术，一个切片从生成到消亡的整个生命周期都必须被有效地管理。

1. 5G 网络切片的需求

2G～4G 移动网络主要服务对象是移动用户，一般只考虑手机用户业务的业务优化，5G 时代提出万物互联的愿景，物联网的发展将出现各种性能需求的新型连接。切片实现 5G 网络可定制，对于移动宽带、大规模 IoT、任务关键网络等应用场景，对于移动性、资费、传输速率、时延、健壮性等网络性能有着各自重点关注的重点指标。例如，一个部署在车间内的测量温湿度的大规模固定传感器网络，没有移动终端常见的小区切换、位置更新需求；又如自动驾驶、远程医疗等任务关键网络，需要保证毫秒级别的端到端延时。图 7.4 所示了 5G 网络切片的应用。

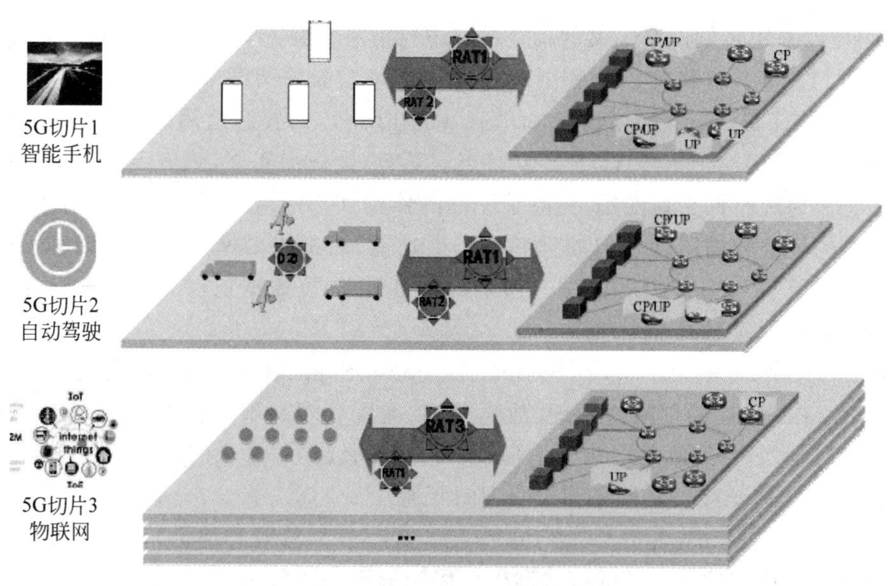

图 7.4　5G 网络切片的应用

2. 网络切片生命周期

网络切片的全生命周期管理可从创建、运行和消亡三个阶段展开：

① 创建阶段。运营商维护和更新一个网络切片模板库，新业务上线的第一步是匹配相适应的切片模板，匹配项包括虚拟网络功能组件、组件间标准化交互接口和所需网络资源的描述。切片实例化时服务引擎导入模板并解析，通过接口向基础设施提供商租用网络资源，基于业务需求实例化 VNF 并进行服务功能链的生成与编排，最后将网络切片迁移到运行态，如图 7.5 所示。

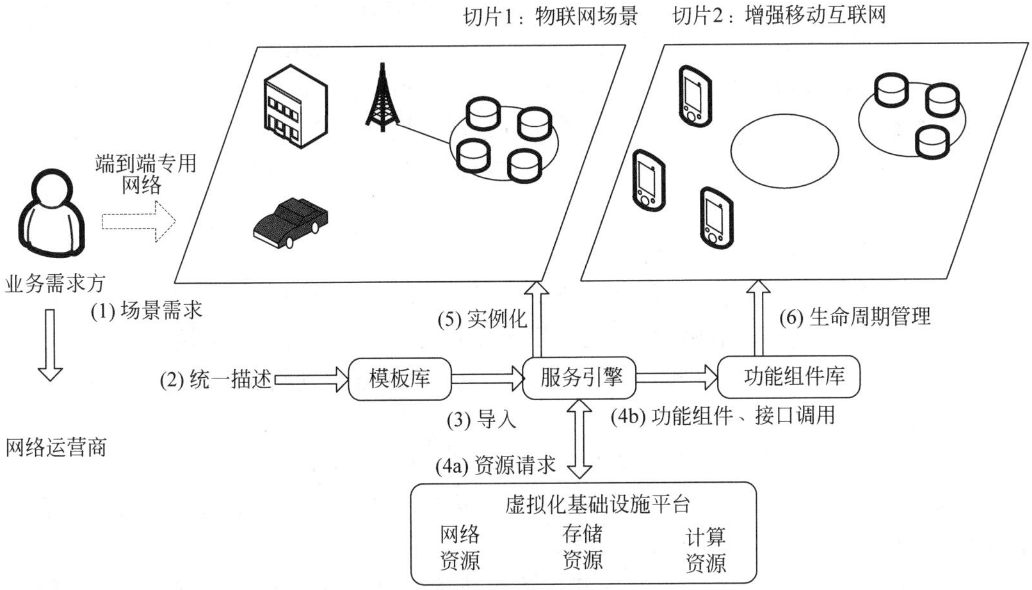

图 7.5　网络切片创建过程

② 运行阶段。MANO 对切片的运行状态进行监控、更新、迁移、扩/缩容等操作，此外 MANO 还支持根据业务负载变化进行快速业务重部署和资源重分配。网络切片技术在一个独立的物理网络上切分出多个逻辑的网络，爱立信的切片测试实现了切片在不同数据中心的灵活部署。

③ 消亡阶段。主要涉及业务下线时功能的去实例化和资源的回收，以及对资源进行评级、生成历史记录等操作，一个网络切片的消亡不能影响其他切片业务的正常服务。

3. 网络切片的编排与管理

网络切片的资源编排与故障管理问题贯穿于切片的全生命周期。不同的虚拟网络通过部署虚拟功能节点、交换节点和虚拟链路共享底层基础设施，有效的资源管理可以优化资源分配，提高基础设施资源的利用率。

(1) 网络切片的资源编排问题

网络切片实例化生成的基本问题是如何实现物理资源的优化分配，即资源编排问题。资源编排的主要功能是根据当前底层网络资源的可用信息与当前虚拟网络服务的资源请求信息，按照一定的策略在底层网络中寻找最佳的资源分配方案，在满足场景业务需求的同时提高底层资源的利用率。目前，关于网络虚拟化资源编排的研究主要是集中式的资源管理模式，如以 GENI 为代表的典型的集中式资源管理平台。

虚拟网络映射(VNE)是实现虚拟网络资源编排的关键技术之一，研究底层基础设施上部署虚拟网络的资源配置策略，实现虚拟网络间共享硬件资源，进一步实现网络切片之间共享资源。VNE包括虚拟节点映射和虚拟链路映射，VNE中的资源最优化编排是一个NP(Non-deterministic Polynomial)hard问题。VNE分为静态映射和动态映射两种：静态映射即已分配的资源在虚拟网的生命周期内是不变的；而动态映射中虚拟网络分配的资源根据流量负载动态地调整，以提高网络的整体性能。

在虚拟化的网络架构中，硬件基础设施可以由不同的设备商提供，分布部署在不同的地理位置，资源部署具有异构性和分布性的特点；用户的业务需求是动态变化的，尤其是移动通信网的用户具有移动性，虚拟网络运营商需要根据业务的变化调整不同小区间的容量；虚拟网络运营商需要根据业务需求的变化动态请求底层资源，资源的请求具有约束性以实现资源的细粒度管理。资源管理的目的是为服务请求提供物理网络资源的访问接口，虚拟化的网络环境将屏蔽物理网络资源的差异性、动态性和分布性，实现资源的抽象、统一管理与调度。

(2) 网络切片的故障管理问题

故障管理是网络切片商业化部署面临的瓶颈，是MANO设计的核心内容。在虚拟网络环境中，当虚拟网络功能故障时，需要启用预先备份的VNF或动态实例化的VNF来接管相应的功能，以保障SFC(Service Function Chain)的服务。网络服务的故障管理流程可分为故障发现、定位和恢复三个步骤。

网络切片技术给故障管理带来诸多新的挑战，可归结为以下四个方面：

① 故障机理复杂。网络具有层次结构，且不同层次的故障具有不同失效机理和影响，可靠性的检测从低维数据转变到高维数据。

② 拓扑复杂。物理元件之间的物理连接形成硬拓扑，业务功能的逻辑连接构成软拓扑，这种拓扑关系难以用简单的串并联关系来刻画。资源切片和多租户的网络形式使拓扑关系更加复杂，虚拟化使构成服务的部件分散在多个不同的地方，给原因分析带来新的困难。

③ 故障检测复杂。NFV环境下，检测方法也从传统的数值检测技术转变为机器学习检测技术。无监督的机器学习方式更适合NFV环境下的故障检测，利用动态自适应故障检测机制，如LOF(Local Outlier Factor)算法、SOM(Self Organizing Map)算法和Bayesion Network算法等。但这些算法在性能和适用场景等方面有一定缺陷，需要进一步优化和改进。

④ 可靠性计算复杂。IT化的移动通信网网络规模较大，精确计算网络可靠性难以满足效能需求，需要降低计算复杂度，或利用近似算法。此外多个虚拟网络映射在同一个物理网络上，共因故障频发导致需要新的可靠性模型。

将网络的优化转换为对网络切片的编排，通过对用户流量的统计分析，知道整网的流量分布特征，预先构造好基本切片，然后对实时的流量分析负载和需求，构造切片并将构造的结果通过OpenFlow协议流表的形式部署在交换节点上。一种网络资源控制模型的实现思路是：可以根据业务带宽和时延分类阈值将需求相近的归为一类，为同一种切片；NFV实现对物理资源的虚拟化，SDN控制器根据网络负载和流量的情况生成路由策略；部署路由策略。

4. 编排器的开源项目

Linux基金会在2015年成立了针对编排器的开源项目Open-O，2017年初AT&T开源了其ECOMP系统，Open-O项目与ECOMP合并，更名为ONAP(Open Network Automation

Platform)项目,并吸引了更多运营商、设备厂商、芯片厂商的加入,共同推动编排器的设计和实现。ONAP目前是全球最大的NFV/SDN网络协同与编排器开源社区,凝聚全球产业资源,面向物联网、5G、企业和家庭宽带等场景,打造网络全生命周期管理平台,助力运营商下一代网络的全面转型与升级。中国移动是ONAP的创始白金会员。

7.2.4　NFV、SDN和云计算的技术相关性

1. NFV与SDN

网络设备一般由控制平面和数据平面组成。控制平面为数据平面制定转发策略,规划转发路径,如路由协议、网关协议等。数据平面则是执行控制平面策略的实体,包括数据的封装/解封装、查找转发表等。目前,设备的控制层和转发层都由设备厂商自行设计和开发,不同厂商实现的方式不尽相同。并且,软件化的网络控制层功能被固化在设备中,使设备使用者没有任何控制网络的能力。这种控制平面和数据平面紧耦合的方式带来了网络管理复杂、网络测试繁杂、网络功能上线周期漫长等问题。因而,SDN应运而生。

SDN是一种新的设计、建立和管理网络的方法,通过标准化的交互协议可实现数据转发层与控制层的分离,解耦后的架构提供网络应用的接口,实现网络的集中管理和网络应用的可编程。SDN理念试图打破现有紧耦合的组网模式,为网络灵活控制与统一管理提供思路。控制层提供一个抽象的、中央化的整体网络视图,通过控制器,网络管理员可以快速地、轻松地做决定底层的系统(例如,数据转发层)如何处理流量。在SDN网络中,促进控制层和数据转发层之间通信最常用的协议是OpenFlow。SDN环境允许使用公开APIs支持所有的服务和应用程序运行在网络上,这些APIs称为北向接口,加速创新、实现高效的服务编排和自动化。因此,SDN支持网络管理员能够管理流量、部署服务来满足业务变化的需求,而不需要详细知晓数据转发层的每一个交换机或路由器。使用SDN有很多益处,例如,降低新网络功能部署的成本,使得设计、部署、管理、扩展网络变得简单,改善交付敏捷性和灵活性,加速创新。

从定义和本质上来讲,SDN和NFV是两个相互独立的概念,但是作为未来网络最重要的两项技术,却紧密相关。ETSI ISG(European Telecommunications Standards Institute Industry Specification Group,欧洲电信标准协会行业规范组)工作组发布了白皮书 *Network Function Virtualization-Introductory White Paper*。在该白皮书中,详细描述了NFV与SDN的关系,如图7.6所示。

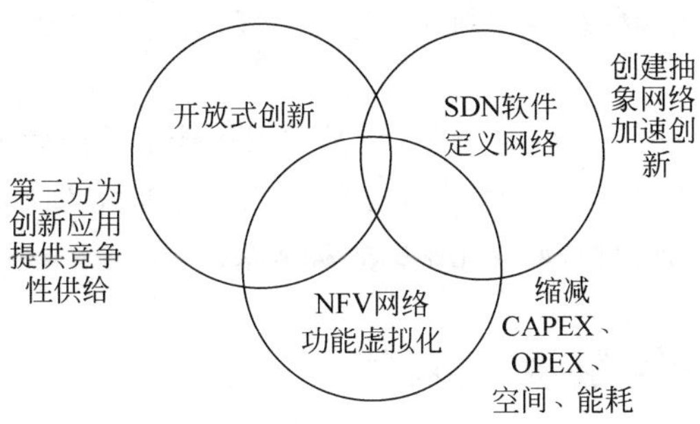

图7.6　NFV与SDN的关系

网络功能虚拟化和软件定义网络之间相互互补，它们的实现不一定非要依赖于对方。网络功能虚拟化可以实现，不一定必须要求 SDN 部署，尽管这两个概念和解决方案能够结合，能够获得潜在的更大的效益。

网络功能虚拟化的目标可以不使用 SDN 机制就可以获得，依赖于使用现在在许多数据中心使用的技术即可，但是使用 SDN 所提出的将控制层和数据转发层分离的方法能够增强性能，简化现有部署的兼容性，便于运营和维护程序。

网络功能虚拟化能够支持 SDN，通过在它提供的基础设施上运行 SDN 软件即可。此外，网络功能虚拟化使用通用标准服务器、交换机也能够实现 SDN 目标。NFV 和 SDN 是相互促进发展的关系，NFV 某种程度上使用了 SDN 解耦合的思想，NFV 良好的发展能够提高 SDN 中控制层和数据转发层的发展。例如，SDN 的控制层功能可以从专用硬件设备中剥离开，以虚拟网络功能软件实现，放置在通用标准服务器上或数据中心位置上，而 SDN 良好的发展能够使得底层的路由器、交换机等设备更加动态，底层硬件提供的资源得到合理的利用。

2. NFV 与云计算

云计算是一种借助于互联网方式，根据用户所需的服务提供共享的计算处理资源和数据，这些资源可被服务提供商管理，并迅速调配、交付和释放。从 Gartner 技术曲线也可以看出，云计算早已从技术爆发期过渡到平稳发展期，云计算是以虚拟化技术为原点，不断发展融合，继而成为平台，提供服务。

虚拟化技术是一种将现有计算、存储、网络等各种实体资源进行抽象、转换的资源管理技术。虚拟化技术并不是一门新技术，虚拟化技术是 IT 技术发展趋势的一部分，可以为用户带来更好地使用实体资源的组织管理方式。虚拟化也是从计算虚拟化发展到存储虚拟化和网络虚拟化，从而引出 NFV 的概念，网络功能虚拟化是三者融合的虚拟化技术。

网络功能虚拟化将会利用到现在正在发展的一些技术，例如云计算，这些云技术的核心是虚拟化机制：在通用硬件上建立虚拟化层虚拟化底下的基础硬件，虚拟以太网交换机负责虚拟机和物理接口之间的通信。对于以通信为主的功能，可以通过高 I/O 带宽的高速多核 CPUs，智能以太网网卡负载共享、TCP 分流，数据包直接路由至虚拟机内存，轮询式以太网驱动等技术来实现高性能的数据包处理器。

云基础设施通过管理和编排机制来提高资源的可用性和利用率，适用于网络中的虚拟设备的自动化部署，分配虚拟设备给正确的 CPU 内核、内存、接口来进行资源管理，启动失败的虚拟机的再次部署，虚拟机状态快照和虚拟机迁移。最终，用来管理的开放 APIs 和像 OpenFlow、OpenStack 等用来数据层控制的可用性，给网络功能虚拟化和云基础设施提供了一个额外的集成程度。

NFV 虚拟化是对传统网络的一种颠覆，是对虚拟化技术乃至云平台技术的深化和融合，既借助云平台实现网元功能的虚拟化，又借助 SDN 实现虚拟化网元的连接，这需要电信运营商、设备商、软件开发商开放合作，形成完整的生态体系。

7.3 ICN——信息中心网络

用户的需求决定了网络通信模型。用户最初的需求是语音通信，在十九世纪七十年代，电话的发明形成了最初的电信网络，网络通信模型为互联线路。二十世纪六七十年代，资源共享成为网络新需求,可以通过网络从服务器上获取资源,形成了现在的互联网,网络通信模型为互联主机。如今互联网用户的需求从主机之间的通信演进为主机到网络的信息重复访问。用户关注的是信息,而不是信息的存储位置。因此,为了适应对海量信息的访问需求(2012—2017 年期间,全球互联网用户由 23 亿增长至 36 亿,网络接入设备在相同时间段内由 120 亿台增长至 190 亿台,而全球 IP 流量由每年产生 523 艾字(Exabytes)增长至每年产生 1.4 泽字(Zettabytes)),应分离计算、存储、通信、应用与信息的联系,摆脱传统体系结构对信息的束缚,使信息成为体系结构的设计中心,网络通信模型为互联信息。

在互联网中,为了适应不断增长的信息访问要求,相继产生了一些数据分发技术,如 P2P(Peer to Peer)、Pub/Sub(Publication/Subscription)、CDN(Content Delivery Network)以及 Web Cachet 等。这些技术虽然以信息为中心,但是位于应用层,存在大量冗余数据传输,网络资源利用率不高。信息中心网络(Information Centric Networking,ICN)采用以信息为中心的网络通信模型,取代传统的以地址为中心的网络通信模型,通信模式从主机到主机演进为主机到网络,传输模式由传统的"推"改为"拉",安全机制构建在信息上而不是主机上,转发机制由传统的存储转发演进为缓存转发,体系结构支持主机移动,解决了海量信息高效传输的问题。

7.3.1 ICN 发展现状

信息中心网络(ICN)的思想最早是 1979 年由 Nelson 提出来的,后来被 Baccala 强化。2009 年,Park 研究中心的 Jacobson 提出了以内容为中心的网络 CCN(Content Centric Networking)并开展了 CCNx 项目。NDN(Named Data Networking)是基于 CCN 思想的工程项目,2010 年成为 NSF 未来网络结构计划资助的四个工程之一。目前信息中心网络引起了广泛关注,成为研究热点。

互联网的接入条件由最初仅允许超级计算机或工作站接入,逐渐发展成为市政设施、移动设备、汽车、电气工具、甚至照明开关都能够与之相连通信,网络已经变成了一个全新的世界门户。人们开始对信息内容(What)越来越感兴趣,而不再关心可以从哪一台终端或服务器(Where)获取信息数据,互联网正在向以信息为中心(ICN)的会话方式演变。

与 Where 模型不同的是,What 模型中信息内容的名称具有结构化层次性,信息内容被剥离出原有 Where 模型数据包,信息传递不再依赖位置敏感性。What 模型将这种特性直接用于对会话数据块进行命名,从而进一步实现对数据块进行定位,因此任何数据块都能够在网络上具有可寻址性。

What 模型令用户在选择数据方面具有更多的主动权。尽管这样的模型替换对于沙漏结构是简单、微小的变化,但是它令沙漏的细腰中数据查找策略由 IP 寻址变为直接查找数据块内容名,这就使得数据本身成为网络中的直接访问单元。

ICN 摒弃了传统的以 IP 为细腰的协议栈结构,采用以信息名字为核心的协议栈结构。图 7.7 给出了传统网络结构和 ICN 的协议栈结构图。

ICN 采用信息名字为网络传输的标识,IP 地址不被考虑或者只作为一种底层的本地化的传输标识。对比于传统的 IP 网络,ICN 具有如下特点:

① 高效性。在信息访问占据互联网主导流量的今天,用户并不关心信息的位置,只关心信息内容。传统的 IP 网络根据 IP 地址转发分组,对信息的需求必须解析到对应的宿主主机地址才可完成通信。而 ICN 基于信息名字传输分组,不需要解析到 IP 地址,或者解析

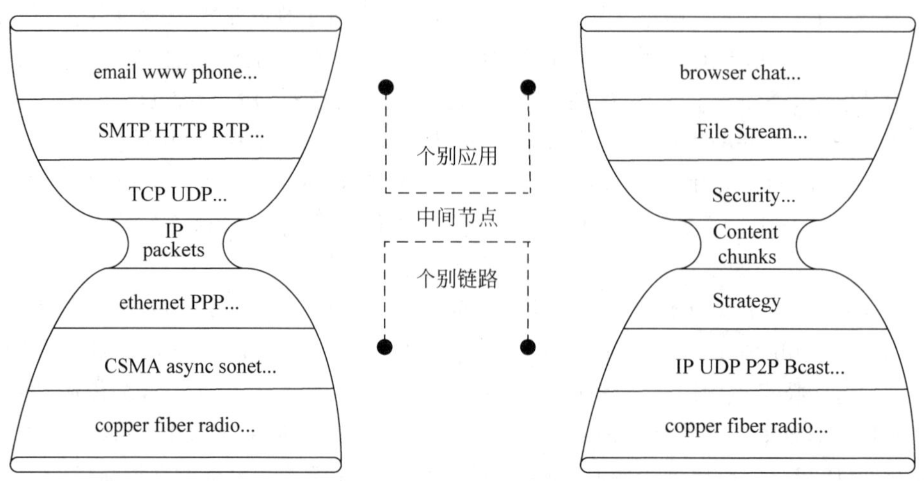

图 7.7 传统网络协议栈与 ICN 的协议栈对比

与路由合并，冗余数据少，同时在路由器中增加数据缓存，大大提高了传输效率，特别适合流媒体分发。

② 高安全性。对于 IP 网络而言，信息的安全性构建在主机之上，若主机不可信，主机上存储的信息则认为不可信。ICN 则从信息出发，直接对信息实施安全措施，粒度可粗可细，安全性更高。

③ 体系结构支持客户端移动。在 ICN 中，需求分组经过路由器时，路由器会记录需求分组的轨迹，回应的数据分组可按照轨迹返回给用户。客户端发生移动时会重新产生需求分组，在路由器中产生新的轨迹。因此，网络中不需要维护客户端的位置信息，在体系结构设计上就已经支持了客户端移动。

ICN 从信息访问需求出发，研究信息命名、名字解析、路由转发、信息分发和信息缓存等技术，实现数据传输的高效性和安全性。图 7.8 分别从命名、路由、分发和缓存四个角度对 ICN 进行了分类。

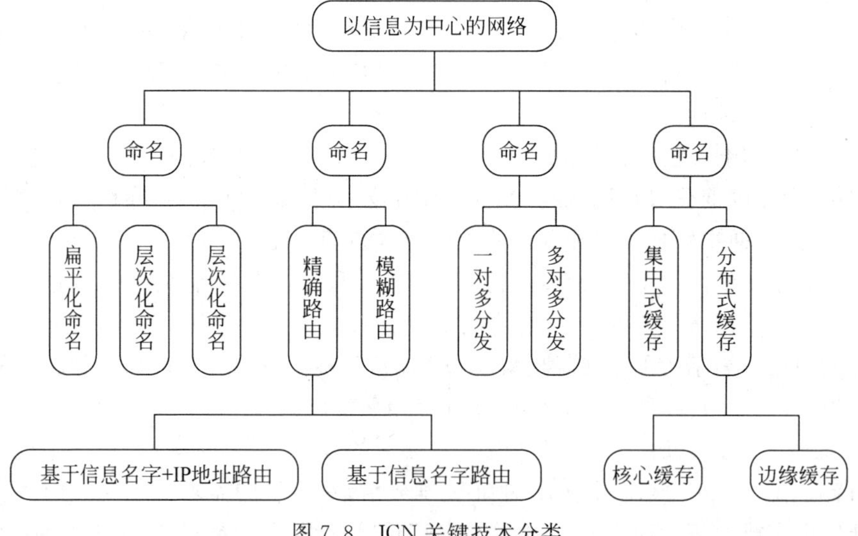

图 7.8 ICN 关键技术分类

根据信息名字的命名方式，ICN 可分为扁平化命名、层次化命名和这两种方式混合命名。

① 扁平化命名不考虑信息之间的关系，从拥有者和内容两方面决定信息的名字，一般采用 P：L 形式，P 代表拥有者公钥 key 的 hash 值，L 代表内容的 hash 值，长度一般固定。采用这种命名方式的方案有 DONA、NetInf。另一种形式为 av 对(即 attribute：value，属性-值对)，根据内容找出关键字，并给出值。这种命名方式多应用在模糊路由方式中。扁平化命名直接由位置与内容决定，不具有语义性但命名具有全局唯一标识。由于名称不具有语义性，无法实现信息名称的可聚合，因此不能够较好地支持网络路由的可扩展性。

② 层次化命名方式采用信息所属关系命名，如 uRL，根据信息所在服务器、网站或者网页来命名。采用这种命名方式的方案有 CCN、TRIAD。层次命名法的优势还体现在信息名称具有可聚合性。可聚合性指信息名称可实现聚合，这样就能够增强路由表的可拓展性，进而对路由条目进行聚合归类。尽管层次命名增强了网络的可扩展性，使信息名称可聚合，减小了路由表大小，然而，层次名称却具有语义性，这在一定程度上限制了文件名称的生命周期。

③ 混合方式试图吸取两种命名方式的优点，采用 P：L 形式，其中 L 是层次化形式的名字。

根据路由转发方式可将 ICN 分为精确路由和模糊路由两类。

① 精确路由的方案主要有 CCN、DONA、INS(Intentional Naming System)、TRIAD 和 Netlnf，根据路由表决定转发接口，转发数据分组到达目的地，而目的地完全符合用户需求。在上述五种方案中，CCN 基于数据名字完成路由转发，不考虑 IP 地址，传输过程中不需要数据名字与 IP 地址之间的映射，节省了传输开销，传输效率高。DONA、INS 和 TRIAD 基于 IP 地址加数据名字路由数据分组，数据名字作为路由的全局标识，决定源到目的的转发路径，而 IP 地址作为本地的路由标识，完成本地的路由过程。在传输过程中，每开始一步转发，都需要根据数据名字解析 IP 地址，虽然解析与路由过程合二为一，但由于传输了冗余数据，传输效率低于 CCN。Netlnf 没有明确给出底层网络是否采用 IP 地址，但是底层考虑数据位置，并且需要将数据名字解析到数据位置，路由转发方式属于基于数据名字加位置的路由方式。

② 模糊路由的方案主要包括 CBCB(Combined Broadcast and Content-Based Routing)，SP Switch(Publish/Subscribe Switch)、CBN(Content-Based Networking)等，信息名字一般采用属性值对。路由器每个接口定义一组判定条件，通过 Bloom Filter 判断信息名字与接口判定条件是否匹配，若匹配则转发分组。分组到达的目的地址可能并不符合用户的要求，即转发的准确率存在误差。模糊路由方式的定位能力弱于精确路由方式。

根据信息分发方式可将 ICN 分为一对多分发方式和多对多分发方式两类。

① 一对多分发方式类似于基于名字的单源组播方式，即一个最优源给多个有相同需求的用户分发数据。采用一对多分发方式的方案有 CCN、DONA、INS、TRIAD 和 Netlnf。

② 多对多分发方式即基于名字的多源组播方式，有相同数据的服务器有多台，采用多源同时给多个用户分发数据，一般而言效率高于单源组播方式。

根据缓存方式可将 ICN 分为集中式缓存和分布式缓存两类。

① 集中式缓存将一条完整信息缓存在中间路由器中，用户可直接从一台路由器中获取

完整信息。集中缓存方式并不能高效利用存储空间，导致缓存利用率不高，极端情况下缓存可能失去意义。

② 分布式缓存将一条完整信息分割存储在不同的中间路由器中，最大限度地利用存储空间。分布式缓存可以分为核心缓存和边缘缓存两种，核心缓存将数据尽量存放在核心路由器上，而边缘缓存将数据尽量存放在离用户最近的边缘路由器上。研究表明边缘缓存方式的效率高于核心缓存方式。

7.3.2 ICN 中关键技术

构建信息为中心的 ICN 网络体系结构，实现以信息名字为路由标识传输数据，解决在新需求下高效快速的传输问题，关键是解决信息命名、名字解析、路由转发、信息分发和信息缓存技术问题。

1. 信息命名

在 ICN 中，信息命名技术非常重要。首先 ICN 是信息中心网络，信息名字是信息的唯一标识。从用户请求开始，信息就作为请求的对象，信息名字必然作为请求分组的一个重要字段。路由过程中，与 IP 网络中的 IP 地址功能相同，信息名字成为寻址的唯一标识。但 IP 地址的二重表达性(既表达身份又表征位置)限制了现有网络对终端移动的支持。

总体而言，信息命名应该满足四类性质，即可聚合性、持久性、自我验证性和全局唯一性。但这四类性质本身存在冲突，需要在 ICN 信息命名机制中适当的折中融合。

① 可聚合性是指信息名字可实现聚合，如 IP 网络中的 IP 地址，最后可聚合到 IP 前缀。在 ICN 中，信息可聚合性是信息命名的重要特性，信息是海量的，而且还在不断增长中，若信息名字不能聚合，路由表膨胀速度将远远超过 IP 网络，导致 ICN 网络可扩展能力更差。

② 可持久性是指无论信息更换宿主还是信息所在宿主发生移动等情况，信息名字始终一致，不因信息的移动而发生改变。在 ICN 中，信息命名在设计时必须考虑移动性问题，因此提出了持久性的性质要求。一般而言，持久性要求信息名字具有扁平性，因此可聚合性和持久性是一对矛盾，如何合理地整合这对矛盾是信息命名的重要研究内容。

③ 自我验证性是指信息名字本身具有安全验证功能，通过与其他数据的计算，可验证信息是否完整、真实，从而更快速、简洁地实现信息的安全性验证。

④ 全局唯一性是命名的最基本的性质，指信息名字是信息的唯一标识，一条信息具有一个信息名字，一个信息名字定义一条信息。若出现不唯一的情况，将造成网络冲突和混乱。

在已有研究中，信息命名备受关注，例如 CCN 采用 URL 作为信息名；DONA 采用 P：L 作为信息名；INS 采用 av 对作为信息名。这些命名方法还都不能很好地满足可聚合性、持久性、自我验证性和全局唯一性。信息命名仍是一项有待进一步研究的技术。

2. 名字解析

在 ICN 中，信息名字必须解析到信息位置，从而实现对信息的路由，因此仍然存在解析技术。在 ICN 中，路由的路径和解析的路径是一致的，边路由边解析，传输过程中没有单独的解析时间。解析和路由合二为一，虽然使网络具有更好的传输性能，但是增加了路由器的存储负载和处理负载。为了按照信息名字路由和解析数据位置，路由器将缓存基于信息名字的路由表。信息是海量的，信息名字是不断增长、数不胜数的，以这种速度增长的信息名字必然填满路由表，导致路由表膨胀，必须不断增长存储空间以满足不断增长的路由表。因此，在 ICN 中，信息命名技术的可聚合性研究是至关重要的。

层次命名虽然能够实现一定程度的聚合，但在采用层次命名的 ICN 体系结构中，名称解析系统存在的主要问题是如何避免信息名称与信息位置绑定；而且，层次命名实现的系统可聚合的优点并不是绝对的。扁平命名方法的优势主要是能够避免位置身份绑定问题，因此使得信息数据具有更强的动态性。然而，扁平文件名却难以聚合，这就导致路由表的大小难以控制。除此之外，对于信息命名的争论还表现在信息名称的人类可读性与自我认证能力无法兼顾。如何在这两方面找到一个适当的平衡点，是研究的难点之一。

3. 路由转发

ICN 通过信息名称路由的特点令数据路由也发生了巨大的变化。ICN 中路由种类可以依据是否具有维护 ICN 路由表的系统分为无层次路由与层次化路由。

在 CCN、TRAID 以及 NDN 等采用层次命名方法的 ICN 体系结构中，由于文件内容名称具有可聚合能力以及 IP 兼容性，它们对路由性能要求较低，因而通常采用无层次路由。无层次路由与 IP 路由类似，不具有维护路由表的系统。同时，这类路由通告往往采用基于泛洪的方式。另外，由于 ICN 体系结构具有向前兼容能力，无层次路由能够继承 IP 路由的部分功能，在某些方面能够与 IP 网络兼容，因此，采用无层次路由 ICN 网络体系结构能够在现有 TCP/IP 网络基础设施的基础上通过路由策略实现增量部署。并且，在层次名称替代 IP 数据报文网络前缀的过程中，原本的路由协议并没有发生明显的变化。

ICN 中层次化路由结构大致可以分为基于树形或分布式 Hash 表(Distributed Hash Tables，DHTs)的层次结构。DONA 采用了经典的树形层次化路由，通过路由器组成具有层次的逻辑树，每一个路由器维护各自下降子树发布的消息。无论何时，一旦有新消息发布、覆盖或移除，路由通告都能够沿着树形结构逐级传播，直到所有路由表都被更新。CBCB 则通过建立基于源码的多播树来传递发布者与订阅者之间的内容。然而，这种树形结构路由增加了路由器的开销负担，制约了网络路由的可扩展性。同时，路由表大小将随着路由等级上升而变大，每个路由器需要缓存的信息内容将越来越多，根路由器甚至需要保存整个网络的信息。另外，网络路由可扩展性问题还表现在层次化路由采用扁平命名方法，文件名本身并不具有数据聚合能力。为了避免树形层次化路由存在的问题，PSIRP 利用 DHTs 的平面性权衡路由器可拓展性与开销负担。在 PSIRP 中，对于数量为 c 的内容文件，每个路由器保存相同数量 log(c)条路由条目。然而，由于 DHTs 由随机和统一放置的路由共同构造，DHTs 路由结构探索数据的拓扑路径通常是树形路由结构长度的几倍。尽管路由本身具有层次性，却依旧能够在兼容现有 TCP/IP 基础设施。类似地，内容文件被替代或转移失效时依靠内容文件名称实现的路由依然需要费时费力地更新数据信息。

总体而言，ICN 的路由转发技术具有两大特色：

① 基于信息名字路由。采用信息名字作为路由标识，一是对于用户而言，不需要关注网络拓扑，按照需求向网络请求数据，网络按照 FIB(Forwarding Information Base)中路由标识回应数据。二是不需要域名到 IP 地址的映射，将解析过程与路由过程合二为一，提高了网络的传输效率。

② 路由转发技术结合了缓存技术。路由器通过以存储开销为代价的方式保证数据传

输效率。随着硬件技术的不断发展，以 CDN 为代表的新型网络结构，证明了这种以空间资源换取运行效率的均衡策略，在经济方面与应用方面都得到了认可与支持。ICN 增加了路径内缓存，可缓存经过该节点的所有或者部分的信息数据。在路由过程中，缓存可作为信息源直接回应数据，不需要路由到原始数据源获取数据。缓存的加入使 ICN 缩短了传输路径，提高了网络的传输效率。

4. 信息缓存

ICN 的路由缓存策略根据信息数据缓存位置可以分为路径存储（On-path）与非路径存储（Off-path）。

On-path 存储方式将数据信息沿途存储在通过名称解析系统获得的请求路径中。由于后续数据请求的信息已经存储在这条路径的中间节点缓存中，数据请求将不需要再到服务器端获取数据信息，取而代之的是采用就近原则，从最近的中间节点处获取信息。有全新数据的信息在经过路由器时将被完整备份。On-path 存储方式具有实现部署简单、获取信息快速等优点，但是由于路径中所有路由器在信息存储方面不具有协作能力，每一个中间路由器都需要对所有经过的信息进行存储备份，从而导致在整个路径中多台路由器存储了冗余信息，浪费了大量的存储空间，缓存利用率低下。另外，当名称解析路径与数据传输路径不同时，On-path 方式传输效率较低。

Off-path 存储方式将数据信息存储在这条路径以外的缓存中，并且多个中间路由器间能够共同协商存储完整的数据信息，数据信息因此能够被分块存储，以此来解决缓存空间受限的问题。Off-path 存储方式中名称解析路径与数据传输路径可以异步或者同步。当名称解析路径与数据传输路径异步时，各个路由器缓存都被当作消息发布者。而当名称解析与数据传输同步时，数据请求通过路由系统转发到各个缓存中。另外，根据缓存位置选择不同，Off-path 存储方式又可以具体分为核心缓存与边缘缓存。核心缓存指数据信息缓存位置以核心路由器为主，边缘路由器尽可能减少缓存信息。然而，核心分布式存储增加了核心路由器的存储负担，容易造成核心路由器的整体性能下降。边缘缓存将信息存储在用户接入的边缘路由器中。当下一次其他用户请求数据信息时，若边缘路由器缓存中已经保存对应的数据信息，用户就可以直接从边缘路由器获得数据，从而保证整个过程具有较高的传输效率。研究表明边缘缓存方式的性能高于核心缓存方式，因此，在现有 ICN 体系结构中，边缘缓存具有更大的优势，得到广泛的应用与支持。

第 8 章 应用与业务热点以及未来趋势

CHAPTER 8

对于通信系统和网络上的各种应用而言(Social，Local,Mobile)是三个重要的关键词，围绕解决大量用户的工作、沟通、社交、分享、阅读、娱乐等各种生产、生活需求来发展。移动社交综合了移动网络、手机终端和社交网络服务的优势和特点并互为有益的补充，可谓相得益彰。智能终端时代带来的不仅是量上的变化，如今这些设备都具有较强的计算、存储和通信能力，并且内置了多种功能的传感器，作为用户随身携带的必备工具，已经成为用户和环境之间基本的信息接口。

8.1 移动互联网

8.1.1 移动互联网概述

互联网是网络和网络串联起来形成的一个巨大网络。目前没有关于移动互联网的具体和确切的定义。有些研究者认为移动互联网的概念是相对传统的互联网而言的，强调用户可以不限制地点、时间，并且随时可以在移动中接入互联网并使用相关业务。而有些学者则认为移动互联网不是移动通信和互联网二者简单结合，而是深度融合，属于一种全新的产业形式。

简单地说，移动互联网就是将移动通信和互联网二者结合起来，成为一体，是互联网的技术、平台、商业模式、应用与移动通信技术结合并实践的活动的总称，涉及终端、软件和应用三个层面。终端层包括智能手机、平板电脑、电子书等；软件包括操作系统、中间件、数据库和安全软件等。应用层包括休闲娱乐类、工具媒体类、商务财经类等不同应用与服务。5G 和后 5G 时代的开启以及移动终端设备的凸显，必将为移动互联网的发展注入巨大的能量，为移动互联网产业带来前所未有的飞跃。

1994 年，中国正式接入互联网，人们可以全方位地访问互联网，网民的数量急速增长。随着手机终端应用的持续升温，手机网民的规模也持续增长，且人群已经慢慢向普及化、大众化发展。

移动终端是移动互联网重要的组成部分。移动终端是指可在移动中使用的手持电脑设备，其包括智能手机、平板电脑和其他手持或便捷式计算机设备。智能手机的便捷携带的优点使得手机终端成为人们最喜欢的移动终端设备。手机的智能化主要依赖于手机独立的移动操作系统。移动互联网是一个以移动操作系统为中心的生物链系统，而移动操作系统也是智能手机的核心。在众多移动操作系统中胜出的 iOS、Android 和 Windows Phone 基本成为移动互联网生态系统的三国鼎立的局面。

一个产业的发展需要市场的支撑。移动互联网产业的市场空间非常巨大，作为移动通信和互联网融合的产物，移动互联网的业务既涵盖原有互联网运营所必需的业务，还包括改进后的新型移动互联网业务和网络化的通信增值业务。移动通信和互联网有各自的优点，两者相融合产生的移动互联网业必集两者的优点于一身。

8.1.2 移动互联网的业务模式

1. 移动社交将成客户数字化生存的平台

在移动网络虚拟世界中，服务社区化将成为焦点。社区可以延伸出不同的用户体验，提高用户对企业的黏性。带宽的增加将促使移动互联网的服务创新，用户的许多需求将在手机上得到满足。而手机具有随时随地沟通的特点，从而使得社交网络服务(Social Networking Service，SNS)在移动领域发展具有一定的先天优势。以个人空间(相册/日记)、多元化沟通平台、群组及关系为核心的移动 SNS 手机社交将发展迅猛。

2. 移动广告将是移动互联网的主要盈利来源

手机广告是一项具有前瞻性的业务形态，可能成为下一代移动互联网繁荣发展的动力因素。在 Mobile Web 2.0 浪潮的推动下，互联网业务正在向移动互联网过渡，而作为互联网繁荣的根本盈利模式，广告无疑将掀起移动互联网商业模式的全新变革，带领移动互联网业务走向繁荣。

3. 手机游戏将成为娱乐化先锋

信息社会之后将是娱乐社会。PC 游戏带动个人计算机的热买，网络游戏可以说拯救了中国的互联网产业，手机游戏将引爆下一场移动互联网的商战。

随着产业技术的进步，移动设备终端上会发生一些革命性的质变，带来用户体验的跳跃：加强游戏触觉反馈技术，真实地感受到屏幕上爆炸、冲撞和射击等场面，把游戏里面的微妙信息传递给用户，让手机玩游戏的感觉更棒。可以预见，手机游戏作为移动互联网的杀手级盈利模式，无疑将掀起移动互联网商业模式的全新变革。

4. 手机视频将成为时尚人士新宠

手机视频用户主要集中在积极尝试新事物、个性化需求较高的年轻群体，这样的群体在未来将逐渐扩大。随着手机视频业务进一步规模化，广告主也将积极参与到其中。市场的进一步细分将刺激和满足不同年龄层次的用户需求，有效地促进手机视频产业的发展。2008 年奥运是手机视频发展的爆发期，带宽的增加增强用户体验，手机视频的视频点播、观众参与、随时随地收看的优势将逐渐凸显。

5. 移动电子阅读填补狭缝时间

因为手机功能扩展、屏幕更大更清晰、容量提升、用户身份易于确认、付款方便等诸多优势，移动电子阅读正在成为一种流行迅速传播开来。

内容数字化使电子阅读内容丰富，结合手机多媒体的互动优势，不但增加了音乐、动画、视频等新的阅读感受，还可将这种感受随时带在身边，移动电子阅读市场的繁荣是可以预见的。

6. 移动定位服务提供个性化信息

随着随身电子产品日益普及，人们的移动性在日益增强，对位置信息的需求也日益高

涨，市场对移动定位服务需求将快速增加。

随着社会网络渗入现实世界，未来移动定位功能将更加注重个性化信息服务。手机可提醒用户附近有哪些朋友，来自亲朋好友甚至陌生人的消息会与物理位置联系起来。父母能够利用相同的技术追踪自己的孩子。随着移动定位市场认知、内容开发、终端支持、产业合作、隐私保护等方面的加强，移动定位业务存在着巨大的商机，只要把握住市场的方向，就会获得很高的回报。

7. 手机搜索将成为移动互联网发展的助推器

手机搜索引擎整合搜索概念、智能搜索、语义互联网等概念，综合了多种搜索方法，可以提供范围更宽广的垂直和水平搜索体验，更加注重提升用户的使用体验。

手机搜索给用户提供方便快捷的移动内容搜索，搜索结果更具相关性，用户可以定制自己的搜索引擎和确定的互联网内容，这给用户相当程度的自由和灵活性，让用户对条理清晰的手机搜索服务爱不释手。

8. 手机内容共享服务将成为客户的黏合剂

手机图片、音频、视频共享被认为是未来5G手机业务的重要应用。在未来，网上需要数字化内容进行存储、加工等，允许用户对图片、音频、视频剪辑与朋友分享的服务将快速增长。随着终端、内容、网络三个方面制约因素的解决，手机共享服务将快速发展，用户利用这种新服务可以上传自己的图片、视频至社交软件，还可以用它备份文件、与好友共享文件，或者公开发布。开发共享服务，可以把移动互联网的互动性发挥到极致，内容是聚揽人气、吸引客户的基础。

9. 移动支付蕴藏巨大商机

支付手段的电子化和移动化是不可避免的必然趋势，移动支付业务发展预示着移动行业与金融行业融合的深入。不久的将来，消费者可用具有支付、认证功能的手机来购买车票和电影票、打开大门、借书、充当会员卡，可以实现移动通信与金融服务的结合以及有线通信和无线通信的结合，让消费者能够享受到方便、安全的金融生活服务。

支付工具的创新将带来新的商业模式和渠道创新，移动支付业务具有垄断竞争性质，先入者能够获得明显的先发优势、筑起较高的竞争壁垒，从而确保长期获益。

10. 移动电子商务的春天即将到来

移动电子商务可以为用户随时随地提供所需的服务、应用、信息和娱乐，利用手机终端便捷地选择及购买商品和服务。移动电子商务处在信息、个性化与商务的交汇点，是传统商务信息化的结果，承载于信息服务又为信息服务提供商务动力。

未来，移动电子商务与手机搜索的融合，跨平台、跨业务的服务商之间的合作，电子商务企业规模的扩大，企业自建的电子商务平台爆发式增长，都将带动移动电子商务走向成熟。

8.1.3　移动互联网发展中的安全问题

移动互联网面临来自三部分安全威胁：业务应用的威胁、网络的安全威胁和移动终端的威胁。业务威胁主要体现在随着移动互联网的多元化多样化，类似于手机银行、移动办公、移动定位等关乎个人贴身利益的业务，虽然满足了用户的需求，但是也带来了更多安全隐患；网络威胁主要体现在传统的网络攻击行为，如恶意攻击、非法接入、后门软件攻击、窃取手机用户信息等；终端威胁主要体现在手机终端的智能化，硬件设备的发展使得功能越来越强大，加上现在大部分手机使用的是基于开放模式的 Android 移动操作系统，这些都给移动终端带来了隐患。

安全问题会制约移动互联网的发展。美国、韩国和日本已经出台相应的政策法规保护移动互联网用户。推动互联网和手机实名制是一个有效的方法。实名制可以暴露攻击者的身份，在法律法规面前攻击者不敢轻举妄动。这样可以有效地遏制手机或网络的违法、诈骗、色情等有害信息的传播，净化网络环境。

随着移动互联网用户数量的日益增长和智能手机终端的逐渐普及，移动互联网得到快速的发展。不断满足用户需要的应用程序与服务的多样化，以及市场规模的不断扩大，表明移动互联网蕴藏着巨大的市场空间和发展前景，移动互联网在未来几年中将会进一步掀起互联网发展的新浪潮。

8.2 云计算

8.2.1 基本概念

云计算是基于互联网的相关附加服务和交付模式，是通过互联网提供容易扩展且虚拟化的资源。通常，云计算是一种按使用量付费的模式，这种模式提供便捷的、可用的、按需的网络访问，进入可配置的计算资源共享池（资源包括存储、服务、网络、服务器以及应用软件），这些资源可以很快地提供。云计算的优势是只需要投入很少的管理工作，就可以迅速提供高效的资源。

结合目前云计算的应用，其体系架构可以分为服务管理、核心服务、用户访问接口三层，核心服务层将软件运行环境、硬件基础设施、应用程序都抽象成服务。然而这些服务具有可用性高、可靠性稳定、规模可伸缩等特点，同时满足多样化应用的需求。服务管理层是为核心服务层提供支持的，可进一步确保核心服务层的安全性、稳定性与可用性，从而促使用户访问接口层，实现端到云的访问。

总结而言，云计算的目标是以低成本的方式提供高可用、高可靠、规模可伸缩的个性化服务，为了完成这个目标，需要虚拟化、数据中心管理、海量数据处理、资源管理与调度，安全隐私、QoS 保证等若干关键技术加以支持。

8.2.2 应用场景

1. 基础结构即服务（Infrastructure as a Service，IaaS）和平台即服务（Platform as a Service，PaaS）

就 IaaS 而言，如果公司想要节省购买、管理和维护 IT 基础结构方面的投资成本，那么根据按次计费方案，使用现有的基础结构似乎是显而易见的选择。出于同样的原因，也有一些组织会选择使用 PaaS，同时还会设法在随时可用的平台上提高开发速度，从而部署应用程序。

2. 私有云和混合云

在鼓励使用云的众多措施中，有两种情况，即组织希望通过使用云（特别是公共云）寻找对准备部署到其环境中的某些应用程序进行评估的方法。在测试和开发可能受时间限制的情况下，采用混合云方法允许测试应用程序工作负载，因此可在无须初期投资的条件下提供舒适的环境，从而不会在工作负载测试失败时显得无用。

混合云的另一种用途也是在有限的使用高峰期间的扩展能力，通常非常适合托管可能很少使用的大型基础结构。在即用即付的前提下，组织可以在需要时寻求掌握环境的其他能力和可用性。

3. 测试和开发

云计算广泛使用的场景之一是测试和开发环境。传统上，测试和开发环境需要保证预算，设置环境中的实物资产、重要的人力和时间等。然后，还要进行平台的安装和配置。所有这些工作通常会延长项目的完成时间，延长里程碑。借助于云计算，使用者可以方便地根据自身的需求量身设置即时可用环境。这通常会结合(但不限于)自动配置物理资源和虚拟资源进行。

4. 大数据和分析

云计算的优势之一是可以使用大量结构化和非结构化数据，挖掘并利用业务的深层价值。如零售商和供应商可以提取来自消费者购买模式的信息，进而将他们的广告和市场竞销活动定位到特定的群体。社交网络平台现在能够为与组织用来获取有用信息的行为模式有关的分析提供基础。

5. 文件存储

使用云，用户可以存储文件，并且通过任意支持 Web 的接口访问、存储和检索文件。WebService 接口通常比较简单。组织/使用者可以随时随地获得高可用性、高速、高可扩展性和高安全性的环境。在这个场景中，组织只需要为他们实际使用的存储量付费，而且在此过程中，无须监督存储基础结构的日常维护。此外，还可以将数据存储在内部部署或外部部署上，具体取决于法规合规性要求。根据客户规范要求，可以将数据存储在由第三方托管的虚拟存储池中。

6. 灾难恢复与数据备份

根据灾难恢复(Disaster Recovery，DR)解决方案的成本效益使用云产生的一个好处是：以更低的成本更快地从众多不同的物理位置中恢复。相比之下，传统的 DR 站点拥有固定资产、严格的程序，并且成本较高。

备份数据一直是一项复杂且耗时的操作。这包括维护一系列磁带或驱动器，手动收集这些磁带或驱动器并将它们分派到备份设备中，而且原始站点和备份站点之间可能会发生所有固有问题。这种确保备份执行的方法无法避免用尽备份介质等问题，而且加载备份设备执行恢复操作也需要时间，还容易出现设备故障和人为错误。

基于云的备份虽然不是灵丹妙药，但与传统的备份方式相比，其优势在于：使用者可以自动将数据分派到网络上的任何位置，同时确保不存在安全性、可用性或容量等问题。

简言之，云基础设施能够提高 IT 基础结构的灵活性，同时能利用大数据分析和移动计算。

8.2.3 未来趋势

1. 云安全

近年，人们经历了大量严重的网络攻击，新技术带来的威胁也在不断变化。随着网络攻击者变得更加复杂，公共机构、私营组织，以及政府部门的安全分析人员将需要更加复杂的部署全面战略，以防止未来的攻击。组织必须在安全信息和事件管理(Security Information Event Management, SIEM)平台以及先进的恶意软件检测协议进行更多的投资和关注，以提高网络安全。云计算服务也可以在这里发挥作用。例如，托管安全服务提供商为缺乏内部专业知识的企业提供强大的外包安全服务，可以使企业更安全。

2. 多云部署

多云部署允许组织在不同的云中部署复杂的工作负载，同时仍然单独管理每个云环境。这种系统增加的效率将使其成为未来云计算的主导力量。通常企业不想因为采用单一的云提供商的服务而陷入困境。在多云环境中，组织可以充分利用每个云服务提供商的优势。尽管越来越多的组织采用多云策略，但许多组织并不了解如何真正构建(或重构)其数据基础架构的弹性。许多云计算架构师在设计多云架构方面感到困惑，因此需要更多的云计算提供商的专业知识以及合格的迁移流程。

3. 无服务器架构

云计算的主要优点是易于使用，以腾出额外的资源和按使用量付费的消费模式。在这个模型中，一个实例或虚拟机(VM)是额外计算资源的单位。现在一个"功能"已经成为一个更小的"使用"单位。由于无服务器计算的功能与传统的计算服务器网络不同，因此需要一个更专业化的技能组合。这个关于无服务器架构的指南涵盖了IT团队准备好应对未来计算的所有方面。

将管理和扩展资源的责任放在云计算提供商上是很有成本效益的，并且会使内部IT负担沉重。随着虚拟机供应量的不断增加，开发人员无须事先付出，就可以更容易地选择操作系统来启动服务器。

为了有效地使用无服务器计算，服务器和硬件供应商需要转变他们的业务模式，以便在新的虚拟、弹性和自动化云环境中保持相关性。

4. 云计算与物联网应用的结合

近几年，各行业经历了迅速地转型。特别是在通信和商业交易方面。如今，人们使用移动设备访问互联网、查询业务、购买物品等。这就是物联网发挥作用的地方，超越了使用移动设备来完成更多的任务。

根据调研机构Gartner公司的估测，截至2020年，全球物联网设备的数量已上升到至少200亿台。知道这意味着什么吗？随着物联网设备数量的增加，人们应该期望云计算具有更重要的作用。很快，人们将需要一个基于云计算的个人存储驱动器来保存其所有个人移动设备上创建的各种文件。这包括文档、图像和视频。这些和其他一些需求将导致云计算以创新的方式驱动物联网的发展。

8.3 物联网

8.3.1 物联网概述

物联网(Internet of Things, IoT)的技术架构由三层构成，即感知层、网络层和应用层。感知层，包括各种传感器以及相关网关，主要功能是帮助物联网对物体进行识别和对数据信息进行采集，以及自动控制数据信息，并通过利用物联网中的通信模块，实现物理实体与物联网网络层、应用层的连接，充当着物联网的"眼睛"。网络层，主要由各种私有网络和通信网构成，其主要功能是将感知层采集到的数据信息加以传递和处理，依托于公众电信网、互联网，以及行业专用通信网络，在物联网中相当于“大脑中枢”。应用层，则是应用基础设施/中间件和各种应用的集合，主要作用是为客户提供各种基础性服务，从而推进物联网在各个领域的普及。

8.3.2 物联网关键技术

物联网的实现需要信息采集技术、近程通信技术、信息远程传输技术、海量信息智能分析与控制技术等相互配合和完善。

① 信息采集技术。信息采集是物联网的基础，目前的信息采集主要采用传感器和电子标签等方式完成。传感器用来感知采集点的环境参数，如温度、振动等；电子标签用于对采集点的信息进行“标准化”标识。目前市面上已经有大量门类齐全且技术成熟的传感器。

② 近程通信技术。近程通信技术是新兴的短距离连接技术，从很多无接触式的认证和互联网技术进化而来，RFID 和蓝牙技术是其中的重要代表。

③ 信息远程传输技术。在物联网的机器到机器，人到机器和机器到人的信息远程传输中，有多种技术可供选择。

④ 海量信息智能分析与控制技术。依托先进的软件技术，对各种物联网信息进行海量存储与快速处理，并将处理结果实时反馈给物联网的各种“控制”部件。

8.3.3 业务及应用

随着物联网的快速发展，各类物联网业务持续增长，已经应用到物流信息化、企业一卡通、公交视频、校园通、手机购物、手机钱包、智能电网、智慧城市、智能交通、智能医疗等各行各业中。由于物联网业务应用很广泛，所以分类方法很多，我们可以根据网络技术特征把物联网业务大致分为四类，分别是身份相关业务、信息汇聚型业务、协同感知类业务和泛在服务。

① 身份相关业务主要是利用射频标识(RFID)、二维码、条形码等可以标志身份的技术，并基于身份所提供的各类服务。

② 信息汇聚型业务主要是由物联网终端采集、处理，经通信网络上报数据，由物联网平台处理，提交具体的应用和服务，具体的应用类型如农业大棚、智能家电、电梯管理、智能电网、交通管理等，整个系统主要由机器到机器(M2M)终端、通信网络、平台、应用以及运营系统构成。

③ 在协同感知类业务中，物联网的终端只要接受物联网平台管理，执行数据采集、简单处理、上报和接受管理等功能，物联网终端之间不需要进行通信。然而，随着物联网的发展，物联网应用应该能够提供更为复杂的业务和服务，也需要物联网终端之间、物联网终端和人之间执行更为复杂的通信，而且这种通信能力在可靠性、时延等方面可能有更高要求，对物联网终端的智能化要求也更为突出，这样才能满足协同处理的要求。

④ 泛在服务以无所不在、无所不包、无所不能为基本特征，以实现在任何时间、任何地点、任何人、任何物都能顺畅通信为目标，是服务的极致。

物联网的典型应用如下。

(1) 智能电网

人类已进入新能源时代,如何创建一个既能保证供电的可持续性、安全性,又能保护环境的智能电网,已经成为各国能源政策的目标。美国业界主流意见认为,新的能源革命更多的是智能电网或者智慧能源的变革,能源行业的焦点已经转移到管理能源需求和融合全部技术的网络——智能电网。智能电网,就是利用传感器、嵌入式处理器、数字化通信和IT技术,构建具备智能判断与自适应调节能力的多种能源统一入网和分布式管理的智能化网络系统,可对电网与客户用电信息进行实时监控和采集,且采用最经济与最安全的输配电方式将电能输送给终端用户,提高电网运行的可靠性和能源利用效率。智能电网是物联网第一重要的运用,包括很多电信企业开展的“无线抄表”应用,其实也是物联网应用的一种。对于物联网产业甚至整个信息通信产业的发展而言,电网智能化将产生强大的驱动力,并将深刻影响和有力推动其他行业的物联网应用。

(2) 智能交通

利用先进的通信、计算机、自动控制、传感器技术,可实现对交通的实时控制与指挥管理称为智能交通。交通智能化是解决交通拥堵、提高行车安全、提高运行效率的重要途径。我国交通问题的重点和难点是城市道路拥堵。在道路建设跟不上汽车增长的情况下,对车辆进行智能化管理和调配就成为解决拥堵问题的主要技术手段。目前,全国绝大多数省市实现了公路联网监控,路网检测信息采集设备的设置密度在逐步加大,有些高速公路实现了全程监控,并可以对长途客运危险货物运输车辆进行动态监管。21世纪将是公路交通智能化的世纪,人们将要采用的智能交通系统是一种先进的一体化交通综合管理系统。在该系统中,车辆靠自己的智能在道路上自由行驶,公路靠自身的智能将交通流量调整至最佳状态,借助这个系统,管理人员对道路、车辆的行踪将掌握得一清二楚。

(3) 物流管理

物流领域是物联网相关技术最有现实意义的应用领域之一。通过在物流商品中引入传感节点,可以精确地了解和掌握从采购、生产制造、包装、运输、销售到服务的供应链上的每一个环节,对物流全程传递和服务实现信息化的管理,降低仓储等物流成本,提高物流效率和效益。物联网与现代物流有着天然紧密的联系,其关键技术诸如物体标识及标识追踪、无线定位等新型信息技术应用,能够有效实现物流的智能调度管理、整合物流核心业务流程、加强物流管理的合理化、降低物流消耗,从而降低物流成本、减少流通费用、增加利润。物联网将加快现代物流的发展,增强供应链的可视性和可控性。

(4) 医疗管理

在医疗领域,物联网在条码化病人身份管理、移动医嘱、诊疗体征录入、药物管理、检验标本管理、病案管理数据保存及调用、婴儿防盗、护理流程、临床路径等管理中,均能发挥重要作用。如通过物联网技术,可以将药品名称、品种、产地、批次及生产、加工、运输、存储、销售等环节的信息都存于电子标签中。

8.3.4 未来趋势

1. 数字化双胞胎(Digital Twin)

数字化双胞胎是指以数字化方式复制一个物理对象,模拟对象在现实环境中的行为,对产品、制造过程乃至整个工厂进行虚拟仿真,从而提高制造企业产品研发、制造的生产效率。

调查报告表明,54%的受访者表示数字化将用于“产品质量监控和预测失败”。52%的人声称将数字化用于“优化工厂生产流程”。由此可见,虚拟数据不仅可以用来模拟系统运行、验证可能的假设和猜测,而且还能降低成本,加速产品开发进程。

2. 区块链

在物联网的各类应用中,区块链将发挥重要作用:加强安全性,使交易更加无缝,并在供应链中提高效率。一般而言,区块链技术将在三个方面被加以利用:首先,区块链能够帮助人们在交易中建立信任,存储在区块链上的数据是无法改变的,这能为企业和个人提供必要的合作条件;其次,区块链能降低成本,省去交易过程中的中介费用,节约许多法律或合同方面的文书工作;最后,区块链能加快交易运转的速度,因为不再需要通过中间商进行交易。智能合同也能有所帮助。

3. 安全

联网设备使人民的生活变得更好、更容易的同时,其生态系统的所有参与者都需要设备、数据和解决方案的安全性。这就意味着硬件、固件/软件和数据必须在整个产品生命周期中都保持安全。无论是抵抗物理干扰、认知安全解决方案、系统防御周期的不断更新,还是默认配置的安全性、数据的创建、使用和删除,只有全方位保证安全性才能实现真正的后顾无忧。

4. 软件即服务

软件即服务(SaaS),是一种通过 Internet 提供软件的模式,即客户可以根据自己实际需求,通过互联网向厂商定购所需的应用软件服务,按定购的服务多少和时间长短向厂商支付费用,并通过互联网获得厂商提供的服务。软件即服务将会是一个可行的选择,可为企业的物联网部署带来三大好处:加快企业运转速度、跨过门槛的成本更低、业务处理更加灵活。

5. 认知计算

和人类大脑运作类似,物联网设备、传感器、处理器和内存不仅需要互相连接起来,还需要变得更智能。认知计算系统必须利用大量的数据来进行大规模的学习,才能与人类交互和协作。它并不如传统人工智能那么精确,致力于应对各种非结构化、非确定性数据,因此表现出了一定的概率性。

6. 能源有效

任何需要电源的设备都面临着布线问题的限制,而且一旦开始布线就有可能引来其他新的问题,将电源电压从输电电压转换到设备可用电压是非常昂贵且浪费的。甚至是像手机或笔记本电脑这种便携式设备也需要非常频繁地充电。几乎任何智能产品的终极目标都是为了让设备可以部署在任何地方,而不需要什么维护手段。为了实现这一目标,最大的障碍是大多数的电子系统都需要使用能源。下面是一些基于智能手机能耗数据的常见组件的粗略数字:

① 一个显示器可能需要 400mW。

② 有源电池收音机可能需要 800mW。

③ 蓝牙可能需要 100mW。

④ 加速度计需要 21mW。

⑤ 陀螺仪需要 130mW。

⑥ GPS 需要 176mW。

一般来说，处理器、传感器可以将电力成本降低到微瓦级别，但显示器、无线电等设备需要更多的电力成本，甚至是低功耗、蓝牙等设备也需要几十毫瓦。数据移动的过程导致了更大的能量开销：一个操作所需要的能量与发送数据的距离成正比。CPU 和传感器发送的距离只有几毫米，而且成本很低；而无线电发送的距离很远，并且成本高。即使技术上有所改善，这种差距仍然会进一步扩大。因此一个巨大的尚未开发的市场等待着用适当的技术来开启。即我们需要一种能在廉价的微控制器上工作的东西，它只需要很少的能量，依赖于计算而不是无线电，能把我们浪费的所有的传感器数据变成有用的信息。这就是机器学习，尤其是深度学习所填补的空白。

8.4 边缘计算

8.4.1 概述

边缘计算即雾联网(Fog Networking)，也称为雾计算(Fog Computing)，是一种分布式的计算模型，作为云数据中心和物联网(IoT)设备/传感器之间的中间层，它提供了计算、网络和存储设备，让基于云的服务可以离物联网设备和传感器更近。通俗点说，雾计算拓展了云计算(Cloud Computing)的概念，相对于云来说，它离产生数据的地方更近，数据、数据相关的处理和应用程序都集中于网络边缘的设备中(比如我们平时使用的计算机)，而不是几乎全部保存在云端。

雾计算和云计算一样，十分形象。云在天空漂浮，高高在上，遥不可及，刻意抽象；而雾却现实可及，贴近地面，就在你我身边。云计算由性能较强的服务器组成，而雾计算则由性能较弱、更为分散的各类功能计算机组成，渗入工厂、汽车、电器、街灯及人们物质生活中的各类用品。

通常来说，雾计算环境由传统的网络组件如路由器、开关、机顶盒、代理服务器、基站等构成，可以安装在离物联网终端设备和传感器较近的地方。这些组件可以提供不同的计算、存储、网络功能，支持服务应用的执行。所以，雾计算依靠这些组件，可以创建分布于不同地方的云服务。

此外，雾计算促进了位置感知、移动性支持、实时交互、可扩展性和可互操作性。所以，雾计算处理更加高效，能够考虑到服务延时、功耗、网络流量、资本和运营开支、内容发布等因素。在这个意义上，雾计算相对于单纯使用云计算而言，更好地满足了物联网的应用。

可以将“雾计算”概念融入无线接入网架构中，形成雾无线接入网，使用户终端应用只需在本地处理，而不必相连 BBU 池进行数据通信。雾无线接入网通过将更多功能在边缘设备实现，可以克服现存网络中非理想前传链路受限的影响，从而实现更优的网络性能增益。

将雾计算应用于智能交通灯系统，把监控探头作为传感器，把交通灯作为执行器，在监控过程中，雾节点将人为操作的监控视频流直接转发给中心机房；而其他常规监控视频对实时性要求不高，可以在雾节点处缓存若干帧画面，压缩后再传向中心机房。这样从雾节点到机房的网络带宽将得到缓解。在雾节点处，可自动判断监控画面中是否有救护车头灯闪烁，作出实时决策发送给对应交通灯，协助救护车通过。

8.4.2 基本架构

物联网设备的快速增长以及海量数据的处理，快速地推动着边缘计算的发展。可以说，想要应对未来物联网的爆发式数据，边缘计算(雾计算)是不二选择。

边缘计算是指在靠近物或数据源头的一侧，采用网络、计算、存储、应用核心能力为一体的开放平台，就近提供最近端服务。其应用程序在边缘侧发起，产生更快的网络服务响应，满足行业实时业务、应用智能、安全与隐私保护等方面的基本需求。边缘计算通常也被称为分布式云、雾计算或者第四代数据中心，这些概念的核心含义都是将计算去中心化，使之接近数据源，弥补云计算的不足。也就是说，边缘计算是为应用开发者和服务提供商在网络的边缘侧提供云服务和 IT 环境服务。如图 8.1 所示，在边缘网络中加入边缘计算节点，可以满足上述功能。

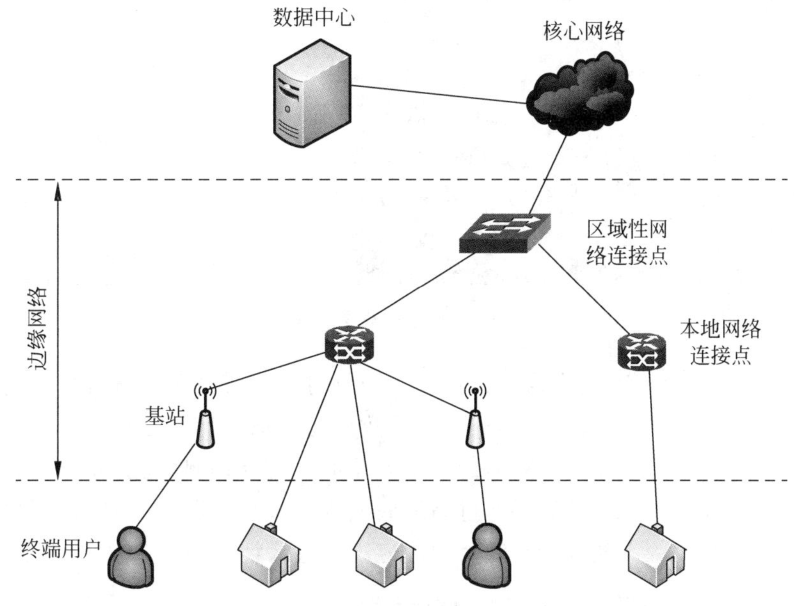

图 8.1 边缘计算基础架构示意图

边缘计算的特点包括：

① 分布式和低延时计算。边缘计算聚集实时、短周期数据的分析，能够更好地支撑本地业务实时智能化处理与执行。

② 效率更高。由于边缘计算距离用户更近，在边缘节点处实现了对数据的过滤和分析，因此效率更高。

③ 更加智能。AI+边缘计算的组合让边缘计算不止于计算，更智能。

④ 更加节能。云计算和边缘计算结合，成本只有单独云计算的 39%。

⑤ 缓解流量压力。在进行云端传输时通过边缘节点进行一部分简单数据处理，进而能够降低设备响应时间，减少从设备到云端的数据流量。

边缘计算参考架构，基于分层设计，包含应用域、数据域、网络域、设备域四个功能域，如图 8.2 所示。

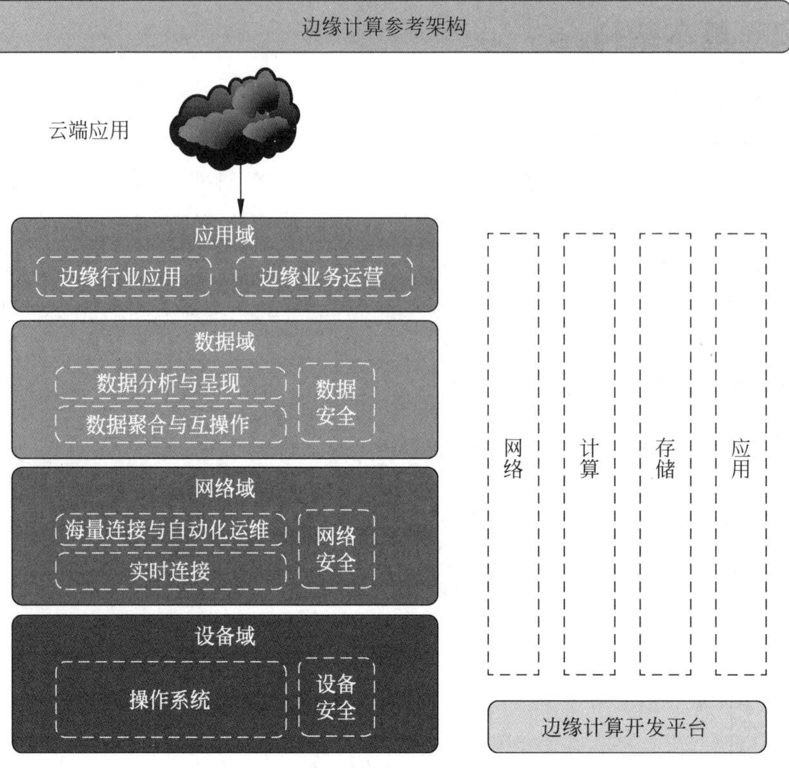

图 8.2 边缘计算参考架构

在应用域,将基于设备、网络、数据功能提供开放接口,实现边缘行业应用,支撑边缘业务经营。在数据域,将提供数据优化服务,包括数据的提取、聚合、互操作、语义化已经分析与呈现的全生命周期服务,并保障数据的安全与隐私。在网络域,将为系统互连、数据聚合与承载提供连接服务。在设备域,将通过贴近或嵌入式传感、仪表、机器人和机床等设备的现场节点,支撑现场设备实现智能互联及智能应用。边缘计算的产业生态如图 8.3 所示。

8.4.3 边缘计算与云计算的关系

云计算大多采用集中式管理的方式,这使得云服务创造出较高的经济效益,而在万物互联的背景下,应用服务需要低延时、高可靠性以及数据安全,而传统云计算无法满足这些需求,主要原因如下:

(1) 实时性

在物联网环境下,边缘计算产生大量实时数据,云计算性能正逐渐达到瓶颈,据 IDC 预测,到 2020 年,全球数据总量将大于 40ZB。随着边缘设备数据量的增加,网络带宽正逐渐成为云计算的另一瓶颈。

(2) 隐私保护

当用户使用电子设备访问购物网站、搜索引擎、社交网络等时,用户的隐私数据将被上传至云中心,其中包含用户隐私数据,如果直接将视频数据上传到云数据中心,视频数据的传输不仅会占用大量的带宽资源,还增加了泄露用户隐私数据的风险,边缘计算模型恰好为这类敏感数据提供了较好的隐私保护机制。

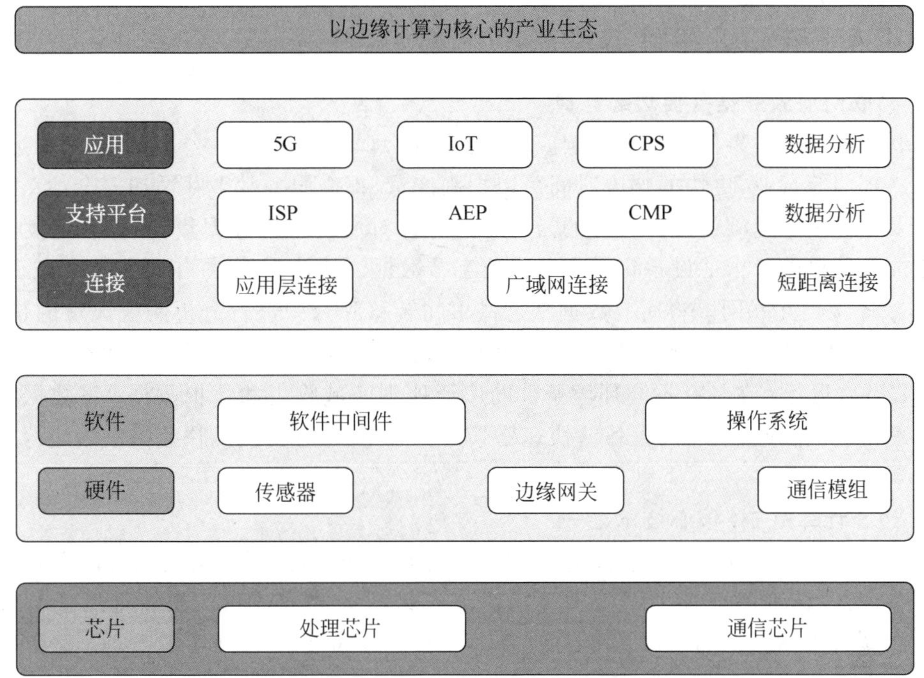

图 8.3　边缘计算的产业生态

（3）能耗

针对云数据中心的能耗问题，随着在云计算中心运行的用户应用程序越来越多，未来大规模数据中心对能耗的需求将难以满足。为解决这一能耗难题，边缘计算模型提出将原有云数据中心上运行的一些计算任务进行分解，然后将分解的计算任务迁移到边缘节点进行处理，以此降低云计算中心的计算负载，达到降低能耗的目的。

如图 8.4 所示，边缘计算可被看作对于云计算的拓展，边缘计算和云计算是共生关系。云计算把握整体，聚焦于非实时、长周期数据的大数据分析，能够在周期性维护、业务支撑等领域发挥特长；边缘计算则专注于局部，聚焦实时、短周期数据的分析，能够更好地支撑本地业务的实时智能化处理与执行。

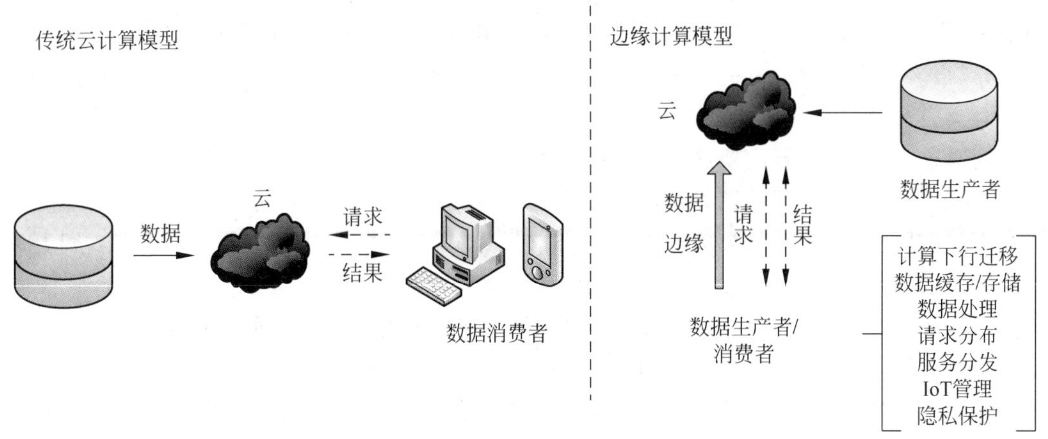

图 8.4　传统云计算模型和边缘计算模型的比较

8.4.4 推动边缘计算发展的因素

1. 物联网海量数据需要边缘计算

物联网加速了对事件的认识和响应。在制造业、石油和天然气、公用事业、交通运输、矿业和公共部门等行业，更快的响应时间可以提高产量，提高服务水平并增加安全性。利用物联网需要一种新的基础设施。今天的云模型并非针对所产生的数据量、品种和速度而设计的。之前未连接的数十亿设备每天产生数艾字节数据。估计到 2020 年将有 500 亿个“事物(things)”连接到互联网。将所有数据从这些事物转移到云中进行分析需要大量的带宽，是不切实际的，因此需要新的计算模型。主要要求是：尽量减少延迟；节省网络带宽；解决安全问题；可靠运行；在具有不同环境条件的广泛地理区域收集和保护数据；将数据移动到最佳处理位置。因此，物联网设备的快速增长以及海量数据的处理，快速推动着边缘计算的发展。

2. 边缘计算是 5G 核心技术之一

5G 技术以“大容量、大带宽、大连接、低延迟、低功耗”为诉求。根据联合国国际电信联盟(ITU)对 5G 标准的要求，5G 标准包括增强型移动宽带(eMBB)、超高可靠低时延通信(uRLLC)以及海量机器通信(mMTC)三大应用场景，并定义了以下关键指标：峰值吞吐率 10Gb/s、时延 1ms、连接数 100 万、高速移动性 500km/h。

在目前的网络架构中，由于核心网的高位置部署，传输时延比较大，不能满足超低时延业务需求。此外，业务完全在云端终结并非完全有效，尤其一些区域性业务不在本地终结，既浪费带宽，也增加时延。因此，时延指标和连接指标决定了 5G 业务的终结点不可能都在核心网后端的云平台。边缘计算正好契合该需求。一方面，边缘计算部署在边缘位置，边缘服务在终端设备上运行，反馈更迅速，解决了时延问题；另一方面，边缘计算将内容和计算能力下沉，提供智能化的流量调度，将业务本地化，内容本地缓存，让部分区域性业务不必大费周折在云端终结。

3. 边缘计算可以避免运营商管道化

目前传统的运营商网络是“哑管道”，是非智能的。在通信网络正在承载更多基于新型智能终端、基于 IP 的多媒体应用的背景下，运营商资费和商业模式都较为单一，对业务和用户的掌控力不足。例如，目前包月套餐大量存在，很难满足用户的差异化需求，在资费一定的情况下，使用流量较少的用户事实上在补贴高流量用户。此外，由于没有对业务进行优先级区分，很多占用大量带宽的业务无法产生足够的价值，如一些视频流媒体、P2P 业务等，而一些对实时性要求高且高价值的业务，如移动办公业务，却无法获得有限保障。

面对这一挑战，运营商纷纷提出“智能管道”战略，广义的智能管道的定义是：根据客户价值、业务价值分配合理的网络资源并提供相应计费手段的数据管道。实现智能管道的关键在于精准区分用户类别，真实把握用户需求。为了实现这一目的，一些运营商已经开始利用深度包解析得到的 URL 信息进行关键字段匹配，从而感知用户需求，对客户进行画像。

以上所分析的智能化 5G 网络的重要特征之一便是内容感知，通过对网络流量的内容分析，可以增加网络的业务黏性、用户黏性和数据黏性。而移动边缘计算的关键技术之一也是业务和用户感知，通过在移动边缘对业务和用户进行识别，充分优化利用本地网络资源，提高网络服务质量，并且可以对用户提供差异化的服务，带来更好的用户体验。

8.4.5 应用场景举例

1. 自动驾驶

现在备受汽车、ICT产业关注的下一代物联网技术便是自动驾驶。一辆自动驾驶车有4TB数据需要上传，如何上传？车与机械部件之间怎么联系？车与车之间怎么联系？车与基站都要分区域、分层次地进行计算，这些都是边缘计算可以解决的问题。自动驾驶汽车创造了大量的数据，其中大部分数据需要与邻近的汽车共享。边缘计算设备在确保信息处理和快速传输到其他车辆方面可以发挥重要的作用。

2. 智能照明

虽然路灯行业对于ICT、IoT行业来说是很小的行业，中国整体半导体照明行业加起来产业规模只有6000亿人民币左右，然而，路灯照明却占到全球能源消耗的6%。现在全球智慧路灯市场明显在提速，截至2019年，全球智慧路灯市场规模将达到30亿美元。通过边缘计算使智慧路灯成为可能：利用先进的传感技术、网络技术、计算技术、控制技术、智能技术，全面感知路灯设备，实现路灯的远程实时监控，周期性的控制实现故障自诊断，可预测性的维护，将灯改为无线网络的接入节点，覆盖周边的设备和场景，例如停车场、传感器、垃圾桶等，构造可扩展的城市物联网架构，推动照明物联网向城市物联网的演进。

3. 智能电梯

可以分为4个层次理解边缘计算。第一，边缘计算能够实现电梯故障的实时响应。“梯联网”一般采用“电梯传感器数据—远端App—云端”这条数据传输链路。该链路一旦意外中断，传感器边缘部件就要相对独立具备计算能力，而边缘计算使得这一能力能够开放给专业的电梯解决方案供应商。第二，边缘计算能够确保实时数据本地存活。“梯联网”中，数据的云存储很重要，但与云的链路一旦中断，就要边缘网关能够具备处理本地事务的机制，将数据实时存在网关上，待网络恢复后上传。第三，边缘计算能够实现数据聚合。电梯传感器每天采集的信息量极其庞大，边缘计算能够确保部分数据及时聚合处理，无须与云建立连接，上传云端。第四，边缘计算能够更好地实现业务监测和攻击防范。“梯联网”中，在电梯传感器边缘部件上部署智能网关，能够更好地对本地和云端进行监测和防护，并对数据进行加密。

4. 智能零售

无人便利店最核心的理念是通过大量的摄像头与传感器来完成以往店员通过人力来完成的工作，如果把一家无人便利店比喻为一个人体，那么这些摄像头、传感器就是每一个神经末梢，伸展到便利店的各个角落。海量的如神经末梢般的顾客感知摄像头、理货摄像头、货架重力传感器等构成了“智能货架”“智能感知摄像头”“智能称重结算台”和“智能广告牌”等模块，这些模块构成了一家无人便利店的完整的神经系统，同时在不停地产生海量数据，如货架上货品的缺货情况、客流密集区域分析、品牌露出情况分析、入店人员登录等信息。这个时候，海量的信息将汇聚到无人便利店的“计算大脑”，即边缘计算节点，能够连接不同的传感器并提供边缘视频人工智能计算。首先，独有的模块化组装模式能够灵活组合，适应不同的应用场景；其次，利用边缘计算服务器将不同模块的数据集中在边缘进行处理，可降低云端数据传输和处理的信息，提高效率并优化流程，提升实时响应的用户体验；再次，通过针对于人工智能算法的软件优化和加速，在降低整体系统成本和能耗的同时，提供更及时流畅的体验。

8.4.6 边缘计算面临的挑战

1. 物联网人机关系

互联网现在已发展到相对成熟的阶段，很好地解决了人与计算机的连接问题，应用成为互联网下一阶段发展的主要问题。但物联网的发展现在还不太成熟，还没有一个标准的产业形态，主要呈现出碎片化的业态。由于其本来包含的类型就比较多，随着万物互联的发展又为其添加了新的内容——人也将成为形态的一员。人与机器的关系将是未来 20 年必须解决和关注的问题，不能将人排除在机器之外解决问题。所以，关于人的意图、行为和知识的表达也带来了新的挑战。

2. 物与传统 IT 的互联互通、互操作

无论是德国的"数字工厂"，还是美国的"工业互联网"，其创新和效益均主要来自在线优化。当前，我国急切需要解决的是互联网和物联网的融合，这个融合很困难，因为 OT 是一条轨道，IT 又是一条轨道，两者的模式和理念不同，技术平台也不一样。实际上未来边缘侧越来越碎片化以后，传统的 IT 终端已经无法满足物联网的需求，边缘计算是否能与芯片和网络设备相融合，提供新一代的解决方案，同时探索出面向未来的新型产业模式，也将是非常重要的事情。

3. 数据异构

此前物联网的传统发展模式一直是将其收集的数据送到云端去处理，但未来物联网的连接数量与现在的互联网相比，规模将超过 3 个数量级，所以完全依靠这种垂直连接实际上很难实现，必须考虑在边缘级进行处理，要涉及数据采集、数据存储和数据表达等问题，特别是数据表达将成为一个大挑战；此外，物联网的数据类型与现在各种互联网设备产生的数据类型完全不一样，呈现多维异构、时空关联等物理特性，如何分配处理任务以及如何自动调整也将是一大挑战。这些都是边缘计算需要解决的问题，而不是边缘网络能够解决的问题。边缘计算需要与网络互动发展，其最主要的原因就是因为处理的数据是异构的且具有实时要求。

4. 安全问题

边缘计算的安全问题需要从以下三个方面考虑。一是边缘计算设备往往硬件性能受限，不像云有强大的性能，所以对于安全软件和服务的轻量化要求比较高；二是边缘计算连接的是上百万 IoT 端点，传统的黑名单等访问控制策略并不适用；三是由于百万级 IoT 终端集中上线、集中认证，因此如果采用传统的集中式认证机制，可能会崩溃，所以去中心化的分布式认证机制或区块链技术等可以在边缘计算安全方面进行探索。

8.5 大数据

最早提出"大数据"时代到来的是全球知名咨询公司麦肯锡。麦肯锡称："数据，已经渗透到当今每一个行业和业务职能领域，成为重要的生产因素。人们对于海量数据的挖掘和运用，预示着新一波生产率增长和消费者盈余浪潮的到来。"大约在 2009 年，"大数据"成为 IT 行业的流行词。海量数据被认为是大数据的前身，但是它旨在突出数据规模的大，而没有突出数据的特性。大数据不仅有大规模的数据，还有复杂的数据种类和形式。目前，大家公认大数据具有四个基本特征：数据种类多(variety)、数据规模大(volume)、数据价值密度低(value)和处理速度快(velocity)。这就是大家常说的区别于传统数据的大数据的 4V 特性。大数据分析工作主要包括数据采集、数据加工、数据应用等。

8.5.1 数据采集

运用传感器设备、爬虫工具、抽取系统数据库的方式整合数据。传感器设备包括监控摄像头、人脸识别仪、手机等日常常用设备。通过收集人、商品、场景等图片，分析人脸特征、商品布放、周边环境信息展开专项大数据营销。爬虫工具的作用是采集互联网数据，例如，可采集国内外任意电商网站商品全量、全维度信息，包括商品基本信息、交易记录、价格、库存，以此获取宏观数据，从而进行市场分析、品牌舆情和价格监控。抽取系统数据库，就是对存量数据的抽取，例如邮政的储蓄、保险、营业、报刊等系统产生的存量数据。另外可以通过网络资源采集数据，如登录"中国人民银行"网站获取金融类宏观数据，登录"中华人民共和国国家统计局""国家数据"等网站得到各行业的发展数据。

8.5.2 数据加工和应用

数据加工主要是对数据进行质量检查与去重清洗工作。通常在采集的数据中，存在大量数据重复、缺失、不一致的情况，因此需要对数据进行预处理(加工)。

数据应用主要体现在数据挖掘、展示两方面的内容。而目前，大数据公司业务主要是实现商业智能，即可视化"大数据"。古谚云"一图胜万言"，数据可视化在呈现数据的同时，也对发现数据中新的信息起到关键作用。

近年来，随着移动互联网的快速发展，我们已置身于大数据时代之中，任何一个行业的领军者都已看到了大数据所带来的前所未有的潜力与它的重大意义。目前，大数据技术在互联网公司、医疗、教育、交通、智慧城市等领域已经得到了广泛的应用。例如，淘宝网通过大数据分析，可精确地预测什么年龄的客户喜欢什么种类的物品，根据浏览记录数据可预测此类用户的购买喜好并进行推荐。在通信领域，运营商在多年的运营过程中，积累了海量的数据资源，所以将大数据技术应用到通信领域，势在必行。例如，运营商可以通过大数据技术对用户的流量使用状况、资费、用户行为进行统计，实现客服信息的实时提醒(如流量使用实时提醒，大流量使用提醒)，并为客户制定合适的业务套餐，从而提高用户对通信行业服务质量的满意度和通信行业的营销效率。此外，运营商可以在数据中心的基础上，搭建大数据分析平台，通过自己采集、第三方提供等方式汇聚数据，并对数据进行分析，为相关企业提供分析报告。未来，这将是运营商重要的利润来源。例如，通过系统平台，对使用者的位置和运动轨迹进行分析，实现热点地区的人群频率的概率性有效统计，比如根据景区人流进行优化。

大数据在带来巨大便利的同时，也带来隐私泄露和侵犯的困扰。正在实施的《通用数据保护条例》(GDPR)将从根本上改变如何收集、存储和删除数据。该规定要求组织知道它们在哪里持有客户的个人资料。如为了保护所有欧盟成员国内的个人相关信息(个人数据)，GDPR 要求企业对个人数据的存储、传输、访问方式，以及审计进行更大力度的监督。简言之，GDPR 是一项要求企业实施适当的保护措施和流程，从而有效保护欧盟公民的个人数据和隐私的法案。

8.6 人工智能

过去几年人工智能技术之所以能够获得快速发展，主要源于三个元素的融合：性能更强的神经元网络、价格低廉的芯片以及大数据。其中神经元网络是对人类大脑的模拟，是机器深度学习的基础，对某一领域的深度学习将使得人工智能逼近人类专家顾问的水平，并在未来进一步取代人类专家顾问。当然，这个学习过程也伴随着大数据的获取和积累。

8.6.1 人工智能对经济社会的影响

人工智能在接下来的几年中，从对经济社会的影响而言，将呈现出如下三个主要发展趋势：

① 人工智能技术进入大规模商用阶段，人工智能产品全面进入消费级市场。

最近，各大智能设备生产厂家采用了人工智能技术实现面部识别等功能。而最新的智能语音助手则从软件层面对长期以来停留于“你问我答”模式的语音助手进行升级。人工智能借由智能手机已经与人们的生活越来越近。总体而言，在商业服务领域的全面应用，正为人工智能的大规模商用打开一条新的出路，人工智能于各行业垂直领域应用具有巨大的潜力。人工智能市场在零售、交通运输和自动化、制造业及农业等各行业垂直领域具有巨大的潜力。而驱动市场的主要因素，是人工智能技术在各种终端用户垂直领域的应用数量不断增加，尤其是改善对终端消费者服务。当然人工智能市场要发展就需要 IT 基础设施、智能手机及智能穿戴式设备的完善。其中，以自然语言处理(NLP)应用市场占人工智能市场很大比例。随着自然语言处理的技术不断精进而驱动消费者服务的成长，还有汽车通信系统、人工智能机器人及支持人工智能的智能手机等领域。由于医疗保健行业大量使用大数据及人工智能，进而精准改善疾病诊断、医疗人员与患者之间人力的不平衡、降低医疗成本、促进跨行业合作关系。此外，人工智能还广泛应用于临床试验、大型医疗计划、医疗咨询与宣传推广和销售开发。

② 基于深度学习的人工智能的认知能力将达到人类专家顾问级别。

“认知专家顾问(cognitive expert advisors)”在高德纳(Gartner)咨询公司近年的热点技术的生命周期被列为未来五年将会被主流采用的新兴技术，这主要依赖于机器深度学习能力的提升和大数据的积累。事实上在金融投资领域，人工智能已经有取代人类专家顾问的迹象。老牌金融机构也察觉到了人工智能对行业带来的改变。人工智能技术与保险业正深度结合，在保险产品数据库基础上进行分析和计算搭建知识图谱，并收集保险资料，为人工智能问答系统做数据储备，最终连接用户和保险产品。这对目前仍然以销售渠道为驱动的中国保险市场而言显然是个颠覆性的消息，它很可能意味着销售人员的大规模失业。

关于人工智能的学习能力，可以形象地总结为：“使用人工智能的人越多，它就越聪明。人工智能越聪明，使用它的人就越多。”就像人类专家顾问的水平很大程度上取决于服务客户的经验一样，人工智能的经验就是数据以及处理数据的经历。随着使用人工智能专家顾问的人越来越多，未来 2～5 年人工智能有望达到人类专家顾问的水平。

③ 人工智能技术将严重冲击劳动密集型产业，改变全球经济生态。

许多科技界的大佬一方面受益于人工智能技术，另一方面又对人工智能技术发展过程中存在的威胁充满担忧。比尔·盖茨、埃隆·马斯克斯、蒂芬·霍金等都曾对人工智能发展做出警告。尽管从目前来看对人工智能取代甚至毁灭人类的担忧还为时尚早，但毫无疑问人工智能正在抢走各行各业劳动者的饭碗。

未来 2～5 年人工智能导致的大规模失业将率先从劳动密集型产业开始。如制造业，在主要依赖劳动力的阶段，其商业模式本质上是赚取劳动力的剩余价值。而当技术成本低于雇佣劳动力的成本时，显然劳动力会被无情淘汰，制造企业的商业模式也将随之发生改变。再比如物流行业，目前大多数企业都实现了无人仓库管理和机器人自动分拣货物，接下来无人配送车、无人机也很有可能取代一部分物流配送人员的工作。就中国目前的情况来看，正处于从劳动密集型产业向技术密集型产业过渡的过程中，难以避免地要受到人工智能技术的冲击，而经济相对落后的东南亚国家和地区因为廉价的劳动力优势仍在，受人工智能技术冲击较小。世界经济论坛 2016 年的调研数据预测到 2020 年，机器人与人工智能的崛起，将导致全球 15 个主要的工业化国家大量的就业岗位流失，多以低成本、劳动密集型的岗位为主。

8.6.2　人工智能技术演进趋势

1. 智能终端方面

人工智能取代屏幕成为新 UI/UX 接口；手机芯片内建人工智能运算核心。

从 PC 到手机时代以来，用户接口都是透过屏幕或键盘来互动。随着智能喇叭、虚拟/增强现实（VR/AR）与自动驾驶车系统陆续进入人类生活环境，在不需要屏幕的情况下，人们已经能够很轻松自在地与运算系统沟通。这表示着人工智能透过自然语言处理与机器学习让技术变得更为直观，也变得较易操控，未来将可以取代屏幕在用户接口与用户体验的地位。人工智能除了在企业后端扮演重要角色外，在技术接口也可承担更复杂的角色，例如使用视觉图形的自动驾驶车，透过人工神经网络以实现实时翻译。也就是说，人工智能让接口变得更为简单且更智能，也因此设定了未来互动的高标准模式。

现阶段主流的 ARM 架构处理器速度不够快，要进行大量的图像运算仍嫌不足，所以未来的手机芯片必将内建人工智能运算核心。人工智能芯片关键在于成功整合软硬件。人工智能芯片的核心是半导体及算法。人工智能硬件主要是要求更快指令周期与低功耗，包括 GPU、DSP、ASIC、FPGA 和神经元芯片，且须与深度学习算法相结合，而成功相结合的关键在于先进的封装技术。总体来说 GPU 比 FPGA 快，而在功率效能方面 FPGA 比 GPU 好，所以人工智能硬件的设计和开发最终依赖终端用户选择供货商的需求考虑而定。

2. CPU 和 GPU（或其他处理器）架构的结合

未来，还会推出许多专门的领域所需的超强性能的处理器，但是 CPU 通用于各种设备，任何场景都可以适用。所以，最完美的架构是把 CPU 和 GPU（或其他处理器）结合起来。例如，NVIDIA 推出 CUDA 计算架构，将专用功能 ASIC 与通用编程模型相结合，使开发人员实现多种算法。

3. 人工智能自主学习是终极目标

人工智能“大脑”变聪明是分阶段进行的，从机器学习进化到深度学习，再进化至自主学习。目前,仍处于机器学习及深度学习的阶段,若要达到自主学习需要解决四大关键问题:一是为自主机器打造一个人工智能平台;二是提供一个能够让自主机器进行自主学习的虚拟环境,必须符合物理法则,碰撞、压力、效果都要与现实世界一样;三是将人工智能的“大脑”放到自主机器的框架中;四是建立虚拟世界入口(VR)。目前,NVIDIA 推出自主机器处理器 Xavier,就在为自主机器的商用和普及做准备工作。

4. AR 成为人工智能的眼睛,两者相互补充不可或缺

未来的人工智能需要 AR,未来的 AR 也需要人工智能,可以将 AR 比喻成人工智能的眼睛。为了机器人学习而创造的虚拟世界,本身就是虚拟现实。还有,要想让人进入虚拟环境对机器人进行训练,还需要更多其他的技术。

第9章 科研创新能力培养与方法训练

CHAPTER 9

9.1 科学研究的方法

研究＝研＋究。研者细磨也，究者穷尽也。研究成果并非一入学就能够得到，新生不必太急。做研究就是做学问。

学问＝学＋问。对工科生来说，“学”主要来自项目、实践和实习。“问”的对象不仅是教师，还包括学长、学姐和周围相关的人。

科学研究主要是一种探索未知的过程，是一种认识自然与社会的过程，而分析则是认识过程的主导方法论。将相关的分析方法依照一定的逻辑顺序组织起，形成一种科学分析的“方法链”，可以有效地解决这个问题。

一个完整合理的科学实验和成果一般都要涉及“PRFR”4 个部分：

① “Predecessor”——前人成功的实验。也就是说课题具备立项依据，不能是凭空的假想，研究论文是建立在前人基础之上的科学假设，然后小心求证，包括严谨的理论分析和完备的实验验证。

② “Repetition”——可重复性。既涵盖我们重复前人的实验，也要保证后来者能够重复我们的实验，能被重复(repeat)并且被不断重复的实验才能证明是高水平的研究，是可信的研究。

③ “Fresh”——创新性。这是一个民族的灵魂，也是一个科学实验的灵魂。没有创新，科学就不会进步。虽然重复很重要，但是创新建立在可重复性的基础之上，更具有科学意义、更具推广意义(把简单的事情考虑得很复杂，可以发现新领域；把复杂的现象看得很简单，可以发现新定律——艾萨克·牛顿语)。

④ “Reliability”——可靠性。科学结论合理、可靠是研究者最终的目标。

科学研究方法是一种工具，用符合逻辑的方式帮助科技工作者解决问题(或确定问题的答案)。如图 9.1 所示，科学研究方法包括识别问题、研究问题、形成解决方案、进行理论分析和实验验证、得出结论、宣传成果(包括发表论文、申请专利以及创新创业项目等)。

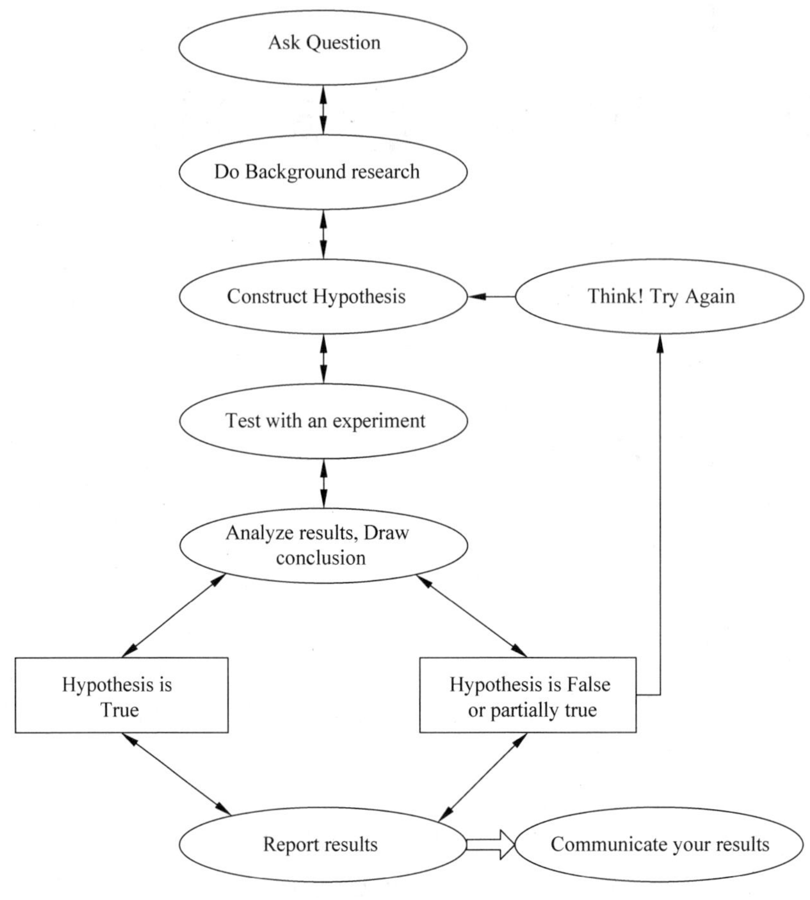

图 9.1 科学研究方法的流程示意图

9.2 科技文献搜索和阅读

9.2.1 科技论文的信息材料搜集

科技文献检索是每个工程技术和科学研究人员必备的素质。

为什么要进行文献检索？处于不同环境/立场的人考虑的问题不同，答案也各不相同。学校的很多机构在进行教学、研究和开发时，需要了解最新的、现在的、过去的研究和应用现状（所谓的 literature survey）。商业机构可能还要了解某技术是否有投资的必要，是否有专利侵权。而对于专利审查员来讲，要把握目前审查的专利是否已经有文献可以否定或影响其新颖性。对于专利而言，很多公司除了研发外还需要追踪竞争对手的动向，是否有侵权行为等。

目前的科学研究和工程实践，可能会有很多人同时在做一个项目，科技信息绝不是一拍脑袋就能想出来的。因此，需要深入调研：这项技术的发展历程是什么样的；开始是什么状态，如何慢慢演变到目前这种状态；有什么分支；别人是怎么想到的；他们的想法对我们有什么启迪作用；是不是一个好的创意。

浩如烟海的文献资料，一般人很难检索全。论文的选择一般是先看中文综述，然后看中文博士学位论文，而后看英文综述，最后看英文文献。这样做的好处是，通过中文综述，可以首先了解基本名词、基本参量，以及常用的制备、表征方法。直接读英文，如果简单想当然地翻译一些基本名词，往往会将你引入误区或引发歧义。同时中文综述里包含大量的英文参考文献，可为后续查找文献打下基础。

中文博士学位论文，特别是最近几年的，其第一章、前言或绪论所包含的信息量往往大于一篇综述。因为它会更加详细地介绍该领域的背景以及相关理论知识，同时往往会提到国内外在本领域成绩比较突出的几个科研小组的相关研究方向。通过阅读就可以更清楚地理清一个脉络。

英文综述，特别是那些发表在高质量期刊上的，往往都是本领域的权威人物写的。对此要精读，要分析其文章的构架，特别要关注作者对各个方向的优缺点的评价以及对缺点的改进和展望。精读一篇好的英文综述，所获得的不只是对本领域现在发展状况的了解，同时也可以学会很多地道的英文表达。最后就是针对自己的课题查找并阅读相关的英文文献了。可以在各大学图书馆的数据库中查阅英文文献，也可以通过网络获取英文文献。所以说文献的获取不是问题，问题在于查阅什么样的文献和如何阅读整理文献。以下四类英文文献是学生们需要检索和阅读的：

① 本领域核心期刊的文献。不同的研究方向有不同的核心期刊，首先你要了解所研究的核心期刊有哪些。

② 本领域权威人物或者主要课题组的文献。每个领域都有几个领军人物，他们所从事的方向往往代表该领域目前的发展主流。因此阅读这些文献可以把握目前的研究重点。这里有人可能要问，怎么知道谁是权威人物呢？这里有两个小方法。第一是利用检索关键词（通常检索关键词由这几部分组成：领域描述、问题描述和解决问题的关键技术点的描述），这样会查到很多文献，而后看看哪位作者发表的论文数量比较多，原则上一般发表论文数量较多的人或课题组就是这个领域中解决特定问题的主要学者或研究组。第二是首先了解本领域有哪些大规模的国际会议，而后登录会议主办者的网站，一般都能看到关于会议的受邀演讲者的名字，作为受邀请报告的报告人一般都是该领域的领军人物。

③ 高引用次数的文章。一般来说高引用次数（不包括自引）的文章都是比较经典的文章，要么思路比较好，要么材料性能比较好，同时其文笔应该也不差。多读这样的文章，体会作者对文章结构的把握和对图表分析的处理，可以从中得到很多启发。

④ 当你有了一定背景知识，开始做实验并准备写论文的时候需要看的文献。首先要明确一点，即你所做的实验想解决什么问题，是对原有材料的改进还是创造一种新的材料或者是新的制备方法，还是采用新的表征手段或计算方法。明确这一点后，就可以有的放矢查找你需要的文献了。而且往往当你找到一篇与你研究方向相近的文章后，通过反复地、不断提炼、螺旋式的搜索方法，你可以找到引用它的文献和它引用的文献，从而建立一个文献树，获取更多的信息量。

总结而言，文献检索的总体过程如下：

① 确定已定课题的大概方向。

② 查相关中文综述，查看国内有谁或哪个单位在研究相关内容。

③ 查英文综述，比较一下，看看大家对什么感兴趣。

④ 查较关键的参考文献，注意期刊和作者的权威性，以及文献的引用次数。

⑤ 重检相关全文，注意研究方法和技术路线，讨论中存在什么问题。

⑥ 根据本人所能控制的资金和本地技术资源考虑我能做什么，怎么做。

⑦ 进一步紧缩范围，有一个框架图。

⑧ 根据框架图进一步查英文文献以明细节。

总之，针对你自己的方向，找相近的文献来读，从中理解文章中回答什么问题，通过哪些技术手段来证明，有哪些结论，从这些文章中了解研究思路和逻辑推论，学习技术方法。下面给出几个实用的建议。

① 关键词、主题词检索：关键词、主题词一定要选好，这样才能保证你所要检索内容的全面。因为，换个主题词，可以有新的内容出现。

② 检索某个学者：知道了某个在这个领域有建树的学者，找他/她近期发表的文章。

③ 参考综述检索：如果有与自己课题相关或有切入点的综述，可以根据相应的参考文献找到原始的研究论文。

④ 注意文章的参考价值：刊物的影响因子、文章的被引次数能反映文章的参考价值。但要注意引用这篇文章的其他文章是如何评价这篇文章的。

最后介绍一下实验和文献的关系：实验思路永远要走在实验之前，凡事想好再做，一定没错！在实验方案的设计和实验细节方面一定要多下功夫，力求用实验室最成熟的技术。对于一些自己没有做过的实验，一定要吃透原理再下手不迟，切忌盲目。

9.2.2 文献的阅读和整理技巧

1. 如何阅读文献

阅读文献要厚积薄发！

看最新的高质量的英文文献。看英文文献不要怕难，要坚持下去。这样慢慢走来，阅读速度就会越来越快。《劝学》里面的一句话“吾尝终日而思矣，不知须臾之所学也”非常正确。看文献要多多益善。一篇文献至少要有三两可取之处，看得多了，水平自然就上来了。其中包括做东西的思路和写文章的英文表述等。

阅读文献，要力求对一个方面或一个主题或一个概念的历史发展都要搞清楚，清楚来龙去脉。文献有新有旧，有些学科或专题文献的半衰期很长，经典文献的阅读是很重要的，只下载几篇新文献是很难理解全貌的。要有意识阅读大家的文献，阅读某个领域或专题中里程碑式的文献或文献综述。这些文献对于初学者了解一个学科或领域的发展很有帮助，对于某个阶段的重要文献提供了一个查找的捷径。从中可以很快了解一些相关理论和学说、重要结果的进展。要善于分析自己研究领域中一些国内外代表性实验室的论文，通过分析一个实验室的论文目录，可以了解这个实验室的发展过程和研究兴趣的发展、拓展。要善于分析本领域一些代表性学者的论文，通过分析这些引领学科或领域发展的科学家的论文目录，同样可以看到他(她)个人研究兴趣和研究生涯的发展，以及他(她)所领导的研究团队的发展过程。

要批判地看文献。随着时间的增长，文献看得越来越多，我们会发现很多文献彼此是矛盾的。很多人不知道怎么办？这个就要要求我们要批判地看文献——用审稿人的眼光看它。它有哪些可取之处，哪些不好。我们也不能极其推崇一个观点，要思考一下为什么有人支持另外的观点。比较厉害的科研人员是能够同时容纳两种相左观点的人。这样我们才能学到更多的东西。

具体而言，下面一些小建议对高效阅读和整理文献会有所帮助。

① 注重摘要：摘要可以说是一篇论文的窗口。多数文章看摘要，少数文章看全文。真正有用的全文并不多，过分追求全文是浪费，不可走极端。当然只看摘要也是不对的。多数文章题目、摘要简单浏览后，关键的章节标题、图形及其解释一般能掌握大部分。

② 通读全文：读第一遍的时候一定要认真，争取明白每句的大意，能不查字典最好先不查字典。因为读论文的目的并不是学英语，而是获取信息，查了字典以后思维会非常混乱，往往读完全文不知所谓。可以在读的过程中将生字标记，待通读全文后再查找其意思。

③ 归纳总结：较长的文章，容易遗忘。好在虽然论文的句子都长，但每段的句数并不多，可以每一段用一个词组标一个标题。

④ 确立句子的架构，抓住主题：读英文原版文献是有窍门的。我们每个单词都认识读完了却不知在说什么，这是最大的问题。在阅读的时候一定要看到大量的关系连词，它们承上启下引领了全文。中国人喜欢罗列事实，给出一个观点然后就是大量的事实，这也是中文文献的特点，我们从小都在读这样的文章，很适应。西方人的文献注重逻辑和推理，从头到尾是非常严格的，就像GRE里面的阅读一样，进行的是大量重复、新旧观点的支持和反驳，有严格的提纲，尤其是越好的杂志体现得越突出。读每一段落都要找到其主题，往往是很容易的，大量的无用信息可以一带而过，节约你大量的宝贵时间和精力。

⑤ 增加阅读量：由于刚刚接触这一领域，对许多问题还没有什么概念，读起来十分吃力，许多内容也读不懂。后来随着阅读量的增加，最后可以融会贯通。所以，对新手而言，应当重视阅读文献的数量，积累多了，自然就由量变发展为质变了。

2. 如何提高阅读的效率

(1) 文献阅读的顺序

找到相关文献后，一般先看文献的摘要，看看摘要是否跟自己的研究课题方向相关；接着看参考文献，如果参考文献中80%以上不是最近3～5年的文章，该文献的参考价值就不大了(阅读经典文献除外)；然后再看引言，注意引言中是怎么阐述其研究思路的，是怎么得出要做所做研究的想法的。如果这三个方面都跟自己的研究方向相关，就可以仔细地阅读全文了。

(2) 泛读与精读相结合

如果一篇文献看完摘要后感觉对自己的研究思路帮助不大，仅能够帮助了解别人研究进展，读完摘要即存档不再继续读下去，这种文献阅读叫“略读”；除了读完摘要，还仔细看完参考文献和引言的文献阅读叫“概读”；将全文看完，并结合自己的研究思路进行分析，这种文献阅读叫“详读”；详读了一篇论文后发现有很多的启发和思路，并且根据自己在读这篇文献时的问题和想法，展开来查看其他的相关文献和书籍，以便弄懂相关概念和问题，这样对一篇文献进行阅读叫“精读”。在展开文献阅读时，需要将这些阅读方法结合使用，一般的经验是“略读”、“概读”的文献占总阅读量的70%，“详读”的文献占总阅读量的20%，“精读”的文献占总阅读量的10%。

(3) 坚持记笔记和反复阅读

总结一套适合自己记笔记的方法，重要的结论、经典的句子、精巧的实验方案一定要记下来,供以后参考、引用和学习;看完的文献千万不要丢在一边不管,几个月后一定要重新温习一遍。可以根据需要,对比自己的实验结果来看,在以后看文献过程中遇到相似的文献,可以把以前阅读过的论文和笔记拿出来对照阅读。

(4) 电子文献与纸质文献结合看

对于"略读"、"概读"的文献可以直接看电子版,但"详读",特别是"精读"的文献一定要找纸质文档来看,可以找期刊或论文集原本,也可以打印出来读,我大部分打印出经典的或重要的文献进行"精读"。

(5) 抓住主要文献的主要内容进行总结和评述

阅读完一篇文献后,特别是"精读"过的文献,不能一句一字地读完了就万事大吉了,需要对文献进行总结和评述,这样才能使阅读过的文献对自己写论文真正有帮助。可以从以下 6 个方面进行评述:①该论文的主题、目的;②该论文的前期工作分析;③该文献本身的研究方法、结果;④该文献本身的创新之处;⑤该文献可能进行改进的地方,对本人研究课题的启发;⑥通过该论文,提出自己可能的新思路。

(6) 集中时间看文献

看文献的时间越分散,浪费时间越多。集中时间看更容易联系起来,形成整体印象。

3. 如何精读专业的技术文献

(1) 精读 5 篇

先找 5 篇左右跟自己论文最相关的英文文章,花一个月的时间认认真真地看、反复看,要求全部读懂,不懂的地方可以和同学老师交流一下。一个月以后你已经上路了。

(2) 如何读标题

不要忽视一篇论文的标题,看完标题以后想想要是让你写,你怎么用一句话来表达这个标题,根据标题推测一下作者论文可能是什么内容。有时候一句比较长的标题让你写,你可能还不会表达。下次你写的时候就可以借鉴了。

(3) 如何读摘要

快速浏览一遍,这里主要介绍这篇文章做了些什么。也许初看起来不好理解,看不懂,这时候不要气馁,不管它往下看,等你看完这篇文章的时候也许你都明白了。因为摘要写得很简洁,省略了很多前提和条件,在你第一眼看到摘要而不明白作者意图的时候看不懂是正常的。

(4) 如何读引言(前言)

当你了解了你的研究领域的一些情况,看引言应该是一件很容易的事情了,都是介绍性的东西,写的应该都差不多,所以看文献多了以后看这部分的内容就很快了,一扫而过。有些老外写得很经典的句子要记下来,下次你写就可以用了。

(5) 如何读材料及实验

当你文献看多了以后,这部分内容也很简单了,无非就是介绍实验方法,以及自己怎么做实验的。

(6) 如何看实验结果

看结果这部分一定要结合结果中的图和表看,这样看得快。主要看懂实验的结果,体会作者的表达方法(例如,作者用不同的句子结构描述一些数字的结果)。

(7) 如何看分析与讨论

这是一篇文章的重点,也是最花时间的。一般把前面部分看完以后不急于看分析讨论。

可以想要是自己做出来这些结果，会怎么来写这部分分析与讨论呢？然后慢慢看作者的分析与讨论，仔细体会作者观点，为我所用。当然有时候别人的观点比较新，分析比较深刻，偶尔看不懂也是情理之中。当你看得多了，你肯定会看得越来越懂，自己的想法也会越来越多。

(8) 如何看结论

这个时候看结论就一目了然了，做后再反过去看看摘要，其实差不多。

(9) 打印论文

把下载的论文打印出来，根据与自己课题的相关性分三类，一类要精读，二类要泛读，三类要选择性的读，分别装订在一起。

(10) 温习论文

看完的文献千万不要丢在一边不管，3～4 个月后一定要温习一遍，可以根据需要，对比自己的实验结果来看。

(11) 记好笔记

学会记笔记，重要的结论、经典的句子、精巧的实验方案一定要记下来，供参考和学习。

(12) 批判性阅读

有些实验方法相同，结论不同的文献，可以批判性的阅读。学生如果阅读总结以及做实验比较多的话，通常有能力判断谁的更对一点。出现实验方法相同，结论不同的原因有下：实验方法描述不详细，可能方法有差别；实验条件不一样；极个别的情况如某些作者夸大结果，瞎编数据，也可能存在。

4. 如何做阅读笔记

在广泛阅读的基础上，要善于总结和整合。如果能将类似相近的一些重要文献(如 10～20 篇)进行整合和归纳，理出最新的几个专题的进展，无疑会加深对所阅读的文献的理解。那么笔记记什么？记录新进展。哪些是新进展？需要广泛阅读才能知晓。

阅读任何文献或专著，一定要记录清楚文献题目、出处、作者、发表年代、期卷、页码等信息，这些信息是以后引文所必需的，不要嫌麻烦，如作者栏目是需要将所有作者都要记录完整的。

有些重要文献需要精读，读几遍是不行的，要很熟悉。这类文献在不同时期读有不同时期的理解，如开题阶段，可能比较注重某个方向或领域的理论和观点、实验方法和技术手段；在实验阶段，可能比较注意进行结果之间的比较，根据文献结果和变化规律，对自己的结果进行一些趋势预测；在论文写作阶段，可能会比较关注结果分析、理论学说的验证等。与之相应，多数文献是需要泛读的，可能只需要读读题目，可能只看看摘要，也可能只浏览一下图表等。要重视论文的题目和摘要，这是很重要和简洁、精炼的信息。一篇论文的精华部分都在这里了。同样文章中的一些重要信息也是需要特别关注的。

阅读文献和专著是需要积累的，要坚持不懈。读文献有个量变到质变的过程，阅读量大了，积累多了，需要总结的方面就多了。这样日久天长，通过知识的整合，知识框架会逐渐完善，自己肚子里的“货”就会感觉逐渐充实起来了，用和取的时候就会很自如。阅读笔记本可按不同的内容进行分类摘录，如：进展、研究方法、实验方法、研究结果等，并可加上自己的批注。对于笔记要定期总结(总结过去已经做过什么，做到心中有数；现在进展到什么程度——知彼；从中发现别人的优点和不足。预测将来的热点和发展方向，才能准确出击，找到自己的方向和目标!)。对一些经典的陈述,要有选择性地标记并记下来。另外,有的时候想到的思路、闪过的想法,做笔记记下来,随时查一查,可能时间久了自然就有新的看法。

勤思考且多与人交流不单是了解别人做了什么,还要考虑别人没做什么,或者他的实验能不能和他的结论吻合,数据可不可靠等。用图表的方式将作者的整个逻辑画出来,逐一推敲,抱着一种挑战的心态想,带着挑剔的眼神去读文献,不要盲目崇拜,有些经实验验证,发现并不是那么回事,自己要动手,更要动脑。看文献懂得抓重点,找思路。主要是学习别人的思想。也就是看了文献问几个问题,文章的技术突破口在哪里。比如一大堆专利讲了很多种分离方法,关键不是看他先做什么后做什么,而是想这个分离方法的依据是什么,为什么人家会想到这个方法,是不是还有其他方面的物性可以利用为分离的依据。

和老师谈谈你的想法,交流一下各自所了解的所在领域某一方向的研究进展;与相关方向的有建树的前辈谈谈,对自己的启发要比看文献大得多。不仅与本领域的权威人物交谈,还抓住机会与其他领域的权威人物交谈,权威人物的一句话,有时你读半年书都读不来的。特别是其他领域的权威人物,他没准就给你一个金点子,特别是在中国,权威人物一般对外行人不怎么保守。集体讨论非常必要,找几个志同道合的人一起,文献人人都有一份,每人分工读不同的文献,然后大家坐到一起。顺序开讲,互相讨论。这样,文献量是不是就成N次方增加了!!!

俗语有云:好记性不如烂笔头!该记的就要记,做学问,捷径不多。勤能补拙,书山有路勤为径。还要记住"伤其十指,不如断其一指"的道理,如果兴趣太广,面面俱到,在信息时代,成为万金油是可能的,但要成为专家可就难了,要学会"舍"和"得"。

9.3 论文的写作过程

选题好的论文等于成功的一大半。一些作者开始不知道研究什么问题,感到无题可写,不知写什么好。那么,选题来自哪里呢?有两个重要的来源,一是来源于实践,二是来源于理论。选题应遵循:意义性、可行性、新颖性和具体化原则。

论文标题或题目是论文的眼睛,也是论文精髓的集中体现。论文标题体现了论文的选题。论文题目,要注意词语的简洁性和确切性。标题不宜过长,应尽可能简短。尽可能删除可有可无的字、词。字数一般不超过25个字。

摘要虽然简短,但是却涵盖了全文的研究目的、研究对象、研究方法、研究创新点、研究主要成果以及应用的可能性。这要求作者务必用简练的文字对这几个关键内容进行充分概括。

引言是文章的第一部分,决定了研究内容的起点和高度,既要对研究背景进行正确的介绍,又要以巧妙的方式引出作者的工作。通常来说文字不可冗长,内容选择不必过于分散、琐碎,措辞要精炼,能够吸引读者读下去。在引言中要突出重点、注意深度、审慎评价,要说明研究历史背景、以往他人的工作、最近与本文有关的工作,并且简要说明课题的缘起与背景、性质与意义、动机与目的、主要理论根据及其基本原理、表明本项研究的连续性和需要性。引言是为了引出问题,不可过分纠缠前人的评论。

正文中要对方法、实验仿真与分析讨论等核心内容详细描述,它占据论文的最大篇幅,反映论文的创造性研究结果。内容要充实,论据要充分、可靠,论证要有力,主题要明确。可以将正文部分分成几个大的段落,每一逻辑段落冠以适当标题。介绍方法是要描述解决问题的思路、定理及证明、性能分析及特点。在正文中涉及缩写名词时，在首次使用时一定要先写明全称，同时要注意约定俗成，尽量少用自造的缩略语，详细说明公式中每个符号的意义（即使众所周知）。涉及公式推导时只需写出关键步骤和结果即可，如果认为该公式推导非常重要，那么可以在附录中专门描述复杂的推导过程。主要步骤说明其物理意义，繁杂推导可只给结果。在正文分析中还应该指出所研究内容与前人成果的不同及兼容性。图表是用于表述那些用语言描述就显得啰唆的但又最能说明本文成果的内容，是研究内容的另外一种表现形式，一定要按照刊物的要求制作图表。图、图例及表格应该美观、大方，并详细介绍图表中所有的符号，不可隐瞒，曲线的类型要全体一致。结论和摘要的作用相似，用于概括全文精彩之处，包括研究目的、系统结构、创新点、主要的结果、推广和应用前景。

一篇好的论文要仔细雕琢，反复打磨，每一个细节都需要我们注意到。

总结而言，论文写作过程一般包括三个阶段：初稿、修订稿和定稿。在初稿阶段，应把所有想到的先写下来，不管多不成熟都应该像挤牙膏一样一点一点地写出来。先从容易的部分开始，例如方法部分，把讨论、结论和摘要留到最后再写。这个过程对新手一般会需要很多时间，也可能感到痛苦。在修订稿阶段，应该仔细、彻底并不断反复。把所有薄弱环节逐个尽最大可能提高、改善。在定稿阶段，最好请英语是母语的编辑人员帮助编辑一遍。

一言以蔽之，论文是反复修改出来的，而不是一蹴而就写出来的。

9.4 汇报 PPT 制作

1. 结构清晰，可用目录或进度条展示

在汇报的一开始就分析论文框架是汇报的常用做法，一般是以论文的几个大标题组成。由于论文已经形成，逻辑关系都已经清楚，所以完成这一项比较简单。

注意，当你之前就没有完成结构相对完整的论文而只是梳理了一些资料，这时候可以先分成几个大致的部分，最后再根据实际情况确定发言的目录。

听过学术报告的人基本都有一个体会，就是只要你一走神再回到汇报者的 PPT 上的时候，如果你之前没有做笔记或者他们没有标记出目前所讲的章节位置，那么你就真的不知道他讲到哪里了。所以，为了克服这个问题我们可以在页面的上、下、左、右一侧做一个进度条，这样可以清楚呈现文章的框架和汇报的进度。不会出现目录页翻过去就不知道进度的情况了。

2. 可视化方式代替文字

一图胜千言的道理，大家都明白。在 PPT 中这个原则应该得到充分的尊重。如何以可视化的方式替代文字呢，这需要 PPT 制作人发挥联想。下面也总结了 4 种方式。

① 图示法：利用简单的图形或图示辅助理解，同时配以说明性的文字。

② 统计图法：不同类别的数量分析我们可以选择柱状图、饼状图来表示。表示事物的发展趋势可以选择折线图。

③ 归类法：在文献综述的论文中，将论文分类整理是一定会用到的，所以，只要你论文的层次框架够合理、清晰。这一类方法也是简单易行的，哪怕是阐述利弊、好坏、正反观点，只要你的分类大于一条都可以采用这种方法。

④ 流程图法：这类方法比较适合介绍工作具体实施的步骤，让人清晰明了。

3. 多加练习、把握时间

删繁就简其实就是减少 PPT 的张数以及文字,但是要想保证汇报的效果只做"减法"是不够的,同时还需要做"加法"。这里的加法就是演讲者的语言表达、肢体动作和互动交流。这样才能在文章内容大幅压缩的情况下,保证演讲内容的饱满。

4. 汇报 PPT 各部分制作技巧

(1) 明确答辩对象与答辩环境

如本科阶段的各种汇报或答辩,负责答辩审核的评委一般都是本学院的教授、导师或另外多请一名外学院或外校的教授,而答辩环境一般是在本学院的会议室或者是一般上课的教室,所以一般选择浅色(白色为佳)的 PPT 背景搭配深色文字比较和谐。

(2) 确定制作答辩 PPT 的主体基调

① 答辩 PPT 背景。背景颜色为了与环境色协调,浅色系为首选(纯白色背景整体比较正式严肃)。

② 答辩 PPT 主色。非常简单,直接利用母校的校徽上的颜色作为主色即可,可以用 PPT 中的取色器工具采取校徽中的颜色,颜色单一的可以降低一下纯度得到一系列颜色。

③ 答辩 PPT 字体。首先推荐的是万能的微软雅黑,免去嵌入字体、打包字体到答辩地点的麻烦,方便评审观看,同时要避免宋体等衬线字体的使用(识别度差),建议使用无衬线字体(识别度高)。为了脱颖而出也可以尝试无衬线字体的思源黑体、冬青黑体。

(3) 答辩 PPT 封面、目录、过渡页的制作

① PPT 封面的制作。封面的制作要做到简洁、美观、大方。一般封面上的元素除了主体内容外可以放上自己学校的校徽,更有标志性。或者书本、学士帽等相关小物件也是不错的选择。

② PPT 的目录。目录大致分为左右、上下、环绕三种。

③ 过渡页起一个承上启下的作用,这时候可以不以白色为主,用纯辅色背景增强视觉冲击力,吸引注意力。

(4) PPT 内容页版式参考

内容页除了展示论文内容外,在答辩 PPT 中,最好做一个导航栏,方便答辩老师掌握你的进度:4∶3 的 PPT 常在页面左方设置导航栏;16∶9 的 PPT 常在页面上方设置导航栏。

图书资源支持

感谢您一直以来对清华大学出版社图书的支持和爱护。为了配合本书的使用，本书提供配套的资源，有需求的读者请扫描下方的“书圈”微信公众号二维码，在图书专区下载，也可以拨打电话或发送电子邮件咨询。

如果您在使用本书的过程中遇到了什么问题，或者有相关图书出版计划，也请您发邮件告诉我们，以便我们更好地为您服务。

我们的联系方式：

地　　址：北京市海淀区双清路学研大厦 A 座 701

邮　　编：100084

电　　话：010-83470236　010-83470237

资源下载：http://www.tup.com.cn

客服邮箱：tupjsj@vip.163.com

QQ：2301891038（请写明您的单位和姓名）

教学资源・教学样书・新书信息

人工智能科学与技术
人工智能|电子通信|自动控制

资料下载・样书申请

书圈

用微信扫一扫右边的二维码，即可关注清华大学出版社公众号。